中国春剑兰名品赏培

许东生 /主编

中国林业出版社

一、梅瓣类

1-1 玉海棠 四川梅章发、张玉洪、钱登荣等栽培，《魅力兰花》编辑部供照。

本品原名碧玉卿月，萼短阔厚实，圆头紧边，细收根；五瓣分窠，蚕蛾捧，刘海舌。莛花5朵，花色碧绿如玉，神清韵雅。为春剑十五大名兰之一。

1-2 金元宝《魅力兰花》编辑部供照。

本品为大花型梅瓣花。三萼长而阔，大圆头紧边，细收根，里扣态；半硬捧，小如意舌。

花色绿底满泛金黄晕，与小红舌相结合而为名。

1-3 鱼凫梅《魅力兰花》编辑部供照。

三萼蛋圆形，圆头紧边，细收根，五瓣分窠；观音棒，刘海舌。三萼里扣态，内涵洋溢。花色玉润秀雅。

1-4 文星梅 四川李文渊、福建许东生栽培

本品为四川省万源市永宁乡林野下山之春剑兰红色梅瓣花。它株形挺拔，叶姿潇洒，花容端庄，花色艳丽。莛花3~5朵，花蕾莲子形，三萼短阔、蛋圆形，端钝圆紧边，收根细；观音兜捧，刘海舌。花莛、花柄、花蕾鲜红色。

1-5 皇剑梅《魅力兰花》编辑部供照。

本品原名"皇梅"，为不与建兰中的皇梅混淆，取其类属名春剑一字，更名为皇剑梅。

它三萼短阔，圆头紧边，细收根，里扣态；蚕蛾捧，刘海舌，五瓣分窠。花色绿、白、黄、红交辉相映，十分秀丽。它的花柄双侧缘镶有唇化体，说明它的唇瓣因子十分充盈，有望出叶蝶艺。

1-6 华夏红梅 四川王智华栽培，李勇供照。

五瓣分窠，三萼格外圆阔如饭勺状，半硬捧，大圆舌。花莛、花柄鲜朱红色，花萼红泛金辉，十分绚丽。

1-7 五彩梅 四川王玉玲栽培，徐厚远供照。

三萼片短阔厚糯，圆头紧边，收根细，呈勺状内扣态；五瓣分窠，蚕蛾捧，如意舌；为高标准梅瓣花。色彩黄红白绿交相辉映，十分绚丽。尤为难得的是花柄双侧镶有唇瓣化体，唇瓣因子格外充盈，有望出叶蝶艺。

1-1

1-2

1–3

1–4

1–5

1–6

1–7

一、梅瓣类

1–8 鱼凫红梅《魅力兰花》编辑部供照。

三萼格外短阔，端圆紧边，细收根，呈匀状，五瓣分窠，一字肩；观音棒，圆舌。色绿满泛朱红晕。

1–9 七彩梅 四川李学林栽培。

三萼格外短阔，形圆端钝尖，紧边，细收根，中萼前倾，肩萼平举；花瓣短阔，端缘有兜；刘海舌。梅瓣花可称。花容端正，花色绚丽。

1–10 褐红梅 四川邓少康供照。

本品为春剑绮形异彩梅瓣花。三萼格外短阔，细收根，端扭皱、略挺翻；半硬捧，龙吞舌。萼片披褐红条彩，泛褐红晕，与淡黄捧端、白舌交相辉映，甚为醒目。

1–11 红寿桃 四川贾学成栽培。

本品为春剑兰变体梅瓣花。三萼呈桃形略挺翻，端如“尖嘴桃”的脐状；硬捧似对拳，小如意舌。花姿活泼，造型别致，着色红艳，呈祥兆瑞。

1–12 玉珠梅 四川邓文兵栽培。

本品为四川省产之春剑兰大型梅瓣花，原名“东方明珠”。三萼长而阔，端圆紧边，细收根，里扣态，一字肩；半硬圆捧，龙吞舌。花色翠绿，圆捧与药帽色白如玉而为名。

1–13 丽梅 四川龙应洪栽培。

三萼异常短阔，端钝圆，紧边，细收根，一字肩，五瓣分窠；观音捧，圆舌。花色淡绿微泛淡红晕。十分秀丽，以为名。

1–14 彩兜梅 四川张长林供照。

本品为四川省会理林野所产之春剑兰小型梅瓣花。三萼蛋圆形，细收根，端圆紧边成兜状，小落肩；花瓣耸立，端起大兜勾，小刘海舌。花色淡绿底泛红晕。

1–8

1–9

1–10

1–11

1–12

1–13

1–14

一、梅瓣类

1–15 红桃梅 四川邓少康供照。
三萼格外短阔，呈桃形，半硬捧，刘海舌。花被绿泛赤红晕，与白捧头、白唇瓣鲜红斑交相辉映。

1–16 张氏梅 四川张长林供照。
本品为四川省会理林野所产之春剑梅瓣花。三萼略长，细收根，端圆紧边，小落肩；花瓣短圆，明显起兜，小铺舌下挂不后卷。花绿色缀粉红轮。

1–17 晶品梅 四川曾毅栽培。
本品为五彩变体梅瓣花。三萼格外阔大，细收根，中萼如扇，肩萼平举，端后卷；硬捧与合蕊柱药帽构成品字形，色黄、端晶白，大铺舌。本花各部均镶有水晶体，而致使变形，多色交相辉映，十分绚丽。

1–18 怀春梅 四川黄昌志栽培。
三萼短阔，萼根收紧，萼端椭圆形，端尖果脐状；花瓣短阔有深兜，刘海舌。三萼有适度翻扭，两花成对峙状，犹如情窦初开的青年男女在倾心，思相吻。依此情态而名。

1–19 吉梅 《魅力兰花》编辑部供照。
本品花心部和萼缘呈橘红色，取橘之谐音而为名。它花形硕大，三萼长而阔，端圆紧边，细收根，呈大饭勺状，五瓣分窠；半硬捧，龙吞舌。花容端庄，花色绿泛橘红晕，格外秀丽，呈祥兆瑞。

1–20 蒙山秀梅 四川岑化贵栽培，李文全供照。
四川省文山县之蒙山林野所产的春剑兰梅瓣花。它三萼短阔，端圆紧边，基收根；观音捧，刘海舌。花形小巧玲珑，萼缘嵌有宽白覆轮，着色秀雅。

1–21 蜀都彩梅 四川龙应洪栽培
本品为四川省产之春剑兰梅瓣花。它株形挺拔，高45cm，叶宽1.8cm，莛与叶齐架，莛花5朵。三萼蛋圆形，端钝圆，紧边，基收根；观音兜捧，刘海舌。花容绿白披桃红彩。本品部分萼缘似有蝶化迹象，也许是梅蝶的期待品。

1–15

1–16

1–17

1—18

1—19

1—20

1—21

一、梅瓣类

1-22 元宝梅 四川颜小荣栽培，程世华供照。
本品为刚下山之春剑兰梅瓣花。它三萼较长，端阔圆，紧边，起兜，细收根，一字肩；花瓣耸立，端合扣，呈蚕娥态深兜，白色刘海舌端镶元宝形红斑。花形端庄，炯炯有神，着色秀丽。

1-23 复色梅 《魅力兰花》编辑部供照
本品为春剑大型变体复色梅瓣花。三萼异常短阔，细收根，端缘皱卷扭曲；硬捧，刘海舌。花多色相映成趣。

1-24 丹峰丽梅 《魅力兰花》编辑部供照。
三萼短阔，细收根，端钝圆兜扣，端尖缀有朱红尖凸物；观音捧，刘海舌。花容端庄，花色绚丽。

1-25 三星梅 浙江葛伟文栽培。
莛花5朵，排列较密聚，顶花常并生。三萼扇形，端圆，紧边，细收根，端中心处呈果脐状凹陷，萼体常外翻；其花瓣硬化成珠，并与合蕊柱之花药帽并连成三星状而为名。其唇瓣也呈硬化成掌状。这种花瓣硬化成珠状并与柱头并列，传统认为是最差的捧瓣着生形态。

1-26 翡翠梅 四川杨怀量栽培，厦门陈茂强供照。
本品为四川省产之春剑兰复色梅瓣花珍品。萼片蛋圆形，钝圆头，紧边，基细收根，中萼耸立而前倾，肩萼平举；花瓣短阔，呈弧形耸立，端缘紧边而有深兜，刘海舌。可称梅瓣花。绿、白、红、黄、橙、紫，巧妙组合着色，似翡翠，如彩霞，为难得的复色花。

1-27 圣仙梅 四川郭云学栽培。
本品为四川省产之春剑兰大型梅瓣花。三萼较长而阔大，端圆起兜，略里扣态，半硬红端捧，大如意舌。造型端庄，花色秀丽。

1-28 三五梅 四川"成都555植物园"供照。
三萼蛋圆形，端有钝圆的尖凸，基细收根，观音兜捧，刘海舌。花容端正，花色秀丽。

1-29 峨眉剑梅 四川郜剑星栽培。
本品为四川省峨眉山产之春剑新品梅瓣花。三萼蛋圆形，端钝圆，细收根；蒲扇样捧有深兜，小刘海舌。花色素雅。

1-22

1-23

1-24

1-25

1-26

1-27

1-28

1-29

二、荷瓣类

2-1 红运荷 四川袁慎先栽培。

本品为四川省彭州林野所产之春剑兰荷瓣花。它三萼较长阔，端放角紧边，端尖里扣，中萼遮阳态，侧萼落肩；蚌壳捧，大圆舌。萼缘与捧满泛鲜粉红晕，十分秀丽。

2-2 神州虹荷 四川程世华栽培。

本品为四川省古蔺县林野下山之春剑兰荷瓣花。三萼短阔，端放角，紧边基收根，一字肩；蚌壳捧，大铺舌。花容端庄，花色淡黄底泛浅朱红晕，似雨后彩虹而为名。

2-3 白素荷《魅力兰花》编辑部供照。

本品为四川省产之春剑兰雪白素荷瓣花。它三萼短阔，端放角紧边，基收根；蚌壳捧，大卷舌。花容端庄，花色雪白。为不可多得的白素荷瓣花。

2-4 红艳荷《魅力兰花》编辑部供照。

本品为春剑兰高标准红色荷瓣花。三萼异常短阔，端放角显著而自然，端有小尖凸，里扣态；蚌壳捧，圆舌。花容端庄，着色红艳。

2-5 金彩荷 重庆肖培荣栽培。

本品为重庆市梁平县林野所产之春剑兰荷瓣花。它三萼略长，中段宽阔而有明显放角、紧边，两端收根；蒲扇捧，大铺舌。花容端庄，花色金黄披鲜红条彩，呈祥兆瑞。

2-6 红荷 四川王玉羚栽培，徐厚远供照。

本品为春剑兰高标准荷瓣花。三萼格外短阔，端放角显著，基细收根，里扣态，一字肩；蚌壳捧，大圆舌。花容端庄，着色鲜红，格外艳丽。

2-7 绿白素荷 江苏陈士友栽培。

此为春剑兰荷瓣素花。三萼短阔，端放角紧边，基收根；蚌壳捧，大圆舌。花容端庄，着色乳白泛绿晕，十分素雅。

2-8 一品荷 四川邹剑星栽培。

本品为四川省产之春剑兰荷瓣花。三萼短阔，端放角，紧边，里扣态，基收根；蒲扇捧，大圆舌。花容端庄，花色翠绿。

2-1

2-2

2–3

2–6

2–4

2–5

2–7

2–8

二、荷瓣类

2-9梦圆荷 四川孟昭烈栽培，《魅力兰花》编辑部供照。

本品为四川省产之春剑兰标准荷瓣花。它三萼短阔，端放角，紧边，基细收根，里扣态；蚌壳态捧，刘海舌。花容端庄，全花满泛红晕，色彩鲜艳。

2-10巨荷 云南李鑫栽培，顾开顺供照。

萼片近矩形，端放角，端尖山字形，略紧边，基略收根，中萼前倾，侧萼落肩；全花满泛浅朱红晕彩。

2-11东方彩荷 四川程世华栽培。

本品为四川省古蔺县民乐乡林野下山之春剑兰荷瓣花。它株形挺拔，叶姿潇洒，叶长70cm，宽2cm，莛花3朵。三萼短阔，端放角，紧边，基收根，一字肩；蒲扇状捧，大卷舌。萼捧白覆轮，披桃红彩条泛粉红晕，全花十分秀丽。

2-12红杠荷 四川陈宗强栽培，福建陈藏望供照。

本品为四川省珙县林野产之春剑兰荷瓣花。半垂叶态，中等长阔叶，莛花3朵。三萼倒卵形，有放角感，端紧边，基收根；蒲扇捧，白刘海舌端嵌一竖红杠。以此为名。

2-13蒙山太平荷 四川胡华超栽培，李文全供照。

本品为四川省名山林野所产之春剑兰荷瓣花。萼片短阔，端放角紧边，基收根；蚌壳捧态，大圆舌。堪为高标准之荷瓣花。

2-14金三角荷 江苏陈士友栽培。

本品为新下山之春剑兰荷瓣花。三萼短阔，中萼端放角、收根，呈遮阳态，双侧萼放角不明显；蚌壳态捧。由它的三萼着生姿态为三角形，白色大圆舌端镶有倒三角形大红斑，与金色花相合而为名。花品虽不够好，但通过培育，也许有望转佳。

2-15天府荷 四川郐剑星栽培。

本品为四川省产之春剑兰荷瓣花。它三萼格外短阔，端放角显著，端尖中心处有里扣态尖凸，基细收根；蒲扇捧，大圆舌。花容端庄，大圆白舌“U”字形红斑鲜丽。

2-9

2-10

2-11

2-12

2-13

2-14

2-15

二、荷瓣类

2–16 珠源玉荷 云南顾开顺供照。

本品为春剑兰素心荷瓣花。三萼较长阔，中萼端放角，双侧萼中段放角状，呈略挺平举态；蚌壳捧，大圆舌。萼捧浅绿色，纯雪白舌。

2–17 巴山荷 四川朱凡章栽培。

三萼短阔，端放角，略紧边，中萼前倾，肩萼近平举且略挺；蚌壳态捧，白圆舌镶一竖矩形红斑。本品美中不足的是左侧萼较长，且端放角不明显。

2–18 黄花荷 四川陈吉斌栽培。

三萼短阔，端放角，紧边，细收根，里扣态，一字肩；蚌壳捧，大圆舌。花容端庄，花色秀丽。

2–19 圆鼎荷 四川贾学成栽培。

本品为春剑兰高标准荷瓣花。三萼格外短阔、厚实，基细收根，端明显放角；蚌壳捧，龙蚕舌。萼瓣缘镶宽白覆轮，筋纹明快，泛红晕自然。花心部红彩似火。花容端庄、圆结，富有内涵。

2–20 清展荷 四川王定展栽培。

三萼短阔，放角，紧边，细收根；蚌壳捧，大圆舌。花容端庄，色彩秀丽。

2–21 红轮绿荷 江苏陈士友栽培。

本品为春剑兰复色荷瓣花。三萼格外短阔，基细收根，端明显放角、紧边，双侧萼里扣态，中萼端略挺；蚌壳捧，大圆舌。花色绚丽，令人珍爱。

2–22 雌雄荷 重庆陈波栽培

本品为四川省大巴山产之春剑兰荷瓣花。三萼短阔，中段放角，紧边，两端收根；蒲扇捧，圆舌。本品双花一高一低，一大一小，花姿也各异，但着色一致。据此，花主命名为“雌雄荷”。

2–23 紫飞荷 四川兰俊栽培。

三萼短阔，端放角，紧边，基收根，中萼前倾，双侧萼飞翘态；蚌壳捧，大卷舌。花容洋溢着动态美，花色偏紫。

2–16

2–17

2–18

2–19

2–20

2–21

2–22

2–23

二、荷瓣类

2-24 紫背荷 四川岳伟林栽培，孙在荣供照。

本品为四川省大巴山产之春剑兰荷瓣花。三萼片短阔，端放角紧边，基收根；蚌壳捧，刘海舌。紫背复色花。

2-25 红心雪荷 四川杨正明、杨怀量、王进洪栽培，厦门陈茂强供照。

本品为春剑兰大型荷瓣花。三萼片异常阔大，端放角紧边，里扣态；蒲扇捧，大圆舌。花色雪白底泛绿晕，白唇缀U字形鲜红斑，十分鲜丽。

2-26 张氏剑荷 四川张长林供照。

本品为四川省会理林野下山之春剑兰荷瓣花。三萼短阔，中段放角紧边，双侧萼平举态；蚌壳捧，大卷舌。花容端庄，萼捧披朱红条彩又泛朱红晕。

2-27 巴山君荷 四川朱凡章栽培。

本品为四川省大巴山产之春剑兰荷瓣花。三萼短阔，端放角，紧边，基收根；蚌壳捧，大圆舌。花色绿、瓣缘泛红晕又镶白覆轮。秀丽可爱。

2-28 杰荷 四川黄永杰栽培。

三萼短阔里扣态，端放角紧边，基收根；蚌壳捧，大圆舌。花色黄绿，基泛鲜红晕。

2-29 红颜荷 云南邓永昌栽培。

从初绽的花朵看来，符合荷瓣花的要求，但从未绽之花蕾看来，花品较差。这也就是莛多花品种，较难有朵朵开品如一的花的一例。

2-30 绿嘴荷 四川王智华栽培，李勇供照。

本品为四川省产之春剑兰复色荷瓣花。三萼异常短阔，端放角紧边，基收根，双侧萼里扣态，中萼与蚌壳捧合盖合蕊柱，大圆舌。花色鲜红，嵌翠绿嘴，格外别致。

2-31 东坡荷 四川邓文兵栽培，吴汉珠供照。

三萼片异常短阔，端放角紧边，基收根，里扣态；蚌壳捧，大卷舌。花色翠绿披紫红条彩。

2-32 元荷 四川朱凡章栽培。

本品为四川省大巴山林野产之春剑兰荷瓣花。三萼格外短阔，长阔均等，端放钝圆角紧边，基收根；蚌壳捧，大圆舌。花容端庄，花色橘红又镶有鲜红覆轮，格外绚丽。

2-24

2-25

1-26

2–27

2–28

2–29

2–30

2–31

2–32

二、荷瓣类

2–33 龙珠荷 四川朱凡章栽培。
本品为四川省大巴山林野产之春剑兰荷瓣花。它株叶厚硬而扭卷，应有出水晶艺。花莛出架，三萼短阔，中萼中段放角，两端收根，双侧萼端放角紧边，基收根；蒲扇捧，圆舌。花色黄披红彩条，显得秀丽。

2–34 粉剑荷 辽宁崔玉宽栽培。
三萼长阔比例适中，一字肩，萼中段放角，两端收根，紧边；蒲扇态捧并合，刘海舌。花容端庄，花色格外秀丽，令人珍爱。

2–35 仁荷 《魅力兰花》编辑部供照。
本品为春剑兰大型荷瓣花。三萼异常短阔，端放角明显，又具紧边。端中心小尖凸里扣。中萼前倾，双侧萼平举；蚌壳捧，刘海舌。花容十分端庄，花绿底镶宽红晕轮，着色鲜丽。

2–36 满堂红 四川刘承先栽培
三萼尚短阔，端放角紧边，基收根，可是难有三萼相近似，常不是中萼放角不明显就是一侧萼较长，或没放角；花瓣虽为蚌壳捧，但有的花捧也欠佳，大圆舌。属于品位较低的荷瓣花，有待转好。

2–37 巴山秀荷 四川朱凡章栽培。
本品为四川省大巴山林野产之春剑兰荷瓣花。它三萼长阔比例适中，端放角紧边，基收根，中萼前倾，侧萼近平举；蚌壳捧，圆舌。瓣质厚实，着色秀丽。

2–38 临粉荷 浙江林申燎栽培。
三萼较短阔，近似中段放角，两端收细，中萼前倾而又后挺，落肩花；蚌壳捧，大卷舌。属于品位较低的荷瓣花。有待于转好。花色秀雅，舒人眼神。

2–39 黔剑荷 贵州薛天民、杨昌平栽培。
本品为贵州省铜仁地区林野所产之春剑兰荷瓣花。品位一般，不过花色鲜丽，尚属可爱。

2–40 朝天荷 四川杨刚华栽培。
本品为四川省西昌市林野所产之春剑兰荷瓣花。它莛花5朵，朵朵朝天而开，花形似荷花态。但荷瓣的品位不高。

2–33

2–34

2–35

2–36

2–37

2–38

2–39

2–40

三、素心类

3-1 金剑素《魅力兰花》编辑部供照

本品为春剑兰金黄色素心花。捧瓣短而耸立，端缘具浅兜，唇瓣形圆，萼片虽属大竹叶瓣，要说其为水仙瓣也不为不可。花色如此金黄均匀较罕见。雍容华贵，令人珍爱。

3-2 翠剑素 四川黄永杰栽培。

本品为为春剑兰翠绿色素心花。

3-3 白剑素 四川简以金栽培。

本品为春剑兰白色素心花。

3-4 红剑素《魅力兰花》编辑部供照

本品为春剑兰大红色素心花。花姿活泼，着色鲜红，兆寓大吉大利。

3-5 粉剑素 云南李福喜栽培，袁玉芳供照。

本品为产自云南省安宁林野之春剑兰浅粉红色素心花。花色格外秀丽，十分可爱。

3-6 荷形素 四川房建平栽培。

本品为四川省西昌市林野下山之春剑兰荷形素心花。

3-7 巴山素剑 四川朱凡章栽培。

本品为四川省大巴山林野之下山春剑素心花。

3-8 短捧剑素 福建陈日月栽培。

本品为下山春剑兰淡翠绿色素心花。它花瓣短阔如蒲扇，颇具特色。

3-1

3-2

3-3

3-4

3–5

3–6

3–7

3–8

三、素心类

3-9 段氏素 云南段思贵栽培。

本品为春剑兰白色素心花。

3-10 通江素剑 四川黄永杰栽培。

本品为四川省通江县林野所产之春剑兰素心花。瓣姿刚直，锋利似剑，风采不凡。

3-11 软叶隆昌素 重庆彭有怀栽培。

本品为重庆市隆昌县林野所产之春剑素心花。

3-12 西蜀道光《魅力兰花》编辑部供照。

本品为川西产兰名山青城山林野所产之传统黄花春剑素名品。相传于1912年为都江堰徐姓“花儿匠”所采种。1989年在香港“世界兰花博览会”上获总冠军奖，被誉为“天下第一花”堪为“蜀之瑰宝”。详见本书第三章第三节简介。

3-13 呈祥素 四川张永祥栽培。

本品为春剑兰绿色素心花。可能是以培育人之名而为名。本品花大，花瓣(捧)短圆有浅兜而具特色。

3-14 西山春剑素 四川黄永杰栽培。

西山春剑素简称为“西山素”，本品产自青城山至总岗山一带，为传统春剑素心花名品。

3-15 牙黄素 四川邓少康供照。

本品为春剑兰传统牙黄素。

3-16 嫦娥戏月 四川姜守军栽培。

本品为梅形水仙瓣素心花。

3-17 飞捧粉素 四川邹剑星栽培

本品为春剑粉红色素心花。花姿别致，花色秀雅。

3-18 小翠素 四川黄永杰栽培，吴汉珠供照。

本品为春剑兰小花翠绿素心花。瓣缘镶有白覆轮，为本品的一大特色。

3-9

3-10

3-11

3-12

3-13

3-14

3-15

3-16

3-17

3-18

四、蝶瓣类 (一)棒蝶、叶蝶

4-1 冠神《魅力兰花》编辑部供照。

本品为四川省所产之春剑兰梅形水仙瓣棒蝶花珍品。三萼短阔，端圆紧边，基细收根，唇化捧端有明显的浅兜，基本符合梅形水仙瓣要求。其捧已完全唇瓣化，花容端庄之中有活泼感，花色素雅之上有绚丽感。堪为难得之珍品。

4-2 鱼凫捧蝶《魅力兰花》编辑部供照。

本品为春剑兰捧蝶花之珍品。完全唇瓣化之捧蝶体十分短阔，仅略挺而不后卷。着色秀丽。

4-3 蒙山蕊蝶 四川胡华超栽培，李文全供照。

本品为四川省名山县林野所产之春剑兰捧蝶花佳品。捧瓣完全唇瓣化，捧蝶体短阔，呈三角形，不后卷。

4-4 金猴 四川朱凡章栽培。

本品为四川省大巴山林野所产之春剑兰捧蝶花佳品。捧蝶体短阔，不后卷，似猫耳状，借喻为猴耳而为名。

4-5 桃园三结义 云南张玉洪栽培。

此为株叶未出叶蝶艺之桃园三结义品种之花照。该品花瓣完全唇瓣化，其形与色近似唇瓣之形色，十分艳丽。

4-6 飞捧花蝶 四川贾学成栽培。

本品为四川省所产之春剑兰捧缘蝶。捧虽仅近半唇瓣化，但捧蝶姿态具飞意而为名。色彩对比鲜明。

4-7 彩凤《魅力兰花》编辑部供照。

本品为春剑兰大花型捧蝶花珍品。双捧完全唇瓣化，捧蝶体格外短阔而端圆，仅微挺而不后卷，似猫耳状。十分难得，堪为珍品。

4-8 桃园三结义(带叶蝶艺)《魅力兰花》编辑部供照。

本品为四川省所产的植株带有叶蝶艺之春剑兰捧蝶花珍品。屡获大奖，被列为春剑十五大名兰之一。

本品有的植株已出现多种形式的叶蝶艺。即使是非花期，其株叶的风采也非同一般，大有观叶胜看花之魅力。

4–1

4–2

4–3

4–4

4–5

4–6

4–7

4–8

四、蝶瓣类 (一)棒蝶、叶蝶

4–9 航天星蝶《魅力兰花》编辑部供照。

本品为春剑兰棒蝶花珍品。完全唇瓣化之捧蝶体异常短阔，呈三角状，其周缘似有雄性化体镶嵌，甚为独特。

4–10 翠萼星蝶《魅力兰花》编辑部供照。

本品为四川省所产之春剑兰捧蝶花佳品。它完全唇瓣化之捧瓣短阔且厚。色彩对比鲜明。

4–11 红蝶剑 厦门陈茂强供照。

本品为四川省峨眉山林野所产之春剑兰捧蝶花佳品。本品之捧蝶体较短宽，只略挺翻而不后卷。着色鲜红，格外绚丽。

4–12 珠剑蝶 四川杨正明栽培，厦门陈茂强供照。

本品为四川省所产之春剑兰捧蝶花新佳品。唇化捧缘密嵌白色珠粒为本品的最大特色。

4–13 中华双骄《魅力兰花》编辑部供照。

本品为春剑兰叶蝶艺珍品。具有唇化艺、嘴艺等叶蝶艺。

4–14 晶萼捧蝶 四川朱凡章栽培。

本品为四川省大巴山所产之春剑兰水晶捧蝶珍品。它的萼片呈现龙形水晶艺体。花瓣短阔，完全唇瓣化。捧蝶与唇瓣几乎同形同色。

4–15 山萼捧蝶 四川刘光福栽培。

本品为四川省名山县林野所产之春剑兰捧蝶花。三萼向下翻卷而成倒山字形。花瓣高耸，阔如蒲扇，捧缘镶有宽的唇瓣化体，但还没有完全唇瓣化，有待继续异化。

4–16 牛角剑蝶 四川张长林供照。

本品为四川省会理林野所产之捧蝶花。不仅完全唇瓣化的花瓣短阔不后卷，且镶有白缘，着生姿态又如牛角状，比较特别。

4–17 一代天骄 云南李映龙栽培。

本品为云南省所产之春剑兰叶蝶艺佳品。本品具有覆轮艺、嘴艺、单侧艺等叶蝶艺。

4–9

4–10

4–11

4–12

4-13

4-14

4-15

4-16

4-17

4-18 王杨蝶 四川王定展栽培。
本品为春剑兰荷形肩蝶花。唇瓣化程度高，色彩对比鲜明。

4-19 红脉肩蝶 四川贾学成栽培。
本品萼捧中脉均为粗红脉，甚为罕见。

4-20 邓氏荷蝶 四川邓文兵栽培。
本品为为春剑兰荷形肩蝶花。肩萼唇瓣化程度高，彩点鲜丽。萼捧缘镶有宽白覆轮，花色富丽。

4-21 交肩蝶 四川刘置栽培，台湾张喜亮供照。
本品肩萼片下垂后交叉，姿态独特。唇瓣化程度高，唇化体雪白，缀点大而简洁，十分秀雅。

4-22 粉红肩蝶 四川邓少康栽培。
本品全花粉红，肩萼唇瓣化过半。花色秀丽。

4-23 喜蝶 四川郐剑星栽培。
本品为春剑兰荷形肩蝶花。唇瓣化程度高，缀斑单一，大而对称。寄寓双喜临门。

4-24 红搬蝶 《魅力兰花》编辑部供照。
本品为春剑兰复色肩蝶花珍品。它不仅双侧萼下缘唇瓣化程度高，而且连花瓣缘也初现唇瓣化迹象。全花黄、红、白、绿、紫交相辉映，格外绚丽。

4-25 蒙山超蝶 四川胡华超栽培，李文全供照。
本品为春剑兰肩蝶花佳品。本品以产地与拥有者之名结合而为名。肩萼唇瓣化达半，缀斑独特而鲜丽。尤其是它的侧裂片形似唇瓣，尤为别致，两萼之间尚有小小舌样组织增生。花容端庄中有活泼感。

4-26 张氏肩蝶 四川张继明栽培。
肩萼唇瓣化达半。花姿活泼，花色秀丽。

4-18

4-19

4-20

4-21

4-22

4-23

4-24

4-25

4-26

四、蝶瓣类 (二)肩蝶

4-27 金彩荷蝶 四川谢家富、梁光全栽培。
唇瓣化近半，褶片和侧裂片格外发达。花色金黄披红彩，雍容华贵。

4-28 双珠肩蝶《魅力兰花》编辑部供照。
本品为春剑兰肩蝶花珍品。它唇瓣化程度达三分之二，缀红珠点一对，呈祥兆瑞。

4-29 蒙阳肩蝶 四川张继明、李正宣栽培。
肩萼唇瓣化达半，花色金黄披红彩，花姿活泼。

4-30 邓氏红蝶 四川邓文兵栽培，吴汉珠供照。
春剑荷形肩蝶花。肩萼唇瓣化达半，缀斑简洁而鲜艳，花姿活泼，花色艳丽。

4-31 金红肩蝶 四川贾学成栽培。
本品为春剑兰荷形肩蝶花。肩萼唇瓣化过半，彩斑简洁而鲜丽。花形硕大，花色绚丽。

4-32 璞秀蝶 四川刘世坤栽培。
肩萼唇瓣化过半。花色红艳。

4-33 白彩肩蝶 四川江明义供照。
白彩花，肩萼唇瓣化过半。花色秀雅。

4-27

4-28

4-29

4-30

4-31

4-32

4-33

4-34 江氏肩蝶 四川江明义栽培。
本品为春剑兰荷形肩蝶花。肩萼唇瓣化过半。全花满泛金红晕,格外秀丽。

4-35 点脉肩蝶 四川贾学成栽培。
本品为春剑兰肩萼蝶。肩萼的中脉均有朱红点连成线。其实是唇瓣化体之缀点。可惜肩萼下缘仅是端缘有少许白肉化唇化体。这种少许唇化,仅能算是草糊,是不列品之肩蝶。有待于继续异化。

4-36 古镇红蝶《魅力兰花》编辑部供照。
本品为春剑兰肩蝶花珍品。不仅肩萼唇瓣化过半,且朵朵花肩蝶姿各异,增进了观赏价值。尚且有的花瓣缘已初现唇瓣化迹象,有望继续异化。另外,萼捧缘均镶有明显的红覆轮,使花容更为绚丽可爱。

4-37 东坡荷蝶 四川邓文兵栽培。
春剑兰荷形肩蝶花。花形硕大,肩萼唇瓣化过半,缀斑鲜丽。

4-38 红轮荷蝶《魅力兰花》编辑部供照。
春剑兰荷形肩蝶珍品。萼捧缘均镶有较宽的红覆轮,甚为罕见。肩萼唇瓣化过半,缀斑简洁鲜丽。堪为荷蝶珍品。

4-39 聚宝荷蝶 四川王进洪、杨怀量、杨正明栽培,厦门陈茂强供照。
本品为春剑兰少瓣荷形肩萼蝶。本品上面一朵花,两个花瓣全无;下面一朵花,少了右捧。它的桃形唇瓣之缀点是由许多红点集合成一团的,故而为名。肩萼唇瓣化程度高,色彩绚丽。

4-40 圆肩飞蝶《魅力兰花》编辑部供照。
本品为四川省产之春剑兰肩蝶花珍品。双捧阔圆竖立如蒲扇;中萼半弧盖合蕊柱,肩萼格外短而阔圆,呈飞态。肩萼下侧唇化程度高,缀点简洁而近对称,侧裂片发达,缀点错落有致。白刘海舌,缀品字形红斑,白色与粉红相衬,格外秀丽可爱。

4-41 渔叉蝶 四川江明义供照。
本品为春剑兰肩蝶花佳品。它中萼片高耸,双侧萼成90° 下垂而构成渔叉状。花瓣合盖合蕊柱与舌,造型小巧,仅是渔叉上的点缀品。双侧萼唇瓣化达半,缀点简洁。

4-42 云中蝶 四川邹剑星供照。
本品为春剑兰荷形肩蝶花。肩萼唇瓣化达三分之二。花形硕大,花姿端庄中有活泼,花色秀丽可爱。

4-34

4-35

4-36

4-37

4-38

4-39

4-40

4-41

4-42

五、水晶艺类

5–1 晶梅 四川姜守军栽培

本品为四川省所产之春剑兰水晶艺梅瓣花。株叶斜展，叶幅中阔，根系壮旺。花期2～3月，莛花5～9朵。萼短圆，充满水晶体，花瓣与鼻全硬化呈金黄色桃状，苞片异化成萼片状。花容独特，犹如蟠桃园里结满蟠桃的果树，风韵犹存。

5–2 喜洋洋 四川贾学成栽培。

本品为四川省所产之春剑兰水晶花。萼捧均嵌有水晶艺体。粉红唇瓣洒有一大五小红斑，寄寓六顺。

5–3 金鹰翱翔 四川贾学成栽培。

本品为四川省所产之春剑兰水晶艺花。挖耳捧披鲜红彩，嵌鲜红珠，格外别致而艳丽；白大翘钩舌缀一红圆斑，格外醒目；萼片浪曲而勾卷，洋溢着动感。花容似鹰，凌空翱翔。寓意志在四方。风韵不凡。

5–4 卧龙 福建陈日明供照。

龙形水晶艺。叶片翻扭如群龙曼舞，神采动人。

5–5 金凤 四川景光辉栽培。

本品为四川省通江县林野所产之春剑兰冠艺水晶兰。

5–6 古晶龙 四川李必刚栽培。

本品水晶艺遍布全株，由于各部位的水晶含量不等而有不同的皱卷、翻扭。造型典雅，独具风采。

5–1

5–2

5–3

5-4

5-5

5-6

五、水晶艺类

5–7 九龙戏珠 云南赵辛供照。

本品为云南省所产之春剑兰水晶梅瓣花。它三萼短阔，紧边，端纯圆，基收根，花瓣全水晶化，呈分头合背式。蚕蛾兜状捧，龙吞舌，合蕊柱晶化如玉珠。苞片、萼片、花瓣、疏洒水晶艺斑。花莛、花柄、花萼紫褐色，与白玉般的花心对比鲜明，格外典雅。

5–8 蒙山晶龙 四川陈远彬栽培。

本品为四川省名山县境内之蒙山所产之春剑兰龙型水晶艺。

5–9 涟漪 四川邹剑星栽培。

本品为四川省峨眉山林野所产之春剑兰水晶艺珍品。由于叶片各部位所含之水晶艺因子众寡差异，全叶呈现横向浪曲，间有疙瘩、凹陷，状似水面之涟漪而得名。其第三代已呈现龙型水晶艺之水晶缟艺。艺型独特，风采非凡。

5–10 凉山晶花 四川刘国权栽培。

本品萼捧多处镶有雪白水晶艺体。在其作用下，萼捧出现了多处皱缩。

5–11 晶缟龙 贵州杨龙、鄢正龙栽培。

本品为贵州省所产之春剑兰中缟式，龙型水晶艺。

5–12 紫彩晶梅 云南顾开顺供照。

春剑兰水晶梅瓣花。三萼阔卵圆形，端紧边，基收根；花瓣短阔，耸立，紧边起兜，刘海舌。基本符合梅瓣花要求。苞片、萼捧均有条形水晶艺镶嵌。

5–7

5–8

5-9

5-10

5-11

5-12

六、奇花类

6-1 美丽之冠 四川袁慎先栽培

本品为四川省所产春剑兰多舌、多瓣、多鼻奇花珍品。曾荣获中国(乐山)兰博会最高奖。它的唇瓣因子格外充盈，增生有5～7个唇瓣。也有望出叶蝶艺。它的合蕊柱已分裂为多个合蕊柱，随之而有多片小花瓣的增生。花奇而有序，层次分明，多色交相辉映。

6-2 云南奇剑 福建曾文浩栽培。

本品为产于云南的春剑兰六瓣奇花。本品的奇在于花朵中的唇瓣花瓣化；花色近似人的肤色；花心部缀有鲜红色，显得秀丽可爱。

6-3 杨氏奇菊 云南杨锋栽培。

本品为云南省文山林野所产之春剑兰菊瓣型奇花。由于它的合蕊柱高度分裂异化，而有众多的小钥匙状的长柄花瓣增生，组成如菊花中的“虎爪菊”样的花朵，十分奇特。

6-4 奇荷 四川唐廷府栽培。

本品为四川省所产之春剑兰荷形奇花。本品全花共有12片荷花形花瓣，无合蕊柱和唇瓣。这是由于合蕊柱的异化而有多个花瓣的增生。花形端庄，花色艳丽。

6-5 素十仙 四川邓文兵栽培，吴汉珠供照。

本品为四川省所产春剑兰素心奇花。它除了唇瓣异化成花瓣外，其合蕊柱也已高度分裂异化，而且增生有短而阔圆、且有浅兜的一对花瓣(捧心瓣)，花心部还有不少木耳状小花瓣。是个奇而有格的素心奇花。

6-6 粉红奇剑 河北董立杰栽培。

本品为云南省所产之春剑兰奇花。本品的唇瓣异化为花瓣，而有六瓣奇花之美称。花色粉红，十分秀雅。

6-7 红对剑 四川邓少康供照

本品为四川省所产春剑兰少瓣奇花。它的唇瓣异化成花瓣，固有的花瓣(捧)与双侧萼均退化隐去，合蕊柱也已初现异化迹象。从植物学的观点看是花朵越简单，越进化。从观赏观点却喜欢花朵复杂化，以花朵复杂化算品位高。这正是可供研究探讨的一个不可多得的标本。花色金红，雍容华贵，造型别样，耐人寻味。

6-1

6-2

6-3

6-4

6-5

6-6

6-7

六、奇花类

6-8 连体奇剑 四川朱凡章栽培。

本品为四川省大巴山所产之春剑兰多瓣连体奇花。本品的合蕊柱已明显分裂，花瓣已有增多。有的花已成连体花。不过连体花的稳定性多不佳。

6-9 仙桃 重庆陈波栽培。

本品为四川省大巴山林野所产之春剑兰奇花。本品的苞片细长而斜展似萼片，萼片斜展端半弓垂似枝叶。其花瓣与唇瓣均硬化似桃。综观全莛花，犹如五彩树上满结仙桃，故得名。造型独特，色彩鲜丽，风采不凡。

6-10 双舌奇 四川兰俊栽培，兰露供照。

本品为四川省会理林野所产之春剑兰双舌奇花。它除了唇瓣增生一个外，其合蕊柱也已初现异化迹象。有望继续异化成更高级的奇花。

6-11 蒙山奇剑 四川黄富洲栽培，李文全供照。

本品为四川省名山县林野所产之春剑兰多舌奇花佳品。本品唇瓣因子格外充盈，分层增生唇瓣，也许有望出叶蝶艺。

6-12 菊韵 四川周晶绪栽培。

本品为四川省所产之春剑兰菊型奇花。本品合蕊柱分裂成多个合蕊柱，萼、捧随之增生，形成了菊花状之奇花。

6-13 何氏奇剑 四川岳伟林栽培，何茂森供照。

本品为绿色水仙瓣春剑兰，花3朵聚生于花莛顶端，为花序异化之头状花序花。

6-14 安州素奇 四川黄伍娃栽培。

本品为四川省安县林野所产之春剑兰素心奇花。它的唇瓣异化成花瓣状，捧也已初现唇化迹象。花色翠绿可爱。

6-15 树型剑兰 四川张长林供照。

本品为四川省会理所产之春剑兰树型奇花。由于子房(花柄)高度拔高而有对生或互生萼片增生，组成分层式台型奇花。此花初现似树杈状而为名。

6-16 白奇剑 四川孟显荣栽培。

本品为四川省所产之春剑兰多瓣奇花。本品合蕊柱分裂异化，且有花萼、花瓣增生。造型奇特，花色秀丽。

6-8

6-9

6-10

6-11

6-12

6-13

6-14

6-15

6-16

六、奇花类

6-17 丽人剑 四川李必刚栽培。

本品为四川省名山林野所产之春剑兰唇瓣异化为花瓣的奇花。全花淡红色，十分秀丽，令人珍爱。

6-18 少舌奇剑 四川张长林供照。

本品为四川省会理所产之春剑兰水仙型少舌奇花。

6-19 彩奇剑 浙江葛伟栽培。

本品为春剑兰多瓣奇花。它的合蕊柱已初现异化迹象，固有花瓣硬化成拳状，依附于合蕊柱两侧。花瓣、萼片都有增多。花色艳丽。

6-20 霸王鞭 云南李伟剑栽培，顾开顺供照。

本品为云南省所产之春剑兰树型奇花。曾多次获得各类兰展金奖。

6-21 素菊 四川张长林供照。

本品为四川省会理林野所产之素心春剑兰菊型奇花。本品合蕊柱已明显分裂为三个，萼片、花瓣都增多，有的花瓣已现唇瓣化迹象。

6-22 三剑奇 福建陈茂强供照。

本品为四川省高县林野所产之春剑兰少瓣奇花。本品唇瓣异化成萼片状，少了双侧萼和一花瓣。其中右花瓣(捧)平展而端略上翘，合蕊柱头刚好位于上翘之兜内，好比叶上珍珠，十分典雅。

6-23 绿素奇剑《魅力兰花》编辑部供照

本品为春剑兰素心多瓣奇花。全花各个部分均有增多，风采不凡。

6-24 玉奇梅 四川朱凡章栽培。

本品为春剑兰梅形少瓣奇花。有的少舌，有的少捧，有的缺蕊柱。花朵朵朝天而开，花色秀雅。

6-25 荷仙奇剑《魅力兰花》编辑部供照

本品为四川省所产之春剑兰荷形水仙瓣聚生奇花。本品的花瓣硬化成拳状，萼片基收根，端放角，尖凸外翻，应为荷形水仙瓣花。但有些花又有合蕊柱分裂，花瓣增生。故而为名。

6-17

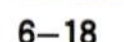

6-18

6-19

6–20

6–21

6–22

6–23

6–24

6–25

七、奇蝶类

7–1五彩麒麟 四川邓文兵栽培，吴汉珠供照。本品为春剑兰十五大名花之一。花形略似"火炬"状，但花姿更活泼，花瓣唇瓣化程度更高，花色也更绚丽。堪为春剑奇蝶花之佼佼者。斜立半弓垂叶态，株叶4～6枚，质厚色翠，断面呈"V"字形，叶齿细锐，端钝尖。叶端面浮泛朱砂晕。花莛高出叶丛面，莛花2～3朵。

7–2 奥迪牡丹王《魅力兰花》编辑部供照。本品于2004年春采自四川省什邡乡林野，为春剑兰牡丹型奇蝶花，被列为春剑十五大名兰之一。斜立半弓垂叶态，叶长45～60厘米，宽1.0～1.2厘米，株叶4～5枚。质厚色深绿，齿细端钝，莛花2朵。萼片竹叶形，嵌红覆轮，有唇瓣化迹象花瓣大量增生，并有部分唇瓣化；合蕊柱分裂，增生许多碎花瓣；唇瓣大量增生，分两横行排列。确为奇而有序的牡丹型奇蝶花。

7–3 圣麒麟《魅力兰花》编辑部供照
本品为春剑兰十五大名兰之一。曾名白牡丹。产于四川省达县地区的通江县的林野。斜立弓垂叶态，株叶4～5枚，质软色翠，叶面较平展，叶主脉不居中，并嵌有指印模，叶齿细锐，叶端钝尖。花莛高出叶丛面，莛花3朵，每朵花都由于子房拔高而有分节对生萼片增生。其顶开多萼多瓣奇蝶花，其花瓣均有不同程度的唇瓣化，但唇瓣化体几乎没缀红彩斑点，故而得名。

7–4 鹤山奇蝶《魅力兰花》编辑部供照
本品为唇瓣增生一枚，花瓣唇瓣化之奇蝶花。美中不足的是花瓣尚有部分绿色体，说明尚未完全唇瓣化，有待于进一步异化。

7–5 三星遗魂《魅力兰花》编辑部供照。
本品原产于四川省通江林野，为彭启云、王蜀才栽培。本品为唇化花瓣与舌组成的别具一格的三星蝶。其上由于合蕊柱分裂异化而有部分唇瓣化的众多小花瓣与小合蕊柱构成又一层的奇蝶花。造型格外奇特，花容别致而绚丽。被列为春剑十五大名兰之一。

7–1

7–2

7–3

7–4

7–5

七、奇蝶类

7-6 博鳌牡丹 《魅力兰花》编辑部供照。
本品为多花瓣唇瓣化、多舌、多鼻之奇蝶花。造型奇特，花色绚丽。

7-7 彩玉娇 四川邓文兵栽培，吴汉珠供照。
本品由于合蕊柱异化，子房逐节拔高，互生萼片增生，莛顶常2～3朵花聚生。为唇瓣增生，花瓣唇瓣化之奇蝶花。花莛翠绿，萼片深紫红，花瓣镶宽紫红覆轮。着色独特，色彩对比鲜明，格外绚丽。

7-8 繁花似锦 《魅力兰花》编辑部供照
本品主要由于合蕊柱高度分裂异化而形成了多蕊柱、多唇瓣和众多的小花瓣及唇化瓣组成了花上花之奇观。造型别致，素艳相衬。

7-9 牡丹蝶 四川邓文兵栽培
本品唇瓣增生；合蕊柱分裂，其周围增生许多小花瓣，有的小花瓣有部分唇瓣化，而成为多瓣奇蝶花。

7-10 火炬 四川邓少康供照。
本品为四川省产之春剑兰多瓣奇蝶花。被列为春剑十五大大名兰之一。它株叶4～6枚，为斜立半弓垂叶态。叶长40～50厘米，宽0.8～1厘米，质厚色翠，断面呈"V"字形，叶齿细锐、叶端钝尖。花莛高25～30厘米，莛花2～3朵。由于它的子房拔高，而有分节层轮生小萼片长出，其莛顶开多瓣奇蝶花。花萼、花瓣缘嵌有宽的红覆轮，再加上唇瓣上的红斑块，构成了似擎起的火炬样，而为名。

7-6

7-7

7-8

7-9

7-10

七、奇蝶类

7-11 汇蜀牡丹《魅力兰花》编辑部供照。由于合蕊柱的异化，柱头有木耳状唇化花瓣增生，原有的唇瓣萼片化，唇瓣增生，花瓣也增生并唇瓣化。造型独特，唇化部分的着色以紫色为主，兼有朱红、鲜红，在乳黄色底的衬托下，异常艳丽多姿。

7-12 红牡丹《魅力兰花》编辑部供照。本品莛花2～3朵，合蕊柱各有不同程度的分裂异化。有的合蕊柱异化成对生唇瓣。舌增生并与唇瓣化花瓣组成环状排列成菊花样。花色十分绚丽。

7-13 树型牡丹《魅力兰花》编辑部供照。本品原名新种牡丹。由于它的合蕊柱高度分裂异化，子房逐节拔高，而有互生萼片增生，顶开多鼻、多舌、多唇化捧奇蝶花。

7-14 雄狮牡丹《魅力兰花》编辑部供照。本品由于合蕊柱分裂异化，而有多舌、多唇瓣化花瓣，组成了牡丹型奇蝶花。花瓣大，排列井然有序，着色红艳。

7-15 佛王《魅力兰花》编辑部供照。本品之合蕊柱高度分裂异化成木耳状的许多小花瓣，组成了舌上花。其上有多片绿色小花瓣，其顶上，盖有短阔圆的中萼片状，此片之上伏有合蕊柱样，有显眼的双红鼻孔样的白色柱头。据此而为名。此花造型独特，层次清楚，色彩对比鲜明。

7-16 盖世牡丹《魅力兰花》编辑部供照。本品由于合蕊柱高度分裂而出现多鼻、多舌、多唇瓣化花瓣，颇似多朵奇蝶花聚生于一朵之中。造型别致，花色秀丽。

7-11

7-12

7-13

7-14

7-15

7-16

八、水仙瓣类 (一)梅型水仙瓣

8-1 冰美人 四川姜守军栽培。

本品萼片端钝圆，花瓣紧边有浅兜。萼绿，有白覆轮。花色秀美。

8-2 会理俊仙 四川兰俊供照。

本品花瓣呈观音兜态，但萼体长宽比例不够协调，萼端不够圆，而降格为梅仙。

8-3 唐王彩《魅力兰花》编辑部供照。

本品三萼长珠形，端钝圆，紧边，基收根，花瓣短阔，耸立而有紧边起兜，堪为梅形水仙瓣花。花容端庄，花色绚丽。

8-4 金华梅 辽宁崔玉宽栽培。

本品三萼卵圆形，略紧边，细收根；花瓣短阔耸立，端钝圆、紧边，有浅兜状，大卷舌。主要由于捧无明显起兜而降格为梅仙。花容端庄，花色鲜丽。

8-5 珠源梅仙 云南李鑫栽培，顾开顺供照。

本品为云南省所产之春剑兰梅形水仙瓣花。萼片虽短阔、收根，但无紧边；花瓣虽短阔，但仅紧边而无明显起兜。因而只好列入梅仙。

8-6 青黄梅仙 四川徐厚远供照。

本品三萼片长阔，端较尖，有紧边，有收根；花瓣合抱蕊柱，端缘有紧边浅兜，大卷舌。综观全花，列入梅形水仙瓣较合适。

8-7 一点梅 四川伍宏志供照。

本品三萼片虽短阔，但端尖，且外翻；花瓣仅是有紧边，小圆舌。综合花容，列入梅形水仙瓣。

8-8 张氏梅仙 四川张必才栽培。

本品花瓣端缘有雄性化深兜，大如意，唯肩萼片端较尖，而屈居梅形水仙瓣。花形端庄之中有活泼感，花色披红条又泛红晕，鲜艳可爱。

8-9 绿缟梅仙 云南孙智勇栽培。

本品为云南省所产之春剑兰梅形水仙瓣花。三萼短阔，卵形。只因萼端不够钝圆，而被降格为梅形水仙。萼捧均有绿色缟，给朱红花增添了色彩美。

8-10 紫剑仙 福建许东生栽培。

本品萼片虽短而圆头、紧边、起兜，细收根，但宽度不够。捧瓣形如蚌壳状，但仅有紧边样浅兜，刘海舌。仅能列入梅形水仙瓣花范畴。

8-11 朱氏梅仙 四川朱凡章栽培。

本品为春剑兰梅形水仙瓣花。只因萼片长阔比例失调和没有明显紧边而降格为梅仙。

8-1

8-2

8-3

8-4

8-5

8-6

8-7

8-8

8-9

8-10

8-11

8-12 花唇荷仙 云南张玉洪栽培。

本品的蒲扇式捧有明显的紧边和雄性化浅兜，三萼之中有的萼放角不够，因而列入荷形水仙瓣。

8-13本草剑荷 云南吴毅光栽培，顾开顺供照。

本品为云南省所产之春剑兰荷形水仙瓣花。三萼卵形，有紧边，两端收根；花瓣蒲扇式样，捧缘有紧边，也有浅兜，大卷舌。花形硕大而端庄，花色艳丽，曾获云南省第五届兰博会金奖。

8-14 都江荷仙 四川贾学成供照。

本品花瓣半硬化，半合盖合蕊柱，大圆舌，三萼又格外短阔，初看像梅瓣花。可是由于萼片中段放角十分明显，萼端又长尖，故列入荷形水仙瓣。

8-15 金鱼荷仙《魅力兰花》编辑部供照。

本品花瓣耸立，端缘有很粗的雄性化兜，如意舌，看来颇似梅瓣花。但由于它萼片明显放角，端之尖凸长尖而外翻，而花瓣又有耸立态，大深兜，应该归入荷形水仙瓣较合适。

8-16 紫金荷仙 浙江林申栽培。

本品萼片端放角，基收细，但个别萼片，放角不明显；花瓣多呈蚌壳捧，但个别花瓣弧盖不够好。捧缘多有紧边，有的有浅兜。从目前看，是个稳定性欠佳的荷形水仙瓣花。

8-17 兰花仙子 四川程世华栽培。

本品萼片中段放角，两端收根，肩萼呈飘飞态；花瓣耸立合拢，呈棱形，端紧边而有浅兜，端尖镶有晶珠，白圆舌镶红圆斑，堪为荷形水仙瓣花。花姿飘逸，瓣质半透明，花色粉红美如倩女，秀丽动人。

8-18 绿荷仙 四川周昌绪栽培。

本品花瓣为观音兜捧，大圆舌，中萼较长而无明显放角，双侧萼短而阔厚，又有放角态。鉴此列为荷形水仙瓣。

8-19 宝光彩霞 四川周明兴命名、摄影，《魅力兰花》编辑部供照。

本品三萼短阔，中段放角，两端收根，萼缘有紧边；花瓣似蒲扇式捧，捧缘有紧边，也有浅兜，大刘海舌。应为荷形水仙。花色绚丽似雨后彩霞。

8-12

8-13

8–14

8–15

8–17

8–16

8–18

8–19

八、水仙瓣类 (三)飘门水仙瓣

8–20 贵福仙 贵州卢昭阳、福建许东生栽培。
本品三萼较长，基细，中弧圆，端略挺而钝圆，紧边；花瓣呈蒲扇式耸立，端圆紧边，或有浅兜，或略挺，龙吞舌。它原产贵州，曾患黑星病，在鄙人兰园中治愈，故以两个省首字联合而为名。

8–21 王玉仙桃 四川曾毅栽培。
本品三萼挺翻后卷，花瓣硬化如拳状，为分头合背捧式，大卷舌，为飘门水仙瓣花。花姿活泼，花色绚丽。

8–22 山呼海啸 福建陈日明供照。
本品萼捧均挺翻飘逸，捧缘有紧边，或镶有雄性化体。飘门水仙可称。花绿底，镶泛朱红覆轮。

8–23 曾氏飘仙 四川曾毅栽培。
本品萼片挺翻、皱卷，端尖；花瓣硬化似拳合抱蕊柱，为分头合背式捧态，大卷舌，堪为飘仙水仙瓣花。本品的花序异化，总状花序异化成聚头状花序。

8–24 飘云 四川邓少康供照。
本品三萼短阔、桃形，常挺翻；花瓣有的小而短圆，有紧边；有的略长而较钝尖，近端缘有雄性化体镶嵌，大圆舌，应为飘门水仙瓣花。花形活泼，花色秀雅。

8–25 红飘云 四川杨正明、王进洪栽培，厦门陈茂强供照。
本品三萼翠绿镶宽白覆轮，嵌宽鲜红爪；淡绿宽白覆轮泛粉红爪的猫耳捧嵌有雄性化体。堪为飘门水仙瓣花。挺翻微扭之红端萼捧犹似飘飞之红彩云。

8–26 会理飘仙 四川张长林供照。
本品萼捧均挺翻、皱卷，捧端缘有明显的雄性化体，堪为飘门水仙瓣花。

8–27 丹峰嫣霞 《魅力兰花》编辑部供照。
本品三萼挺飘翻卷，花瓣头圆、紧边，且有轻兜，也有挺翻状，大卷舌，为飘门水仙瓣。着色秀丽，似丹峰嫣霞。

8–28 天府之娇 《魅力兰花》编辑部供照。
本品三萼挺翻如鸟展翅翱翔，花瓣耸立后略挺，端缘紧边，且有明显的雄性化体如珠样点缀。飘门水仙瓣可称。花姿活泼，花色绚丽。

8–29 天府飘仙 四川张玉洪栽培。
本品萼片上挺而翻卷，花瓣也挺飘，捧端镶有雄性化体，堪为飘门水仙瓣花。花姿活泼，花色富丽堂皇。

8–20 8–21 8–22 8–23 8–24

8–25

8–26

8–27

8–28

8–29

八、水仙瓣类 (四)正格水仙瓣

8-30 纳溪仙 四川邓少康供照。

本品三萼较长，两端收根，端紧边，基收根，中萼前倾，侧萼略垂；花瓣耸立，端有紧边和浅兜，大卷舌。水仙瓣花可称。花容端庄，花色秀丽。

8-31 白头仙 四川景光辉栽培。

本品三萼稍短阔，端钝圆紧边而镶有宽白覆轮，基细收根；观音兜捧，大圆舌。由于右萼长尖，而列为水仙瓣花。

8-32 血红仙 四川邓少康供照。

本品三萼较短阔、竹叶形，两端收根，端有紧边，微落肩；花瓣蒲肩状，端有紧边，浅兜，刘海舌。为水仙瓣花。花色血红，格外绚丽。

8-33 旌阳仙 四川简以金栽培。

本品萼片较长，中段稍宽，两端收根，蚕蛾捧态，大铺舌。为水仙瓣花。花色秀丽可爱。

8-34 飞金仙 四川张长林供照。

本品中萼片前伸而呈弓形上翘，并紧贴前伸、拼合有深兜的捧，再与略垂而又略上翘的双肩萼，与大卷舌，组成逆风疾飞态。花色金黄镶宽褐色覆轮，十分别致而兆瑞。

8-35 粉红仙 四川邓少康供照。

本品三萼竹叶形，端钝紧边；花瓣短阔，端圆紧边而有浅兜，卷舌。水仙瓣花可称。花色粉红，十分秀丽。

8-36 捧蝶仙 四川胡凤珍栽培，李文全供照。

本品竹叶形萼片，山字形头捧，紧边而有浅兜，有的捧缘有唇瓣化迹象，有待于继续进化。

8-37 七彩大仙 江苏陈士友栽培。

本品三萼长阔，中段大，两端收根、紧边，中萼前倾，肩萼平举微挺；花瓣耸立，端缘有深兜，卷舌。为大型水仙瓣花。花多色交相辉映，格外绚丽。

8-38 春桃仙 四川李必刚栽培。

本品三萼稍短阔，花瓣短圆，端紧边而有浅兜，卷舌。水仙瓣花可称。全花桃红色，艳丽可爱。

8-39 三角绿仙 四川江明义供照。

本品三萼较短阔，呈里扣态，但端有较长的尖凸，萼缘均镶有宽的白覆轮；花瓣稍短阔，端钝圆，有浅兜，大铺舌。为水仙瓣花。

8-30

8-31

8-32

8-33

8-34

8-35

8-36

8-37

8-38

8-39

八、水仙瓣类 (四)正格水仙瓣

8-40 蛇纹剑 四川徐厚远供照。

中萼倒卵形，遮阳态，端圆、紧边，基收根，双侧萼近矩形，两端收根，落肩态，萼片的中脉、侧脉、网脉组成蛇纹状；花瓣为软捧，端有紧边，大卷舌。为水仙瓣花。

8-41 红宝仙 四川朱凡章栽培。

本品三萼竹叶形，端钝尖、紧边，基收根；花瓣蒲扇状，端圆、紧边有浅兜，大卷舌。水仙瓣花。花色鲜亮而富丽。

8-42 新楼仙 福建省陈永强栽培。

本品三萼稍阔，端钝圆、紧边，基收根；半硬捧合盖合蕊柱，捧基有初现唇瓣化迹象，圆舌。为水仙瓣花。

8-43 逸仙 福建陈日明栽培。

本品三萼竹叶形，呈等角排列，端缘有紧边，基有收根；花瓣短圆呈勺状弧盖蕊柱，捧有紧边、起兜，或呈三角状耸立，卷舌。为水仙瓣花。花色秀丽可爱。

8-44 贡仙 厦门陈茂强栽培。

三萼长阔，端长尖、紧边，基收根；蒲扇式捧缘紧边而有浅兜，大卷舌。水仙瓣花可称。

8-45 俊仙 四川兰俊供照。

本品三萼稍长，中段较阔，端钝圆、紧边，基收细；半硬捧合盖合蕊柱，大卷舌。为水仙瓣花。

8-46 软兜水仙 四川周昌绪栽培。

本品三萼竹叶形，端钝尖、紧边，基收根；花瓣短圆、软兜，大卷舌。为水仙瓣花。

8-47 仙霞 贵州薛天民、周碧霞栽培。

本品三萼竹叶形，端钝圆、紧边，基收根；花瓣短阔，端缘紧边而略有浅兜，卷舌。为水仙瓣花。花容端庄，花色秀丽。

8-40

8-41

8-42

8-43

8-44

8-45

8-46

8-47

八、水仙瓣类 (四)正格水仙瓣

8–48 红轮绿仙 四川胡华超栽培，李文全供照。
本品三萼较长阔，端钝圆、紧边，有外翻尖凸，基收根；花瓣挖耳勺状观音兜，合蕊柱药帽发达似有一分为三状，三角如意舌。为水仙瓣花。

8–49 紫爪仙 四川杨正明栽培，厦门陈茂强供照。
本品三萼片较长阔，带形端尖紧边，捧鼻舌硬化，合抱成团。水仙瓣可称。全花白底披绿条彩晕。萼、捧、舌端部全镶紫色晕。

8–50 会理仙剑 四川兰俊栽培、张长林供照。
本品三萼带状，端圆、紧边，细收根；双捧较短，前伸，端呈浅观音兜状，如意舌。为水仙瓣花。

8–51 带晶水仙 四川朱凡章栽培。
本品三萼长阔，两端收根，端稍钝而有紧边；花瓣稍短阔，斜伸而略飘，端钝圆而有紧边浅兜，刘海舌。水仙瓣花可称。全花多镶有水晶斑点。

8–52 贵仁仙 贵州薛天民、杨昌平栽培。
本品产贵州，三萼尚短阔，端钝圆、紧边，基收根，中萼前倾，肩萼平举；花瓣耸立，端缘紧边而有浅兜，刘海舌。为水仙瓣花。着色独特，冷暖色交相辉映。以产地名为名。

8–53 齿捧仙 四川张长林栽培。
本品萼片较短阔，中段有放钝角状，端钝尖、紧边，基收根；花瓣耸立，捧端紧边，有似牙齿状的雄性化体，圆舌下挂不后卷。为水仙瓣花。

8–54 紫背仙 云南周云芳栽培。
本品三萼竹叶形，中段有放角状；花瓣蒲扇态，端缘有紧边、浅兜，刘海舌。水仙瓣花可称。本品花色特别，为紫褐色。

8–55 双珠仙 云南李景能栽培。
本品三萼较厚而细长，端钝尖、反曲态或呈皱钩态；花瓣硬变如珠球状，为分头合背式捧态，如意舌。为水仙瓣花。

8–56 朝霞 云南樊翔栽培，顾开顺供照。
本品三萼竹叶形，端钝尖、紧边，基收根；花瓣较短，端圆、紧边而有浅兜，大卷舌。为水仙瓣花。花镶白覆轮，其内似朝霞样明丽可爱。曾获第五届中国兰博会铜奖。

8–57 贵金仙 贵州李少中栽培。
本品三萼竹叶形，花瓣短宽，端缘有深兜，卷舌。为水仙瓣花。花容端庄，花色富丽堂皇。

8–48

8–49

8–50

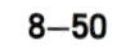

8–51

8-52

8-53

8-54

8-55

8-56

8-57

八、水仙瓣类 (四)正格水仙瓣

8-58 巴山红仙 四川朱凡章栽培。
本品三萼竹叶形；花瓣耸立而前倾如屏风，缘紧边，有浅兜，大卷舌。为水仙瓣花。

8-59 翠剑仙 四川林元林供照。
本品三萼较短阔，中段稍阔，端钝尖紧边，基收根；花瓣短阔合抱态，端缘有紧边、浅兜，刘海舌。为水仙瓣花。

8-60 圆头水仙 四川张长林供照。
本品三萼较短阔，端圆、紧边，基收根；花瓣短阔，端有浅兜，如意舌。为水仙瓣花。

8-61 彩仙 贵州王政芳、刘较书栽培。
本品三萼较短，珠圆状，端钝圆、紧边，基收根，近平肩；花瓣较短，耸立态，缘有紧边，端有浅兜，刘海舌。因中萼较长，捧兜不够深，不具梅形条件，但堪为水仙瓣花。本品曾获第十一届中国兰花博览会金奖。

8-62 笑仙 四川简以金栽培。
本品三萼长珠形，端果脐形，基细收根，略挺翻态；双捧半弧抱，端有明显的兜，大卷舌。花容犹似喜笑颜开状而为名。原名“飘梅”因捧、兜不一，而列入水仙瓣。

8-63 岑水仙 四川岑化贵栽培，李文全供照。
本品三萼珠形，圆头、紧边，基收根；花瓣扇状，绿色捧紧边并洒有白珠形雄性化体，刘海舌。为水仙瓣花。

8-64 通江仙 重庆苏中明栽培。
本品三萼长珠形，端钝、紧边，基收根，肩萼近平举；双捧耸立端有深兜，刘海舌。堪为水仙瓣花。花容端庄，为复色花。

8-65 勾嘴仙 厦门陈茂强栽培。
三萼竹叶形，两端收根、紧边，中萼前倾，端有雄性化样的白色长勾；花瓣弧状半合盖蕊柱，端缘紧边有浅兜，大卷舌。为水仙瓣花。

8–58

8–59

8–60

8–61

8–63

8–62

8–64

8–65

九、型艺类

9-1张氏奇剑 四川张长林供照。

本品为四川省会理林野所产之春剑兰奇叶实生苗。叶片格外阔大，纵向褶皱，而又有旋扭，形态别致。

9-2神童 四川张平栽培，张长林供照。

本品为春剑兰超级奇叶矮兰。它叶片格外短圆阔，叶端镶有少许水晶艺体。叶片有不同形式的皱卷。

9-3旋龙 四川张长林供照。

本品为四川省会理林野所产之春剑兰奇叶实生苗。叶片除了纵向褶皱外，又有大旋扭和横向褶皱。叶姿多态，风采不凡。

9-4发剑 四川景光辉栽培。

本品为四川省通江县林野所产之春剑兰奇叶矮种实生苗。本品仅三片叶、中心叶格外宽阔，端钝圆，缘后卷，面起皱皮。由此可见，其矮种特征较稳定。双侧叶具木纹又洒珍珠粒，姿翻扭，成倒八字形展开。寄寓兴旺发达、吉祥如意。

9-5短剑 重庆陈波栽培。

本品为四川省大巴山林野所产之春剑兰矮种实生苗。叶片具备短、圆、阔、粗皮等矮种兰的主要特征。从中心叶格外钝圆和叶梢也甚钝圆看，矮种特征稳定。

9-6玉带龙 四川张长林供照。

本品为四川省会理林野所产之春剑兰奇叶实生苗。叶片既有纵向褶皱，又有翻转旋扭态，造型别致，风采不凡。

9–1

9–2

9–3

9–4

9–5

9–6

十、线艺类

10–1 蒙顶双艺 四川吴永胜供照。
本品为四川省所产之春剑兰叶花双艺之珍品。叶为中斑缟艺；花为深瓜艺。

10–2 双边艺剑 四川张继明栽培。
本品叶、花均镶有边线艺。

10–3 金银艺剑 四川程世华栽培。
本品为四川省所产之春剑兰叶花双艺品。株叶为银边叶艺；花为黄色深爪艺，花品为水仙瓣花。

10–4 双艺梅 四川吴永胜供照。
本品为四川省所产之春剑兰双艺梅瓣花佳品。叶为银白色覆轮艺；花为深爪艺。为难得之双艺梅瓣花。

10–5 金缟剑 四川任珍弟、曾光信栽培。
本品为四川省所产之春剑兰黄色边缟艺。

10–6多艺彩霞 云南范玉清栽培，袁玉芳供照。
本品为云南省所产之春剑兰叶花双艺佳品。叶有覆轮艺、中透艺、边缟艺等多艺集于一丛株中；花为水仙瓣形，又有中透艺、中透缟艺等。

10–7 银缟 四川袁慎先栽培。
本品为四川省所产之春剑兰银白色缟艺。

10–8 缟华 四川徐厚远供照。
本品为四川省所产之春剑兰边缟艺佳品。

10–9深爪艺花 四川周世明栽培，程世华供照。
本品为四川省所产之春剑兰深爪艺花。爪艺上泛红晕，增添色彩美。据说其叶是金边艺。

10–10玉林之光 云南高家善栽培，顾开顺供照。
本品为云南省所产之春剑兰中透缟艺。

10–1

10–2

10–3

10–4

10–5

10–6

10–7

10–8

10–9

10–10

十一、花艺类

11–1 紫云 云南李鑫栽培，顾开顺供照。
本品为云南省所产之春剑兰花艺珍品。三萼卵形；花瓣耸立，端较尖，大卷舌，为荷形花。萼片紫云色，花心部披红彩，交相辉映。

11–2 红之华 四川王玉羚栽培，徐厚远供照。
本品花心部之捧、鼻、舌，全红似火，萼片密披鲜红彩条，展现了红色之华采，呈祥兆瑞。

11–3 王冠 四川江明义供照。
本品为富含水晶艺体之白花春剑兰。萼捧端褶卷异化，呈古代王爷之帽状。异常别致，风采独存。

11–4 金星剑 四川李必刚栽培。
本品为四川省所产之春剑兰花艺品。花形硕大，花容端庄，花色富丽。

11–5 吉祥佛 四川杨正明、杨怀量、王进洪栽培，厦门陈茂强供照。
本品以花瓣高耸似屏风，合蕊柱异化如佛椅状而为名。如果合蕊柱能异化成逼真的人头像就更好。

11–6 花蕊夫人 四川邓少康供照。
此为四川通江林野所产之春剑兰复色花艺佳品，被列入春剑兰15名品之一。
本品为云南省所产之春剑兰花艺珍品。三萼卵形；花瓣耸立，端较尖，大卷舌，为荷形花。萼片紫云色，花心部披红彩，交相辉映。

11–7 红心 广西林春发栽培。
本品刘海舌镶白缘，与红捧面一同把翠绿花衬托的栩栩栩生辉。

11–8 绿嘴红 四川刘光福栽培。
本品萼端镶嵌绿嘴，加上绿中脉，格外别致。

11–1

11–2

11–3

11-4

11-5

11-6

11-7

11-8

十一、花艺类

11-9 白轮红剑 云南普万祥、袁玉芳、袁玉祥栽培。
本品虽然花瓣端少浅兜，但花容端庄，花色，背鲜红，面复色，是实为艳丽之花。

11-10 勾嘴紫剑 四川刘光福栽培。
全花满泛紫晕，着实少见，应为春剑兰花艺珍品。

11-11 嫣红《魅力兰花》编辑部供照。
花形硕大，花姿活泼，多色相映，姹紫嫣红。

11-11 红爪缟花 四川王玉轮栽培，徐厚远供照。
花形硕大，黄底色或绿底色披挂鲜红或褐红粗爪缟艺，真是五彩缤纷。

11-13 金之华 四川程世华栽培。
本品为金黄色花镶嵌宽淡紫覆轮，又再于外沿嵌白覆轮的双覆轮金色春剑兰，实属罕见。花姿风采飞扬，色泽格外绮丽。

11-14 翡翠玉兰 四川伍志宏供照。
花容似玉兰花，花色如翡翠。萼捧缘镶有阔白覆轮。十分秀雅。

11-15 血莛红剑 四川何咸阳栽培。
本品已正式登录，为春剑名种。如此鲜红欲滴的红莛、红柄、红花被的品种确实罕见。花容金黄底色，披红筋，泛红晕，格外富丽。

11-16 翠小荷 四川黄永杰栽培，吴汉珠供照。
本品从株叶看确为春剑兰；可从已全绽之花看，却略似建兰；但从含苞待放之花看，又是春剑花；也许是天然杂交种。本品从全绽之花看，堪为荷形水仙瓣花；但从未全绽之花看，又称不上荷形水仙瓣花。春剑兰有这样翠绿的莛柄和花被是比较少见的，因此也就比较可爱。

11-9

11-10

11—11

11—12

11—13

11—14

11—15

11—16

十一、花艺类

11–17 峨眉红剑 厦门陈茂强供照。

全花如此鲜红的春剑兰确实罕见，只可惜唇瓣没全红（照片上花中有不少白斑块，是拍摄时，光线未处理好之故）。

11–18 联姻 云南陈祥栽培。

荷形朱红花之花棒交搭状，寄寓两家联姻，称心如意。

11–19 白鹤 四川李运福栽培，李文全供照。

本品捧虽有浅兜，可惜肩萼太长尖。不过它的中萼前伸后又向上挺翻，肩萼似鸟翅，花容犹如白鹤在翱翔。

11–20 紫云 云南邓永昌栽培，顾开顺供照。

本品蒲扇捧，大圆白舌缀一鲜红大斑，只惜中萼与左侧萼没有放角，不然就是一个不错的荷瓣花。不过，全花在黄鼻、白唇的映衬下，也很绚丽可爱。

11–21 何仙姑 四川余文渊栽培。

本品三萼纤细，中萼前倾而略挺，肩萼平举端微垂；双捧耸立，端扣并，大卷舌。花容端庄而又活泼，色泽素中有艳，艳中有素，好比何仙姑那样窈窕而轻盈。堪为春剑花艺兰之佳品。

11–22 倩女 云南袁玉芳栽培。

冷暖相宜的艳色花，犹如倩女之容，令人流连忘返。

11–17

11–18

11–19

11–20

11–21

11–22

许东生 主编

中国林业出版社

图书在版编目(CIP)数据

中国春剑兰名品赏培/许东生 主编．-北京：中国林业出版社，2009.9
ISBN 978-7-5038-5513-9

Ⅰ．中… Ⅱ．许… Ⅲ．兰科-花卉-观赏园艺 Ⅳ．S682.31

中国版本图书馆 CIP 数据核字(2009)第 172695 号

出版 中国林业出版社(100009 北京西城区刘海胡同 7 号)
E-mail cfphz@public.bat.net.cn 电话 010-83229512
网址 www.cfph.com.cn
发行 新华书店北京发行所
印刷 中国农业出版社印刷厂
版次 2010 年 1 月第 1 版
印次 2010 年 1 月第 1 次
开本 787mm×1092mm 1/16
印张 12.5 **彩插** 72
字数 200 千字
印数 1~5000 册
定价 48.00 元

内容提要

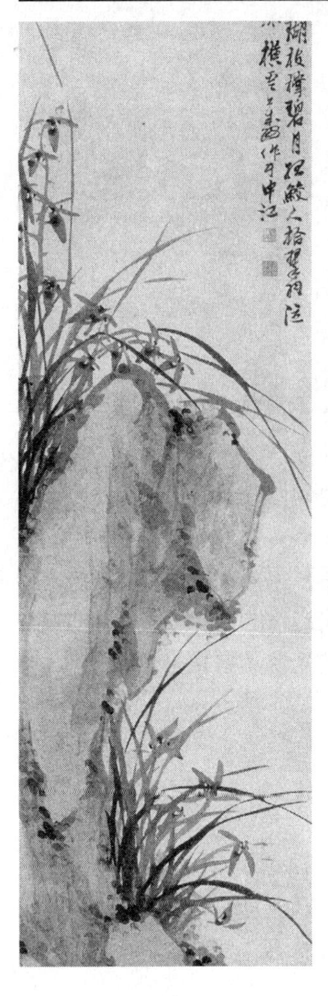

本书比较系统地介绍了春剑兰的独特魅力与分类鉴赏、资源分布与保护、形态特征与识别、分类与隶属变迁、生物学特性与栽植准备、依性莳养与疑难解答、扩繁与新品选育、病虫害辨识与防治以及兰花应用等内容，并附有约300幅传统名品与新、奇、珍品彩照。

全书在力求科学性、知识性的同时，突出新颖性、实用性和可操作性。在资源保护上，提出了切实可行的建议；在鉴赏与应用方面注重图解名词术语，力求普及与规范相结合；在形态特征的描述中，融入品种辨识常识；结合生物学特性，谈及栽培调控措施；在品种繁育及诱变促控等方面介绍了一些通过实践证实可行的，因地制宜、经济简便、土洋结合的方法；在病虫害防治方面，注重识别指征的描述，提出了富有实效的防治措施。此外，作者对北方或水质偏碱地区的养兰提出了有效的克服困难的措施。

本书可供兰花栽培者、生产经营者、园艺探索者，尤其是春剑兰爱好者参考。

作者简介

许东生，男，1937年生，中国科普作家协会会员，中国兰花文化研究院顾问。1999年被福建省科学技术协会正式列入专家信息库，曾任《兰蕙》《魅力兰花》杂志社编委。

出身于闽西南结合部永福花乡的花果世家，尤喜探索兰花园艺，长期深入野外植物考察，潜心研究兰花莳养规律。自20世纪90年代起，陆续在海内外花卉报刊上发表兰花文章400余篇。自1999年以来，在福建科技出版社、金盾出版社、中国林业出版社、中国农业出版社、辽宁科技出版社等相继出版了《家养兰花100问》《家养洋兰100问》《中国兰花栽培与鉴赏》《兰花赏培600问》《兰花赏培要诀》《兰花新优名品》《实用国兰赏培技艺》《养兰千问》《中国建兰名品赏培》《中国墨兰名品赏培》《中国寒兰名品赏培》《中国莲瓣兰名品赏培》《中国蕙兰名品赏培》《中国春兰名品赏培》等著作。

《中国春剑兰名品赏培》编委会名单

前言

中国七大类地生根兰之一的春剑兰，株形矫健俊美、叶姿飘逸潇洒、莛花三五朵、花形大而俏、花色斑斓绚丽、花香醇正幽远，是个古老而又充满活力的新秀，凡是有缘一睹其芳容者，无不流连忘返，油生爱心。就是偶尔听说，或在书刊上偶然一见的，也无不顿生爱心，孜孜以求。

事实上，这天赐的东西，要拥有它，并不难，难在能否留得住它，且又能让它应期为我们献艳送芳。这就成了每位爱兰者的疑虑。但在爱心的驱使下，人们还是毫不犹豫地引种它，尽管有所闪失，仍然是义无反顾地探索，且更加辛勤地付出。鄙人亦是这样，从许多的失误中，逐渐悟出初知。在兰友们的敦促下，也常常把这些初悟，披露于花卉报刊，与兰友们共同研讨。从而迎来了诸多兰友热情地递标本、谈见解、提问题、参与研讨。有的兰友建议把这些内容汇编成书。尤其是于1990年，在成都举办的中国首届四季兰、热带兰邀请展览会上，中国兰协何清正秘书长和《中国兰花》主办人兼副总编的陈远星先生嘱咐我，要为兰花事业的发展多写稿、多撰书。之后，又有幸与水晶艺、图画斑艺的开拓者之一的广州市兰花研究会会长兼《兰花简讯》主编谭福台先生会晤，谭老建议，写兰花书，不要大杂烩，要把春兰、莲瓣兰、春剑兰、蕙兰、建兰、寒兰、墨兰，分别细写。领导的嘱托、兰家的教诲、兰友的敦促，坚定了我的信心，鼓足了我的干劲，使我克服工作的繁忙、病痛的纠缠，顽强地利用业余时间白天实践探索，夜间阅读资料、分析总结。也利用每个假期深入各产兰大区山野考察，并向兰家学习取经。直到1993年退休后，有了自由支配时间的可能，便进一步地多方面分类对比实验，系统研究、总结。自1999年夏以来，陆续编就并出版了6部分类介绍国兰的拙作，到2008年还差春剑兰一本未完成，无奈自己已年迈神疲，力不从心，只好发动许悦、许杰、许奇3个儿子分工协助，终于于仲冬草就本稿，了却了把七大类国兰各编一本的夙愿。由于鄙人才疏学浅，阅历、精力有限，了解、探索也不够。虽已尽力，书中谬误在所难免，敬请诸君直言不讳地批评赐教，以便有缘重印或再版时修正之。

拙作承蒙吴汉珠、黄毅、袁慎先、邓文兵等先生、《魅力兰花》编辑部和各地众多兰友的热情鼓励与支持，又赐供了许多精美的彩照。值此付梓之际，谨向诸君致以诚挚的谢意。

许东生
2009 年 5 月

目　录

前　言

第一章 俏不争春数春剑

在七大类地生根国兰中，能在春节相继开花至春末的，有莲瓣兰、墨兰、春剑兰、春兰、春寒兰和早花的蕙兰。其中，叶矫健俊美，花瓣宽姿俏、色斑斓绚丽、气醇芳幽远的，当数春剑兰（*Cymbidium tortisepalum* Fukuyama *var.* longibracteatum）。但它并不争春，而是继莲瓣兰和墨兰之后，而稍先于春兰。这种俏也不争春的谦让风格，正是博人珍爱的真谛。

第一节 中国春剑兰的魅力

一、矫健俊美，飘逸潇洒

春剑兰的叶态，通常可概括为三类：直立叶态者，叶细而厚硬，叶鞘紧裹，叶端尖锐，挺拔玉立，犹如竖起之利剑，顶天立地，凛凛不可侵犯，锋芒直指苍天，大有力拔山河之英雄气概；斜立叶者，雄健挺拔，其势刚健；弯垂叶者，叶姿环回，轻摇漫舞，风流倜傥。下山驯化品，叶姿丰腴，四季葱绿，有比墨兰长而窄的，亦有比蕙兰柔而厚的，又有比寒兰细而润的，更有比建兰狭而挺的。真是片片疏密有致，参差错落，向背穿插、高昂低回，殷秀窈窕，婀娜多姿，风韵别致，妙不可言。

此外，春剑兰的叶态，也和其他各类地生根兰一样，不乏有株矮幅宽、钝圆厚实、扭拧虬卷之矮种奇叶兰；又不乏有皱缩拟形、镶晶披彩之奇异水晶艺兰；也不乏有似丹青写意，如诗似画之图斑艺兰；更不乏有斑驳陆离、流光异彩、玉润金辉的线艺兰；尚且还有叶片部分或全部如花瓣唇瓣化样的叶蝶兰，真是令人惊叹不已。

二、喜迎新春，但不争春

通常，春剑的花期紧继莲瓣兰、春兰、墨兰而先于蕙兰，年平均气温较高的地区，也可于春节、元宵节期间献艳送芳。春剑之叶、竖立似剑，大有男子汉的阳刚气概，其花期却能谦让给莲瓣兰、春兰、墨兰而紧跟其后，且略先于蕙兰而开颜献芳。其花虽瓣宽而色艳，但也不过多地炫耀而仅微露于叶丛面，甘与秀叶

齐辉，共赏春光之明媚。这种不忘株叶养育之深恩，不与绿叶争靓，更不与花期略同的它类兰争先报春的外刚内柔，刚柔相济，知恩图报和谦让之风格，正是中华民族传统美德之象征，堪为吾辈之风范。

三、瓣大姿俏，妙趣天成

春剑莛花，通常三五朵。花径 5～7*cm*，萼片阔长圆状披针形，花瓣短宽，为卵状披针形。其花朵比普通春兰、墨兰、建兰、蕙兰大，堪与大花蕙兰相匹敌。春剑之花，与它类地生根兰一样，同样不乏有端庄秀雅的梅瓣花、水仙瓣花和荷瓣花；也有繁花似锦的菊瓣花、牡丹瓣花、奇蝶花；又有离宗别谱的重台花、树形花和形态别致的翻飞花、扣卷花；尚有妙趣天成的朝天开、对峙开、依偎开、并蒂开、聚簇开的奇态花。真是风姿婉妙、妙趣天成。

四、斑斓绮丽，异彩纷呈

春剑兰的花色，虽还不能说是兰中最为丰富，但并不单调。那雍容华贵的黄色花、秀如芙蓉的粉红花，鲜艳夺目的鲜红花、红得发紫的朱红花，雪白晶莹的洁白花，生机盎然的青绿花，色彩斑斓的多彩花、五彩纷呈的复色花，油黑发亮的黑色花，高洁素雅的素心花，交辉相映的缀色花，绀帽镶边的复轮花，应有尽有。真可谓是高洁素雅，妩媚婉丽，姹紫嫣红，绚丽多彩，美不胜收。

五、醇芳扑鼻、神旷神怡

春剑也如春兰般，花芽自六七月就相继露出基质面。历经近半年的孕育，因而它的花香也如春兰般的富足。有时一花在室，满室飘香。如今养兰人多了，大小兰圃星罗棋布。花期大街小巷和村庄，幽香扑鼻，令人心旷神怡。这可真应验了“秋桂依风香十里，兰花无风十里香”之赞兰香说。

每每闻及幽幽兰醇芳，顿觉神清气爽、疲惫顿消；常闻幽兰香，新陈代谢力增强，提神醒脑康寿添。

六、优性独存，令人钟爱

春剑秉巴山蜀水之灵秀，集姐妹兰种之大成而形成了独特的优良种群：

1. 适应性广

春剑根粗而短，假鳞茎之维管束粗而长，叶片的角质层厚而硬，因而有较强的耐水性、耐旱性和耐寒性而易于莳养。不仅西南地区易于养好，东南和东北、西北和华中，以及海外诸国也每每引种成功。

2. 生命力旺盛

春剑株叶较多，根群发达而肥壮，有的尚有块状根。于是，它吸收营养力强，自制有机物多，其生命力自然旺盛，随之分蘖力也较强，连山采兰的分蘖力，也能有1: 1强。

3. 花序独特

春剑，虽大体为总状花序，但它的花朵分布，却常为不等距离，多为下疏上密，甚至于莛顶密生为聚簇花或并蒂花，别具一格。寄寓吉祥，风采不凡。

正因春剑具有如此独特的魅力，所以拥有盛产除墨兰之外的各类地生根兰和附生兰的四川人民，才会尤钟春剑。这种赏兰观点，于新中国成立后，随着双文明的迅速发展，逐渐被兰界和海内外人士所认同。

第二节　资源分布与保护

一、资源分布

1. 春剑兰在全国的产地分布

春剑兰为亚热带产之兰科兰属植物。多分布于东经97°30′~118°10′，北纬23°20′~34°50′，海拔500~2500米许的岭谷地带。多数生长于间有石砾的下有红壤，上有腐殖土之阔叶林、杂木林间。

春剑兰也和其他地生根国兰一样，对野生环境是有所选择的。并非在上述经纬度内的岭谷地带均有分布，而是仅在四川、云南、贵州、湖南、湖北、陕西、安徽、广西的某片区域或几片区域之岭谷地带，有成片或零星野生。

据陈心启、吉占和先生的《中国兰花全书》载："中国的亚热带区，根据气候条件，可划分为东亚热带亚区、西亚热带亚区和北亚热带亚区等3个亚区。春剑兰在这3个亚热带亚区中，部分地区有不同量的分布：

(1)东亚热带亚区

本亚区包括福建的大部分、浙江、江西、安徽南部、江苏南部、湖北南部、湖南、广东北部、广西北部、贵州东部和四川盆地。

在这些地区中，仅是四川盆地的产量最丰，品质也较优，贵州东部、广西北部、湖南、湖北南部和安徽南部也有部分分布。

(2)西亚热带亚区

本亚区包括云南中北部、四川西部、贵州西部和西藏东部。在这4个省地中，也以四川西部产量最丰，云南中北部、贵州西部的产量则少。而西藏东部，

尚未见有产春剑兰的报道。

(3)北亚热带亚区

本亚区包括秦岭与大巴山之间和长江中下游北面平原，如甘肃南部、陕西汉中、河南伏牛山以南、湖北北部、安徽北部、江苏北部等。

本亚区为春剑兰分布最少的亚区，其中仅是陕西汉中、湖北北部和安徽北部之部分岭谷坡地有少量零星分布。

(4)热带过渡区

热带过渡区，又称半热带、准热带或南亚热带。实际上就是从热带向亚热带的过渡地区。此区包括台湾大部分、福建南部、广东南部、广西南部、云南西南部、西藏东南部。全区年平均温度20~22℃，最冷月份平均温度12~14℃，最热月份平均温度28~29℃，无霜期340天以上，冬季绝对最低温度偶尔可到0℃以下。年降水量大多数略低于热带区。

本区为春剑分布甚少之区域。台湾苗栗县有产春剑素心种。其他各地尚未见有产春剑的报道。

2. 春剑兰在四川省的产地分布

四川是春剑兰的主产区，它不仅产量最丰，而且品质也颇优，被公认为春剑兰的故乡。不过也不是整个四川岭谷地带都产春剑兰，而是川西和川南为最丰富。据邓承康先生依四川的地貌、气候、土壤、植被而划分的四川7个产兰区中，有下列4个产兰区、盛产春剑兰和其他兰：

(1)邛崃山产兰区

邛崃山脉位于四川盆地西缘，是四川盆地与川西高原之间的过渡地带，海拔1000~3000米之间，自然环境复杂。其中以邛崃山中段和南段的灌县、彭州、崇庆、大邑、邛崃、宝兴、芦山、天全、名山、雅安、荥经等地之产量尤丰，品质也优良。第一牙黄素、玉板春剑素、银杆春剑素、青杆春剑素、翠绿春剑素等名兰，均为本区所产。

(2)峨眉山产兰区

本产兰区位于四川盆地西南角的低山丘陵区，为川西平原西南面，包括蒲江、丹稜、夹江、洪雅、峨边、彭山、眉山、青神、乐山、犍为一带。主产春剑、春兰、夏蕙和送春。

(3)川南产兰区

本产区包括綦江、古蔺、筠连一带和合江、泸县、纳溪、叙永、兴文、珙县、高县、宜宾、屏山、南川、马边等地。主产春剑、春兰、夏蕙、寒兰和虎头兰。尤其是南川境内海拔高达2206米的金佛山是植物宝库，多产珍奇、稀有的

兰花。

(4)川中丘陵产兰区

本产兰区地处有名的“川中丘陵”。包括自贡、荣县、内江、隆昌、荣昌等县。春剑名兰“隆昌素”就是荣昌、隆昌一带出产的。

至于横断山产兰区、北部低山产兰区和川东低山产兰区，很少有春剑分布。

春剑也是中国地生根兰，它的蒴果里含有数十万，甚至百万粒种子，种子细而极轻，种皮为一层透明的薄壁细胞，种皮内充满了大量的空气，不易吸收水分，极易随风或流水远播。再由于春剑种苗的外销，有的没养好，当垃圾倒至河缘，随洪水流至远处岸边山坡后，分蘖新苗，不断繁衍而有不少的春剑野生。因此，不仅在上述8个省、自治区的各个产兰区会不断扩大，甚至会增加新的产兰区域，就是与这8个省相毗邻的省，也有可能有春剑野生。据说，福建的武夷山也有发现野生春剑，这就是个例证。

二、资源保护

由于20世纪80年代以来，人为的滥采太过，又有毁林改种和火烧山的浩劫，致使距乡村二三十千米的近山，已甚少有春剑的芳踪。再由于近几年，随着经济的快速发展，春剑已炒作到天价，刺激了采掘的狂热，多少远征的采掘小分队，深入远山大量采掘，致使春剑的资源日益减少，亟待保护。为了实现既能保护好资源，又能永远有计划地利用资源的目的，笔者建议

1. 尽快立法，依法保护

各省、地、县政府应尽快根据国家关于濒危植物保护法，出台具体的保护法，并责成林业等相关部门依法保护。各级兰花协会、学会、研究会更应主动配合宣传保护法，并努力配合相关部门执法保护。

2. 建立兰花资源保护区

各地兰花民间组织，应组织人员深入产兰山野考察，选择并划定广阔的兰花资源保护区，进行原产地保护。通过政府委托当地林业部门进行管理。严禁任何个人入内采挖。只许持有县林业局所属的濒危植物保护机构发给的限量有偿采挖证者，进入指定山场、限量选采。

3. 建立兰花种质与产业基地

兰花资源的保护目地是为了世代均有永不枯竭的资源可开发利用。这也包括当代的开发利用。这也就是说，我们现在提出的兰花资源保护，既是为了确保当代有不枯竭的资源，可以开发利用，也为了保证子孙万代，同样有永不枯竭的兰花资源，可以开发利用。为了实现这个目的，再也不能放任滥采乱挖，而应有组

织、有计划地、适量选采，当地种植繁育，开发利用。这就要求产区的兰花学会、兰花协会联合牵头，招商引资或实行股份制、建立兰花种质与产业基地，为切实地保存与发展自己的兰花种质特色，创立种质品牌并开发兰花副产品，为精神文明与物质文明的发展而奋斗。

4. 普及兰花知识，提升种质资源

产区的民政部门，应尽可能加强对区内的兰花学会、协会的督导，以发挥其应有的作用。发动会员及爱兰群众，努力看书学习，开展专题讲座和有奖知识抢答等措施以普及兰花知识。设立：组织奖、贡献奖、栽培奖、育种奖、保护资源奖、开发创意奖等，以充分调动各方面的积极性，共同为保护资源，合理开发利用资源作贡献。

5. 弘扬兰德，促进和谐

每个爱兰、采兰、养兰、经营兰者，都不应忘记：有全民共有的资源和国家给予的发展平台，兰花事业方能有所发展。虽是劳有所得，但也应有如兰花的无私奉献精神，不忘当地人民和国家。应把开发利用兰花资源所获效益的一部分，奉献给公益事业，为共同构建和谐社会而努力。

第三节　春剑兰的栽培史略

一、春剑兰的国内栽培史

作为七大类地生根国兰之一的春剑，自古就在我国的西南等地之广漠林野里生息繁衍着。尽管古代的猎户、采药人、牧童和伐木者，因生计而无心欣赏其美妙，但也免不了会被它那洒脱的秀叶、斑斓的花容、醇芳扑鼻的幽香所打动而流连忘返，进而选择栽植、馈赠交换而逐渐扩大栽培。但这些个别的、零星的、局部的栽培，可能因当时当地的交通相对较闭塞，难有崭露头角的机遇，也无缘得到有识之士的赏识与推崇，官府也就无从所知。种种原因致使古代的地方志，未曾记载。到目前为止，也尚未发现有古代的春剑专著，或有关记述的报道。因此，我们只能从唐代的李白、白居易、杜牧、王勃、卢照邻、邵大震等诗作的相关描述中，揣测出唐代已有栽培兰花，而出类拔萃的春剑，肯定也在栽培之列。不过，这些揣测仅是美好愿望的追溯，而不能当作春剑栽培史来定论。鉴此，不少的热心者，不厌其烦地，多方查找春剑产区内的各代地方志。其中最有说服力的史料，当数；清同治十三年（公元1875年）的《隆昌县志》38卷载：“兰蕙一类两种。隆中园圃，此花有建兰（隆昌夏素、秋素）、雪兰（笔者注：据查，雪兰叶

挺拔雄健，叶基无叶柄环，立春前后开花，出架莛花2~3朵，当隶属春剑无疑)、珠兰等……”另外，清乾隆年间(公元1736年)的《灌县志》载：“青城素心兰”为青城山独有之传统珍品。四川的青城山为我国道教圣地之一，也为盛产春剑之名山。青城素心兰，应为春剑牙黄素。闻名遐迩的春剑牙黄素“西蜀道光”便是产于青城山。

由此可见，春剑有籍可查的栽培史是清代，即18世纪前。而春剑的大规模开发，是20世纪70年代以后，随着改革开放的东风，春剑的瓣型花、奇蝶花、复色花、线艺、水晶艺、叶蝶艺等层出不穷的精品，相继筛选出来而享誉中外。

二、春剑兰的国外栽培史

由于春剑的大规模开发较晚。据查：“西蜀道光”于1989年在香港“世界兰花博览会”上获总冠军之后，开始大量销往日本、韩国。在此之前，春剑的五大传统名兰，有否少量馈赠国际友人，或由华侨携带外栽，未见报道。

第四节　春剑兰在兰科兰属植物分类上的隶属

一、春剑兰隶属蕙组

我国最早对兰属植物的分类，是北宋时期的黄庭坚，他采用了以莛花朵数和花香量来分类的方法。约过百年，南宋时期的赵时庚，以花主色进行分类。

以上分类虽然比较低级、粗糙，但它是我国对兰花科学分类的开始，而且比国外对兰花的分类，早了七百余年。

国外最初描述和以拉丁文定名并建立了兰属的是瑞典植物学聚斯瓦尔兹。19世纪以后，欧洲的兰花学者对兰属做了不少的研究工作。但由于他们对生长在我国的兰花缺乏活植株的观察，仅从文献资料和蜡叶标本来研究，难免有误。尚且对我国于1980年以来新发现的兰属植物也有所忽略。

鉴此，于1996年，吴应祥先生与台湾省的兰花学家张保泰先生商定，把我国最早对兰属植物的分类，即北宋黄庭坚的“一干一花而香有余者兰，一干五七花而香不足者蕙”的分类法与陈心启、吴应祥合著的《国产兰属分类研究》相结合。将我国现有的兰属植物31种，分为2个组5个亚组。春剑被列入蕙组(Sect. Floribundum)中的第一亚组，即短柱亚组或称小花亚组(Subsect. Microcymbidium)。其特征为：花多，花直径一般小于6cm，蕊柱长在2cm以下。有蕙兰、莲瓣兰、春剑、建兰、寒兰、墨兰、套叶兰、台兰、多花

兰、果香兰、丘北冬蕙兰、冬凤兰、纹瓣兰、硬叶兰、大雪兰、落叶兰和珍珠矮等17种。

二、春剑兰的变种*

1. 春剑原变种 var. *longibracteatum*

四川之名兰多属于本变种，品种不少，尤以素心为上品。常见栽培的有青花春剑、红花春剑、白花春剑、隆昌素、第一牙黄素、玉版春剑、马边春剑、玉杆春剑、银杆春剑等。

2. 软叶春剑(新变种) var. *flaccidifolium* Y. S. Wu var. nov.

叶带形，弯垂，4~6枚丛生，长40~80cm，宽1.5~2cm，叶从1/3~1/2处向外弯曲成圆弧形。花莛直立，莛花3~5朵。花期1~3月。多分布于云南。

3. 通海春剑(新变种) var. *tonghaiense* Y. S. Wu. var. nov.

地生，假鳞茎明显，叶4~6片，长40~70cm，宽1.2~2.0cm，基部狭窄，直立似剑，先端渐尖，边缘具细锐齿，叶色浓绿；鞘叶黑绿色，花莛直立，高30~40cm，浅紫绿色；莛花3~5朵，香气醇正。花浅黄绿色。

花期1~3月。原产云南通海，栽培历史长久，野外很少发现。

本变种叶片笔直，刚劲挺拔，先端不弯曲，叶色浓绿，与原种有别。

4. 朱砂兰(新变种) var. *rubisepahum* Y. S. Wu var. nov.

朱砂兰又称红草。叶4~5枚，刚健直立，上半部稍弓垂，叶面深凹，叶脉明显，边缘具浅细齿。花莛高约30cm，莛花2~(3)朵；花直径5~6cm，花色以水红为基础，深浅不一；萼片平整舒展、两侧萼较下垂，唇瓣反卷，有红色斑点或条纹。因其花色深浅不同，而有水红朱砂、大红朱砂、二红朱砂之别。

本品与春剑相似，但叶脉明显，花2~(3)朵，色水红，花被平整，与原种有别。

5. 苗栗素心(变种) var. *tortisepahum*(Fukuyama) Y. S. Wu et S. C. chen.

本变种与春剑相似，其不同点在于花是2~4朵，萼片扭曲翻转。花被白色。因未见实物，故列此作为一变种，待以后进一步研究。原产台湾省苗栗县。

6. 雪兰(变种) var. *papyriflorum* Y. S. Wu var. nov

雪兰，又称白草，与春兰基本相似(余注：应该为与春剑基本相似)，叶5~7片，叶面光滑，青绿色，有光泽，长45~65cm，宽0.8~1.1cm，边缘有叶齿。“立春”前后开花，莛高20余厘米，莛花2~3朵，含苞待放时，略带浅朱砂色，

* 摘自吴应祥《中国兰花》1994年(第2版)，中国林业出版社出版。

花初放时，为浅黄色，一周后，转为白色，故称“雪兰”。(雪兰花色由朱红转浅黄再转为白色)花被披针状长圆形，属竹叶瓣、落肩花，唇瓣反卷，色白，舌端嵌有“V”字形鲜红斑 。分布于四川和贵州。在四川栽培甚广。

(作者注：吴应祥先生在1994年第二版的《中国兰花》中将雪兰归于春兰的变种之中。实际上，雪兰为四川著名的红(朱砂兰)白(雪兰)姐妹二草之一。尚且，雪兰的叶基不具叶柄环，应属于春剑。故把雪兰移春剑类的变种行列之中。不知当否，特此说明。)

三、春剑兰隶属的变迁

春剑是某类兰的变种，还是独立种的问题，20世纪80年代以来，兰花学者多有不同的见解。现粗列如下，以供参考：

1. 认为春剑是蕙兰的一个变种

被誉为兰花泰斗的吴应祥先生，在其《中国兰花》(中国林业出版社，1991年6月)的第45页，春剑条款中，曾提及：“春剑曾作为蕙兰下的一个变种，但根据叶型与花型，仍应作为一独立种。”

至于春剑曾作为蕙兰下的一个变种的首先提出者，暂未查到相关资料。

2. 认为春剑是春兰的一个变种

春剑是春兰的一个变种，是哪位学者首先提出的，暂也无查出。但见于诸文献之中：

①吴应祥、吴汉珠合编著的中国名花丛书《兰花》(1998年11月，上海科技出版社)第62页：春剑(*Cymbidium longibracteatum*)曾作为春兰之一变种，但据其叶、花形态，应作为独立种。

②沈渊如、沈荫椿著《兰花》(1984年10月，中国建筑工业出版社)第8页：春剑(变种)*Cymbidium goeringii* var. *longibracteatum*。从这拉丁学名看，就是春兰的变种春剑。

③邓承康《养兰》(1984年10月四川科技出版社)第40页四川兰花的种、变种和变型记述：1. 春兰：(1)春兰原变种；(2)线叶春兰；(3)春剑(变种)var. *longibracteatum*。这里是把春剑作为春兰的一个变种。

④陈心启、吉占和编著《国兰洋兰三百问》(1996年6月中国林业出版社)第10页：24. 春兰包括哪些变种？春兰只有1(2)朵花。但有一些变种，植株较高大，且有2~4(5)朵花，如春剑(*Cymbidium goeringii* var. *longibracteatum*)此拉丁学名，是指春兰变种春剑。

⑤陈心启、吉占和编著《中国兰花全书》(2000年10月第2版、中国林业出

版社)第94页：26. 春兰(1)春兰原变种；(2)线艺春兰(变种)；(3)春剑(变种)*Cymbidium goeringii* var. *longibrac-teatum*。

3. 认为春剑是莲瓣兰的一个变种

陈心启教授在2005年9月，杭州出版社出版的《兰苑》集萃首页上的《国产兰属植物资源和常见种类名称的更动》一文中有：(3)春剑 *Cymbidium tortisepalum* Fukuyama var. *longibracteatum*(Y. S. Wu et S. C. Chen) S. C. Chen et Z. J. Liu 此实体在《中国植物志》中被置于春兰之下作为变种(*Cymbidium goeringii* var. *longibracteatum*)。实际上它更接近于莲瓣兰而不是春兰，因此移至莲瓣兰之下作变种。

4. 认为春剑应作为一个独立种

①吴应祥编著《中国兰花》(1994年6月第2版，中国林业出版社)第四章兰花品种分类，第三节兰花种和品种之：四、春剑 *Cymbidium longibracteatum* Y. S. Wu et S. C. Chen。春剑曾作为蕙兰下的一个变种，但根据叶型与花型，仍应作为一独立种。

②吴应祥、吴汉珠编著中国名花丛书《兰花》(1999年1月第2次印刷，上海科技出版社)第62页，4. 春剑(*Cymbidium longibracteatum*)曾作为春兰之一变种，但据其叶、花形态，应作为独立种。

③潘光华著《云南兰花的识别鉴赏与收藏》(1995年6月云南科技出版)第33页：4. 春剑(*C. longibracteatum*)。文中虽未明确指出，春剑应为独立的一个种。但从其对春剑的拉丁学名描述，便可看出，是认同春剑应为独立的一个种。

笔者通过多次的对莲瓣兰与春剑的各种花型的活体植株和花形的比对观察：除了它们的叶基均不具叶柄之外，其叶、花均有较明显的区别，故偏于赞同：春剑应有独立种的见解。不过，在未得相关的权威机构的认同之前，大家都应以陈心启先生的《国产兰属植物资源和常见种类名称的更动》一文为依据：把春剑视为莲瓣兰的一个变种。其拉丁学名为 *Cymbidium tortisepalum* Fukuyama var. *longibracteatum*(Y. S. Wu et S. C. Chen)

第二章 春剑兰的形态特征与识别

地生根兰的春剑和大多数植物一样，由根、茎、叶、花、果实和种子6个部分组成。了解认识其形态特征(包括其异化特征)对区分类群，识别变种、品种，是十分必要的。至于在了解其各器官形态特征的同时，顺便了解各个器官的生理功能，对于在莳养过程中，如何创造条件，充分调动各器官的功能，而促进育壮和加快其随人的意愿而加快异化，当有不可忽视的意义。

众所周知，世间上的一切事物都在不停地运动着，并在运动中不断地变化着，有的发展异化：有的消亡或成为另外形式而存在。兰花这个高雅的观赏植物也不例外，不仅有器官形态方面的异化，而且有生理功能和基因的变化。这些异化和变化，仅还不到一半的比例是有形可鉴的，更多的是无形可鉴，或肉眼看不到的。目前，对这些异化和变化的研究尚少，能见有报道则更少。现笔者把自己艺兰实践中，观察、分析研究的管见，寓于形态特征的描述之中，愿它能成为引玉之砖。

第一节 根

春剑的根与其他地生根兰的根一样，为肉质，无根毛，近圆条形。根体表乳白色或淡黄色，根尖晶白色。根较粗短，根断面径0.5~0.8cm，根长20~30cm。

根为兰株生命之源，是吸收、运输水分营养的首要器官。兰根的表面为根被组织，俗称为根皮。起着保护皮层组织(根肉)和吸收水分、养分的作用；紧挨根被的是由20余层细胞组成的皮层组织，俗称根肉，起着储藏水分、养分的作用。其中常有名为兰菌的有益菌共生，起着相互利用和促进的作用；处于皮层组织(根肉)的中心处，有一条如粗线样的乳黄色或浅赤色的坚韧线状体，名为中心柱，俗称为“根筋”“根芯”，起着加强根的强度，以支撑和固定植株的作用。更重要的是担负着运输水分和养分的使命。

除了由假鳞茎基部长出的常见根之外，还有“龙根”和“茎状根”。

所谓的龙根，是由兰花种子萌发出的根(图2-1)又名实生根。兰花种子萌发时，是先长出粗而短，形近圆而弯曲、其表面常附有粟粒大的晶亮菌珠点的嫩根，而后在根上长出叶芽。龙根担负着叶芽的供给任务。由成熟植株的假鳞茎基

部分蘖出的叶芽，由于有母株的供给，当分蘖芽伸出基质（培养植料）表面 2 ~ 3cm 高时，便有个 20 ~ 30 天的缓长期。在这个缓长期里，母株只负责传递长根因子给分蘖芽基，待其根长出 2cm 许，分蘖芽有半自给的能力时，便进入伸长展叶期。在分蘖芽缓长期里，母株便进入花原基形成期，为分化花芽奠定基础。

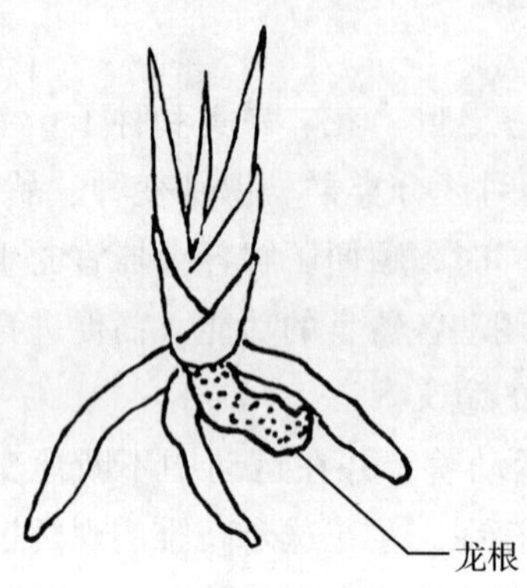

图 2-1　龙根示意

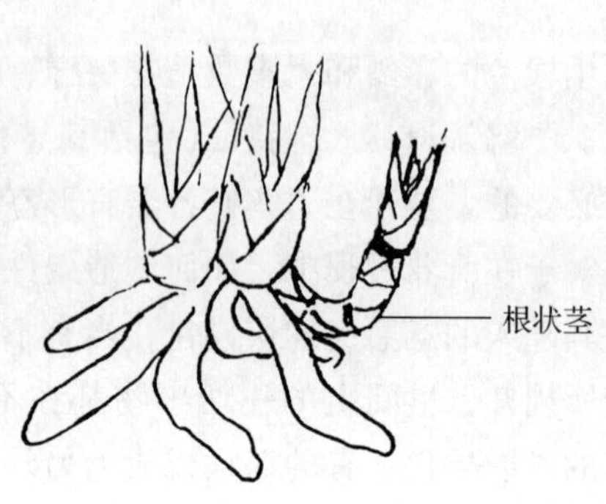

图 2-2　根状茎示意

由于兰花是丛生的，它们的株间有一段甚短的连接体——地下茎。这地下茎在生长不利的条件下，如遇到障碍物，生长受到抑制时，便会延长生长，一直延伸到合适之处而长叶芽。这种延伸的地下茎，名为“根状茎”。由于这种根状茎有分节，节上有苞叶，又名为“茅根”。又由于这种根状茎，形多有弯曲，又是根顶长叶芽，颇似龙根，而又名为“假龙根”。

春剑的根，虽为较粗而短且无分叉，但也绝非品品如一。因为它在野生时，有的植株有缘通过各种的自然选择（包括花粉杂交），而引起变异。而发生变异时不仅叶花有变化，其根也必将有所异化，因此便有了多种形式的异化根（如图 2-3）。

如果丛株有两代以上的人参根、连体根、三脚根，就有可能是多萼奇花；如是丛株中仅是偶有的一代异态根，有可能是荷形花；丛株根，多数的根形似一条条的蚯蚓样，多是荷瓣花；如是丛株根有如鹿角状的鹿角根、鸡爪状的鸡爪根、竹鞭状的竹鞭根、串状的鞭炮根，很有可能是多瓣唇化多舌的奇蝶花。不过，这是相对而言，并非绝对如是，它必须与假鳞茎、叶鞘、叶柄、叶片各部形态，诸方面综合辨析，其准确率就会较高，绝不能一见有异态根，就断定它是开某种佳品花的植株。事实上，有不少的佳品花株，奇蝶花株，并不具异态根。这好比不少才华出众者，并不一定有英俊的相貌；相反，相貌酷而帅者，他的才华却是一般般一样。是的，世间的事物是复杂的，也是变化无常的。佳品、奇品兰，不一定有异态根，而有些异态根又可能是佳品、奇品兰的奥秘，有待于有志者的揭

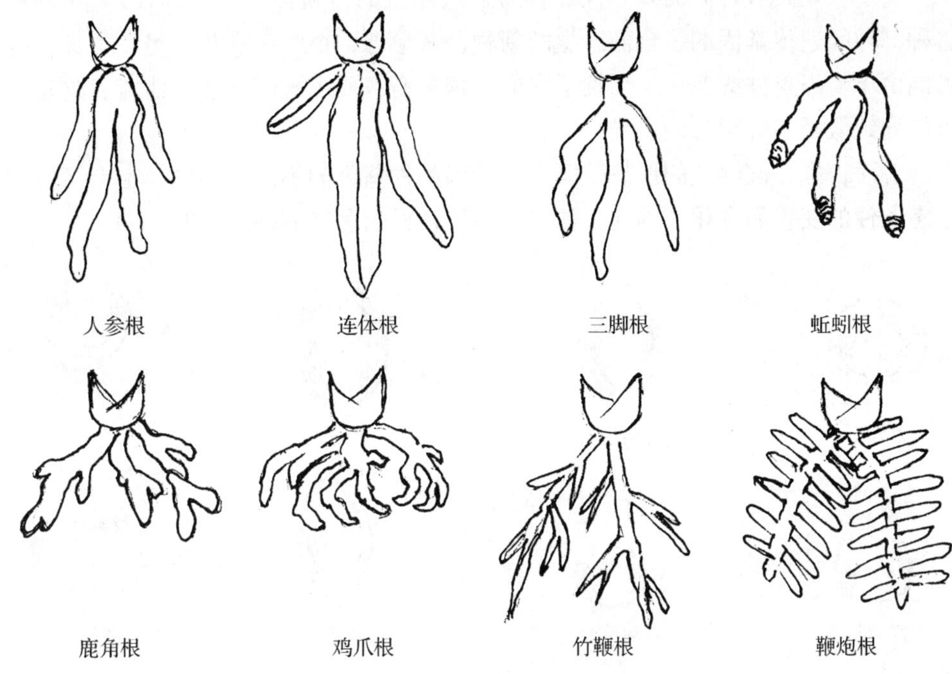

图 2-3　异态根示意

示。笔者经过反复的观察、研究，初步认为：丛株根旺的，基因组合而产生的异化信息，传递到根际，受到原有的根生长因子的抑制而无法出现异态根；原丛株、根系少而弱小的，异化信息传递到根际，不仅不会受抑制，相反地还会促进根系的发展与异化。也许，这就是有的佳品、奇品兰，不一定有异态根，而有些异态根的植株，有可能是佳品、奇品种的奥秘之一。

第二节　茎

春剑的株茎，与其他种类的地生根国兰一样，为假鳞茎，俗称为芦头。

兰花的茎基连着兰根，中上部连着叶柄基。随着株叶的发育而逐渐膨大成半肉质而夹带着丰富的纤维质的椭圆形体。其体表还有分节样，节处连接着叶柄基。其椭圆形体的顶端不长叶芽，而洋葱、百合类的鳞茎和球茎甘蓝(俗称大头菜)的球茎之顶端，都能长叶芽；而兰花的茎，既不是由许多的鳞片组成，又不像球茎甘蓝那样形圆如球。因此说，兰花的茎，既不是鳞茎，也不是球茎，应称为假球茎，还比较合适，但为了与国际上对兰花的茎的称谓接轨，而称其为“假鳞茎”。

由于兰花具有种间的亲和性，容易通过昆虫的传粉而引起变异而产生新种。这种，种间遗传基因的组合而产生的新种，其形态，也常有变化。另一方面，也可能由于生态条件的变化，干扰了它的生理平衡，而出现间歇性的滞育，这也有可能导致假鳞茎等形态的变异。

总而言之，假鳞茎的形态，既有可能因品种基因的不同而不同，也有可能因生态条件的变化而异化。因此，便有了多种多样的假鳞茎形态(如图2-4)。

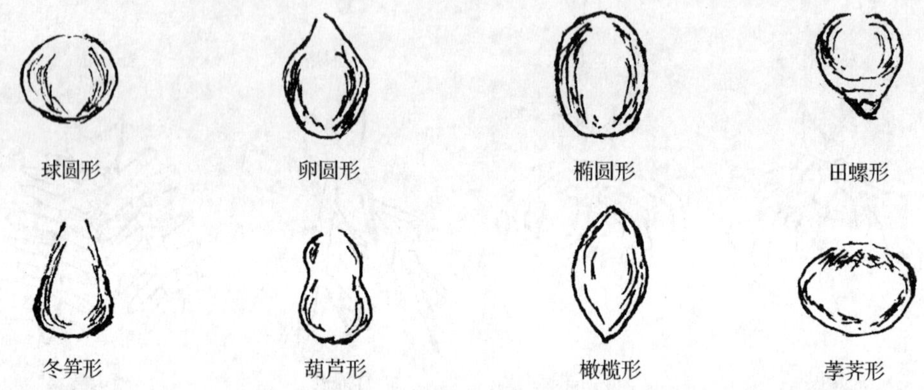

图2-4 兰花假鳞茎形态示意

春剑的假鳞茎多为椭圆形。但也不是每个品种的假鳞茎，都是椭圆形。如素心种、矮种、瓣型花的假鳞茎，常为球圆形、卵圆形，或荸荠形(扁圆形)；奇蝶花的假鳞茎，常为长椭圆形、冬笋形、田螺形、葫芦形、橄榄形。这可作为筛选野生兰佳品的参考。不过，不能光选假鳞茎的特征，应把它和根、叶鞘、叶柄、叶形等的非常态特征，综合观察遴选，其准确率就会较高。

假鳞茎是兰株的“后勤部”，也就是“仓库”，是储存营养的地方。它的表面为绿色，能进行光合作用。向阳的一侧格外发达，也易分蘖叶芽。它在发育膨大的进程中，常会受光照、温度、湿度、养分、菌虫的干扰，应注意调节。如是当年发育不成熟，翌年将会推迟分蘖叶芽，因此“立秋”后，增强光照量，和追施磷钾肥甚为重要。

假鳞茎的表皮是较厚的角质层，起着保护内层，防止水分养分散失的作用。由于它的表皮是绿色的，也能光合作用，制造养分。

叶芽和花芽都着生于朝向盆缘一侧的假鳞茎基部。所以假鳞茎基部，应有培养基质依附。如因太浅植、盆面基质被浇施水肥药时冲走，假鳞茎基部已悬空的，应及时充填。也可以用经消毒处理过的苔藓植物水草覆盖，以保护叶芽和花芽的正常发育。

第三节　叶

叶是兰株的主要营养器官。它只能从龙根、根状茎顶端长出的叶芽，或假鳞茎基部的分蘖芽上，次第长出。且每年只能长出1次。当叶芽伸长展叶时，便可清楚地看到该株兰的叶片数量，当该株兰叶发育至半成熟后，再也不可能从株心部，多长出叶片来。因此养兰者必须悉心地呵护好兰叶。

兰叶的质地、形状、色泽、姿态等特征，主要是由品种的特性所决定的，但也会受生态条件的影响而有所变化。不过这些变化，只是表象的变化。这些表象的变化，在短时间里，虽然只能影响到该品种的外表等级，但在长时间里，这些表象变化，也会由表及里，引起种质的变化。不过，这种质的变化的进程，相当漫长。在野生时，常在昆虫传粉的帮助下，由于杂交导致种质的变化。

叶片等的表象变化，给识别品种蒙上了一层神秘的面纱，增加了识别的难度、影响识别的准确性。因此，在非花期遴选佳种时，不能光看叶片上的某些与众不同的特征，应仔细观察植株各部的异态特征和注意其连体植株，是否有相近似的异态特征，综合分析，方能提高识别的准确率。

一、叶芽

叶芽有3种：一为由兰花种子萌发的龙根顶端长出的实生芽；二为地下茎(竹根)延伸后，其顶端长出的叶芽，称为竹根芽；三为从假鳞茎基部分蘖出的叶芽，称为分蘖芽。不论哪种叶芽，都是被3~5片的叶鞘所紧裹住的扁圆形筒状芽。它们在未伸出基质面前，不分是什么品种的芽，均为白色。当它们伸出基质面后，在光线的作用下，叶芽的色素就显露出来。通常全芽呈素净的翠绿色者，为素心花种；凡是在翠绿之上，浮泛有或多或少的异彩晕纹的芽，均为彩心种，但也有极个别的天然杂交种的芽色，全为深红色或朱红色，可是它的花却是十足的素心花。不过，这种情况甚少，至今，仅是建兰和寒兰发现有赤芽素、紫梗素。

由于叶芽在未展叶之前，所见到的，仅是叶鞘，因此，有关叶芽的形态、色彩与品种的联系，将在“叶鞘”中讨论。

二、叶鞘

叶鞘俗称叶甲、叶裤。通常由3~5片叶鞘套裹成扁圆形的筒状芽。这筒状芽露出基质面后，伸长至2~3cm长时，便有个缓长期，月许后，继续伸长、展

叶。随着叶片的发育，这些筒状芽的基部，便逐渐形成假鳞茎，成为1株可以分生的小苗。叶鞘担负着保护叶芽、叶片、假鳞茎的生长发育的任务。当叶片、假鳞茎发育至成熟时，叶鞘的使命已完成，它就略张离假鳞茎，日渐干枯、腐朽。叶鞘的寿命为1~1.5年。

1. 叶鞘数

1株通常有叶鞘3~7片。真正的矮种兰的叶鞘仅有2~3片；中高种兰株的叶鞘多为3~5片；高大种兰株的叶鞘，可多达7片之多。叶鞘薄革质，长7~13cm。

2. 叶鞘高度

叶鞘的总高度，通常为本兰株最长一片叶的长度的1/7。因此，看半成熟叶鞘的总高度，便可知该株兰的中心叶，可长至多长。因此，叶鞘的总高度，常可作为鉴别该株兰是否矮种的主要依据之一。有些心术不正的兰花贩子，把高的一片叶鞘拔除，以降低叶鞘的总高度而谎称矮种兰而牟取暴利。实际上，叶鞘与新叶基部的结合，既不太紧，也不太松。一旦被拔除去一片叶鞘后，叶柄与叶鞘的结合就显松散而不协调，轻摇兰株，便可见到叶柄与叶鞘也在左右摆动。因此选购矮种兰株时，要格外注意审视，以防失误。

叶鞘的形态，也常是品种的一个外在特征。图2-5所例举的10种不常见的叶鞘(叶甲)形态，可作为遴选佳品之参考。

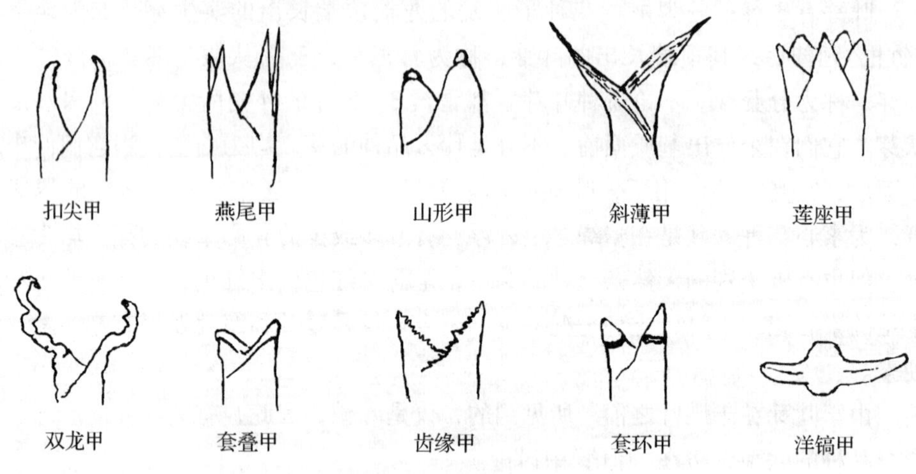

图2-5 叶鞘形态示意

如甲尖钝而呈里扣态的扣尖甲，有可能是荷瓣或荷形种；山形甲即端有紧缩成小山似的叶甲，有可能是梅仙类瓣型品种；甲缘薄如蝉翅的外斜态之斜薄甲，

有可能是蝴蝶花种；甲缘粗细、疏密不一的齿缘甲，它的花香量格外富足；甲端开裂的燕尾甲、甲形有如观音之莲座状的莲座甲、甲尖似龙的双龙甲、套叠甲，有可能是奇花种；甲端有指环痕纹的套环甲，有可能是比较高档的奇花；株仅二片叶鞘，似仰卧起坐状，又似洋镐态的洋镐甲，它的甲尖钝圆而里扣，是矮兰的不常见叶鞘，有可能是矮种瓣型花。

3. 叶鞘色泽

叶鞘的色泽，也常可作为遴选佳品的重要参考：如鞘端格外明亮，为出线艺的征兆之一；线艺兰的叶鞘，线艺体之上浮泛洋红色的，为线艺性状趋向进化的征兆；鞘端有比较大的乳黄色亮斑，其周围又似有轻度的萎缩状的，有可能是水晶艺在加强；鞘体有不规则的斑纹的，有可能是将出图画斑艺；鞘体分段着色的，有可能为复色花种；鞘尖有白头(晶亮小点镶嵌)的，有可能是梅型花种；鞘体表布有透尖的朱红筋纹，其间又洒有细点状沙纹、雾状晕的艳彩者，有可能为奇花种。

三、叶柄

兰花的叶片是从假鳞茎的中上部的节处长出的。自此节处往上 2~5cm，就镶嵌有橙黄色粗线大的环状晶亮体。此晶亮体，被称为“叶柄环”，也称为“指环”。自此环以下为叶柄，往上的狭窄段为叶基。春剑兰，通常不具叶柄环。有些天然杂交种，也偶有叶柄环。

叶柄断面呈“V”字形。其幅度约为叶幅的 1/4，叶柄的长度约为叶长1/9~1/8。矮种兰的叶柄幅度约为叶幅的 1/2，长度约为叶长的 1/8。

四、叶幅

春剑兰的叶剑形，4~6 枚丛生，叶长 30~70cm，宽 1.2~1.5cm。叶片的长与宽，除了因品种而异外，常与生态条件有着密切的关系。野生于浓荫处的兰苗，经人工驯化后，长度可减少约 40%，宽度可增加 20%~30%。经过多年的培育，根系异常粗壮的丛苗，叶的长度可恢复到野生时长度，而叶幅却比野生时增加约 40%。

五、叶数量

春剑的株叶为 4~6 枚。株叶的数量众寡，取决于品种特性与生态条件的优劣。其中与株根的壮弱有着较直接的关系。

通常，新株比母株的叶片数量增多。保持与母株一样的叶片数量，不仅是育

壮植株的标志，而且也可预示来年可见其开花的标志。反之，新株的叶片数量比母株少，不仅说明长势趋弱，也预示该株当年和来年多难开花。如遇到新株叶片数量比母株少的情况，应分析致因，尽快纠偏。更主要的是，创造条件，育壮根系为最根本的措施。

六、叶形

春剑叶为狭带形，先端渐尖收尾，基部也逐渐收细。由于春剑的叶态相对矗立，犹似倒竖起的刀剑。因而也有人称其为剑形叶。

春剑的叶形也和其他类地生根兰一样，同样有横皱直卷的行龙叶，有由于水晶体的作用，叶各段有不规则的收缩或扩大的葫芦状叶等。

七、叶质

叶质指叶片的质地，即叶片的厚与薄、软与硬，粗糙与细糯。这是相对而言的，很难有具体的量化标准。春剑的叶片为薄革质，比莲瓣兰、豆瓣兰、套叶兰、丘北冬蕙兰、春兰等狭叶兰较坚硬些，但没有蕙兰那样坚硬，大致与冬寒兰的叶质相仿。

叶质，通常以肉眼的观察和手的触摸感觉而认定。另方面，叶质的厚薄、软硬、粗糙与细糯，并不单独存在着，常兼而有之。叶质也常作为花前识别品种的参考之一。如荷形花的叶质、常为厚、硬、粗兼备；梅形花的叶，常为薄、软、糯；多瓣奇花的叶，常是厚硬而有光泽；奇蝶花的叶，多是薄中偏厚，软中偏硬，细糯中偏粗糙；素心花的叶，常是厚中偏软，粗中偏细糯。

八、叶态

叶态指叶片的着生姿态。它多由品种的特性所决定，但也可因生态条件、管理方式方法和外界力的影响而有所变化。

春剑的叶，直立性较强，但也不是垂直状而是小斜立态，其与对应叶构成的夹角，通常为10°~15°左右。叶端部也常呈喇叭口状斜展，其边叶和老叶端，常呈半弓垂或弓垂状。

一个种类的地生根兰的叶态，虽有本类固有的共同性状，但也有某些品种，同中有异的性状，这才显得多姿多态而不单调。如川兰珍品隆昌素，就是典型的轻柔叶态。通常称其为北方镰刀形叶姿（图2-6）。此外，还有一种甚为罕见的龙卷叶姿（图2-7）有如群龙曼舞、呈祥兆瑞，令人赏心悦目。

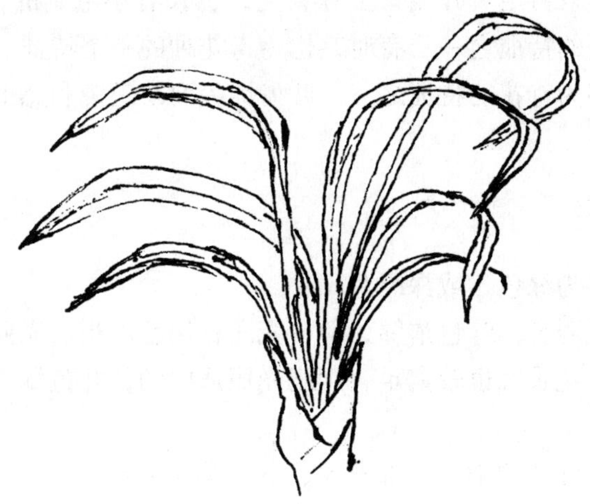

图 2-6　春剑隆昌素叶姿

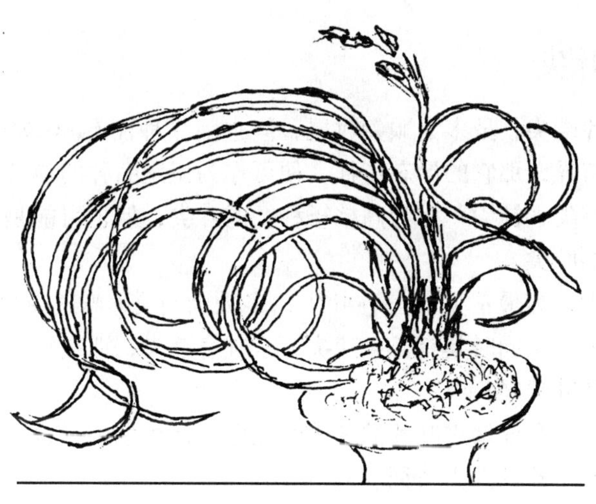

图 2-7　龙卷叶姿

九、叶面

春剑的叶面，基部为狭“V”字形，中上部为广“V”字形，主脉沟深，明显后突，侧脉亦明显，可见侧脉沟。叶面较粗糙，近似冬寒兰的叶面的粗糙度。

春剑也会偶然出现一种叶主脉不居中而呈现叶两侧不等大的阴阳叶。

十、叶齿

叶齿也称叶茅，通常位于叶片周缘。春剑的叶齿浅而细锐。叶齿较粗大而锐

利者，其花的香气较富足。叶端背主脉骨上，也长有小毛刺的，名为“三面刺”，这也是花香气富足的特征之一。有时，也为奇花种的一个特征。叶齿粗细不规则相间而锐利的，多为奇花的特征之一。叶齿钝尖而缺乏锐利感的，其花的香气多不足。

十一、叶色

春剑的叶色多为绿色，或深绿色。

通常，肥多光弱者，叶色浓绿，但少光泽；用肥恰当、光照偏强者，叶色青黄，但富有光泽，花香气也较富足；用肥光照适中的，叶色翠绿，生机隽永，花开水灵，花香幽远。

有个别品种，叶片的中、上部翠绿、下部满泛黄晕的，常是黄色花种，也有极少数的是红色花种，或白色花种。最好结合叶芽的色泽和叶色的间泛加以辨别。

十二、叶尖

春剑的叶片端尖，虽多为顺尖收尾，但也因品种而有异(如图 2-8)。叶尖的形态既因品种有异，那它的形态特征，便可作为识别品种的参考。

圆尖、钝圆尖、钝尖，多为高档矮种兰的叶尖，但也可能是荷瓣、荷形、团瓣、大唇瓣花的叶尖。

顺尖和长尖，为最常见的一种叶尖，多数为行花(普通花)的叶尖。如果是顺尖和长尖之上，又同时具有长急速尖，或钝急速尖，那它将有可能是梅瓣、梅形、水仙瓣花的叶尖啦!

翘尖，通常只是能增进叶片的艺术性而已，但个别的，也可能是荷瓣、荷形花和龙吞舌、翘舌花的叶尖特征。

阴阳尖和凹尖，多为奇叶种之叶尖，只为增进叶片的艺术性而已，但个别的，也有可能是唇化花的一种特异性的叶尖。

略显鹰嘴状的叶尖，它的花品也是常品，只有典型的鹰嘴尖，可能是菊型奇蝶花的叶尖。

龟背叶尖，是叶端部叶中脉连同其叶体向上隆凸，叶缘又折平展，犹如龟背壳状。这是一种较少见之叶尖。它的花常为荷瓣或荷形，有时，也可能是唇瓣阔短而圆的花。

十三、叶艺

叶艺是地生根兰花的叶片特殊变化效果的简称。它包括型艺(矮种、奇叶)、

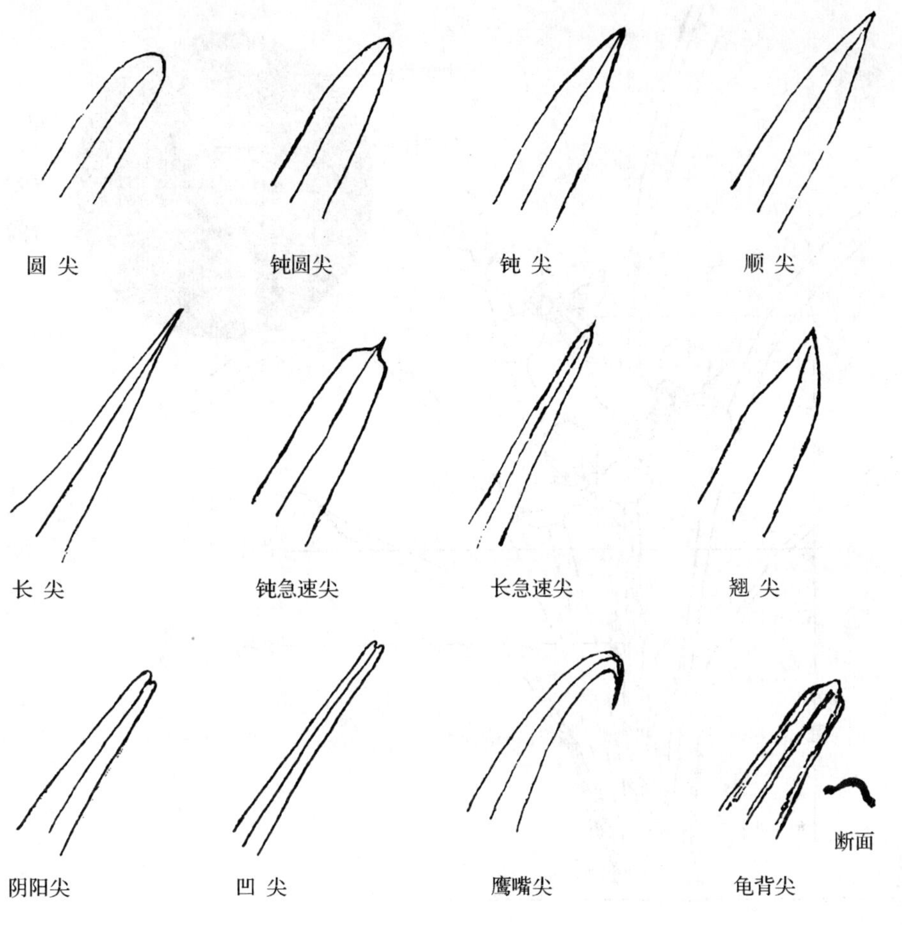

图 2-8　叶尖形态

线艺、水晶艺、图画斑艺、叶蝶艺等。因叶艺，大有看叶胜观花之美妙，故在本书中把它安排在“春剑的鉴赏与应用”章节中介绍。

第四节　花

花为兰株的生殖器官。春剑兰的花与它类地生根兰花一样，由外轮的 3 个萼片；内轮 3 枚花瓣，（即位于合蕊柱左右的 2 枚花瓣，和位于合蕊柱正下方的唇瓣）；处于花心部的雌雄合蕊的合蕊柱所构成（图 2-9）。现分别简介如下。

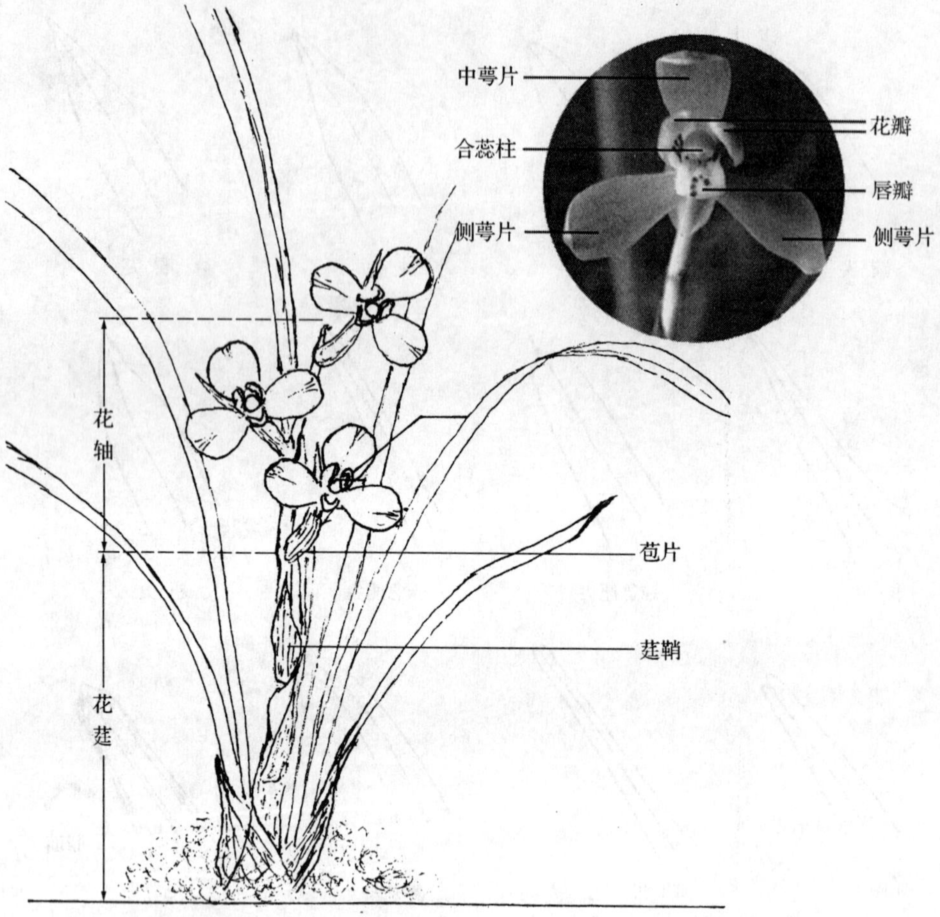

中萼片
花瓣
合蕊柱
唇瓣
侧萼片
侧萼片
花轴
苞片
莛鞘
花莛

图 2-9　春剑兰花的形态

一、花原基

花原基，为花芽生长点之源。它好比哺乳动物的受精卵，有了受精卵，才能有胚胎的形成，否则，便不可能有胚胎的形成。同理，若无花原基的形成，便不可能有花芽生长点的形成。那么，花原基形成的主要条件是什么呢?

1. 植株长势趋壮

根旺株壮，新株的叶片数量不比老株少，最好比老株多，叶幅增宽、光泽度增强。

2. 有机物质积累充盈

有机磷、钾肥和硼、锰元素不缺乏。

3. 曾历春化阶段

春剑，也有度春化的生长习性。因此，冬季必须有月余室温低于10℃，以确保其安度春化阶段。如在冬春低温休眠期，室温都在17℃以上，使兰株处于低生长适温。这样，兰株不仅得不到必要的春化阶段，甚至连正常的休眠也没有，这样违背了植物生长规律，自然不可能形成花原基。

4. 上一年兰株营养生长期的生长质量高

上一年，在兰株进入营养生长期后，要有合理的调控光照、温度、湿度、水肥，并及时防治病虫害。如果光照时数偏少、光照强度偏低，又无人工补照；气温偏低，生长期有过半时间是处于17~22℃的低生长适温期，而23~27℃的中生长适温期和28~30℃的高生长适温期时间短，致使植株营养生长缓慢，发芽迟，新株尚未发育成熟，新株假鳞茎尚未明显形成，就进入冬眠期，要待翌年春后继续生长发育。待到这些去年未发育成熟的植株，发育成熟，已是秋季，已经错过了花原基形成期。

当然，如生长期遇30℃以上的高温，没有及时降温，致使植株进入假休眠的滞育期，也是浪费了有限的营养生长期。至于空气湿度、水肥和病虫的防治不及时，都会影响兰株营养生长期的生长质量，也会影响花原基的形成。

5. 避免营养消耗过大

导致营养消耗过大的原因有三：一是当年丛莛花过多(一般平均每3株开一莛花比较适中)；二是日夜温差偏小(要求日夜温差要在6~8℃以上)；三是病虫害多(包括病毒病害)如果没有采取措施避免营养消耗过大、花原基也无从形成。

6. 避免过度催芽

如是多次喷浇催芽剂、细胞激动素、高氮肥、生长促进剂、致使兰株的营养生长高度活跃，势必抑制生殖生长，多难以形成花原基。

二、花芽

春剑的花芽，通常于七八月(可因培养地的生态条件等因素，而略有超前错后)从去年发育成熟的兰株假鳞茎基部叶鞘内生出(往年发育成熟的未曾开过花的老株，或生长地气温较高，当年早分蘖的新芽，包括去年未发育成熟的新株，在当年春夏两季，精心管理，完全发育成熟的新株也有可能长花芽)。花芽呈直立态、圆柱形。它露出基质面3~4cm高后，便暂停生长，进入休眠期，约经半年之久的孕蕾与低温春化后，于翌年2~3月开花。

三、花莛

春剑花莛呈圆形、直立状，莛直径4~5mm，高17~35cm(包括花轴高度在

内）。花莛的高度，既可因品种的不同而不同，也可因植株长势的壮弱而异。如有的莛花7~9朵，甚至个别的莛花11朵的品种，它的莛高，将超出35cm，如是软垂叶种，它的花莛将高出叶丛面，如因长势欠佳，原为多花高莛种，也成了二三花的中矮莛种。

莛色可有浅绿、紫红、褐紫、褐绿等之别，披长莛鞘5~6枚，鞘质薄膜样半透明状，贴抱花莛，下部合生呈管状。

四、花序

花序，即花朵在花莛上部花轴上的排列次序。中国地生根兰花的花序为总状花序，花朵在花轴上的东南西北侧，按3~7cm的距离，依次排列。

春剑也为总状花序。春剑莛花，通常为2~5朵，但莛开2朵花的不多，多数在3朵以上。莛花5~7朵，并不罕见，甚至还有莛开9~11朵的多花品种。春剑的花柄（子房）在与花轴的连接处（即着花位置）有些微凸，而使花轴有微斜。这样既增加了花轴的小曲线美，也增大了花轴束花的范围，避免花萼的相互遮掩，也让绿叶更好地衬托花容。

春剑的花朵在花轴上的排列间距较大。通常间距相似，但也有不少异化现象：如：有的下疏上密，顶部团簇状，成为总状顶伞形花序；有的子房、合蕊柱同时拔高，中下部萼片大量增生，成总状排列，其蕊柱顶开多瓣奇花而成了复总状花序；有的花朵绽开后，合蕊柱如子房样拔高后，开出多瓣奇蝶花，成了总状重台花序；有的总状花序的各个花不是单生，而是二三朵轮生，成了总状复伞形花序。

五、花蕾

1. 苞片（壳）

花蕾被苞片包裹着，苞片比子房连梗长。苞片好比花蕾的外壳。通常习称为“壳”。壳的形态有长短、厚薄、松紧之分；壳的色泽有绿（深绿、淡青、竹叶青、粉青、青麻）、白、赤转绿、水银红、赤紫之别。此外，尚有披筋麻、缀沙晕之异。

筋，是苞片上的细长筋纹。筋有长短、疏密、粗细、平伏、凸出之别，其色泽也各异。筋细长透顶、软润、疏而不密、略有光泽者，多为瓣型花之壳；筋粗长而透顶的，其花多为瓣形阔大的荷瓣花或荷形大花。

绿筋绿壳或白壳绿筋，其筋纹条条通梢达顶，壳片晶莹透彻者，多为素心花之壳；如是筋纹细糯、其间又满布沙晕者，多为梅仙花之壳。

麻，是指壳上没有通梢达顶之短筋。好比斑缟线艺兰中，在长色线艺之间的线段斑。麻，也有粗细、长短、疏密之分。麻间又有异彩沙晕的点缀。需要细心对比观察，多次验证，炼就眼力、方能准辨。如是麻疏、麻间满布异彩沙晕者，常为奇瓣花或异种素心花。麻的色泽各异，可分为青麻、红麻、白麻和褐麻等，甚至还可再细分其色的深与浅。

沙晕，壳上各筋纹、麻络间，散布着细如粉尘状之微点，被称为“沙”；而比沙点更细微而密集，如浓烟重雾者，被称为“晕”。

大凡有沙而又有晕者，多开梅瓣或水仙瓣花；凡沙密集，蕾顶又现浓绿者，多开梅形水仙瓣花；凡白色或绿色沙晕柔和者，多开素心花；凡瓣型名品花，在其壳上，除了有筋纹细糯外，其筋纹必通梢达顶，而且还必有沙晕。

从壳的质地看，壳薄而硬，且色糯者，多能出上品花；壳薄而软，（软，被贬称为“烂衣”）者，多难出上品花；壳厚而硬，且色柔润者，常能出上品花。

从壳的形态上看，壳有长短之分。它常以壳端的形态和色泽来预测壳内的花品。

凡壳短，其中部质厚且色浓，壳尖又有肉钩，呈鹊嘴形者，多开梅瓣、水仙瓣花；凡壳长而尖钝者，多数开荷形水仙瓣花；凡绿筋绿壳、白筋绿壳的，如筋细麻多，且通梢达顶，且色泽一致者，多开素心花。

下附艺兰先辈们，针对春兰、蕙兰辛勤观测而总结出的《看壳要诀》，以供参考(春剑与春兰亲缘关系较近，又同属春天开花类地生兰，应有参考价值)：

①绿壳周身挂绿筋，绿筋透顶细分明，真青霞晕如烟护，确是真传定素心。

提示：绿筋光亮，需要有沙晕，必如烟霞，筋宜透达壳顶端，在光照充足处，晶亮如水晶，方能开素花；色泽昏暗者，非素也。

②罗衣自绿亦称良，大壳尖长亦不妨，淡绿筋纹条达顶，小衣起绿定非常。

提示：白壳绿飞尖绿透顶，沙晕满衣，此种定素心花；出铃(花蕾)小，蕊(花蕾顶端)若见平，必定是水仙瓣花。

③老色银红烟晕遮，峰头(蕾顶)淡绿最堪诱，紫筋透顶铃如粉，定是胎全素不差。

提示：出铃时，色如茄皮者，梅根绿背，黄者素。

④银红壳色最称多，莫把红麻瞥眼过，多拣多寻终有益，十梅九出银红窠。

提示：银红壳必须先淡后深，筋纹透顶，飞尖点绿，小衣肉厚，而多光滑，细心选择为妥。

⑤绿壳三重起紫灰，此中必定见仙梅，小衣有肉峰如雪，铃顶平疑刀剪裁。

提示：在绿壳上，若起紫晕一重，其花必异，但其筋纹异壳，壳顶有如雄性

化的白头，且蕾顶形平如刀切样。

⑥深青麻壳无人晓，莫道青麻少出奇，尖绿顶红条达顶，晕沙满壳异无疑。

提示：深青麻壳，极多光亮，满蕊白沙，必非素异，需有紫筋透顶，飞尖点绿，其花定异也。

⑦筋粗壳厚出荷花，铁骨还须异彩夸，无论紫红兼绿壳，此中常是见奇葩。

提示：筋粗壳硬，屡出荷花，不论赤绿，一样看法。如落盆几日，能起沙晕，就可望异最难得者，荷花小蕊，尖长深搭，凤眼微露，汲根必细，灶门开阔，定是飞肩。

2. 蕾形

蕾形，即花蕾的形状，习称为“头形”。它是指花蕾已略透出苞片，含苞待放的形状。看蕾形预测花品的知识，对于艺兰者，在花前鉴别品种，确实需要掌握。不过由于品种的特性和花蕾发育的阶段性与擅变性的影响，以及鉴别者的阅历的限制，其准确概率，难以很高。古人曾有不见真佛不烧香的告诫。意在，未到花开足时，未能定论。因此，我们在学习看蕾诀窍时，不能死搬硬套，要多观察，对比、验证，并结合多方面的特征，综合分析认定，方能逐步提高看蕾识花的准确率。

看花蕾识花品的经验总结，首先，应是浙江省萧山艺兰名家沈沛霖先生提出的，始载于《兰蕙同心录》。现录此，以供参考：

①机梭形。蕊尖长，微似紧边者，开硬捧尖舌水仙。

提示：机梭形、形似旧时织布机牵引纬线的工具梭子。它两端尖，中部大，长珠状。此蕾形在绽放前，有昂首挺肚者，多开小舌水仙瓣花；如绽放前，先低头者，多开普通花。

此蕾形，壳筋粗硬者，微绽之萼片有紧边的，多开硬捧、尖舌水仙或小如意舌梅瓣。

②瓜锤形。顶平而下部敛小者，开合背梅，如下部放大者，舌必大。

提示：花蕾顶部平而下部敛小，箨筋稍硬者，大多开分头合背梅瓣花，或开三瓣一鼻头之类。如筋络细糯且呈绿色，花蕾下部宽大者，舌形必大，花瓣亦宽。

③莲子形。上下部相等，要肉裹尖上重白头，方能走圆，若满蕊俱白，开必伸长反挢。

提示：莲子形，为短椭圆形，其顶部与下部大致相等，其顶部有似两个具壳样相对而伏，为蕊尖，即瓣尖端有微白晕的肉质兜，边也紧缩，其下部渐钝尖圆，形似荷花之实——莲子状。上部蕊尖有微白晕的肉质兜，日有紧边者，大多

能开大舌梅瓣花，其花瓣也较圆正。如果蕊尖全白，色泽娇嫩者，花开足后，容易伸长变皱，即花朵欠佳。

④花生米形。上下部相等，较莲子形稍长者，开大圆铺舌梅形水仙；如白头肉裹尖重者，亦开梅瓣花。

提示：花生米形，即长椭圆形，顶部呈急速尖，中部略大，下部略小，形似花生米状。该蕾形，如其箨筋细糯，多开大铺舌，梅形水仙；如其白头肉裹尖重者，开梅瓣者居多。

⑤橄榄形。上下小而中部宽长者，开小舌水仙。

提示：橄榄形，形似腰鼓。如壳箨筋细糯，花开小舌水仙者居多。

⑥圆灯壳形。蕊顶开窍者，开软捧微挢水仙。

提示：圆灯壳形，花蕾长圆形，颇似古时之长圆形灯笼状。花蕾顶部近平，略内斜而花萼略张，如灯笼之上口态。如它的蕾壳箨筋细糯，条条延伸达顶。此蕾形大多开皱角梅瓣或软捧微皱水仙瓣。

⑦净瓶头形。顶收口放者，开小挢水仙。

提示：花蕾稍长圆，顶部三萼尖略收缩后、又微张小口、形似瓶子口。如其蕾壳箨筋细糯，颜色娇艳者，大多开皱瓣水仙。

⑧石榴口形。蕊短圆，项收顶翻者，开大挢角。

提示：花蕾短圆，蕾顶之三萼片端微向外翻状，如它的蕾壳箨筋粗而挺直，筋色鲜艳者必开武瓣水仙(指萼捧有较粗的皱缩)。

⑨龙眼形。龙眼果形，浑身胖圆而无白头彩壳者，开短圆瓣。或以为瓣虽短，无秀气不大贵。然此花最难得也。(《第一香笔记》)

提示：龙眼为闽南、岭南盛产的夏秋之交成熟上市的补益心脾水果。它形球圆、拇指头大，为无患子科植物，果实又名桂圆。花蕾浑圆、结实感，如无白头彩壳者，开短圆瓣，或三瓣虽短，而无秀气，还不算名贵。这种形式大多开荷瓣或荷形花之类。

上列《看壳要诀》和蕾形。在摘录完每一项原文之后，均附有“提示”。提示的内容，基本上据沈渊如、沈荫椿先生著之《兰花》一书中的分述。其中也结合笔者对形态的描述和少许浅悟而注，仅供参考。

六、花朵

春剑花径5.5~7cm，亦有更大的。萼片和花瓣为薄肉质。萼片在花的外轮，处于合蕊柱顶上的为中萼片，也称为顶萼，传统习称其为主瓣；处于唇瓣左右两侧的，称为侧萼片。因侧萼片被喻为花肩，也称为肩萼(左肩萼、右肩萼)，传

统习称其为副瓣；内轮，围绕着合蕊柱的 3 片，为花瓣。处于合蕊柱左右侧的 2 枚花瓣，传统习称其为捧瓣，简称为捧；处于合蕊柱下方，与中萼片正对的特异花瓣，形似人的唇舌，而被称为唇瓣，传统习称为舌。处于花朵中心部的柱状体为花蕊柱，由于它是雌雄合体而被称为合蕊柱，传统习称其为鼻或鼻头。连接花莛与花朵的柱状体，为子房，习称其花柄。

1. 合蕊柱(图 2-10)

通常微向唇瓣下倾。其顶端有花粉块被药帽盖住，靠近顶端的下面有一腔穴，称为药腔或药穴、药窝。

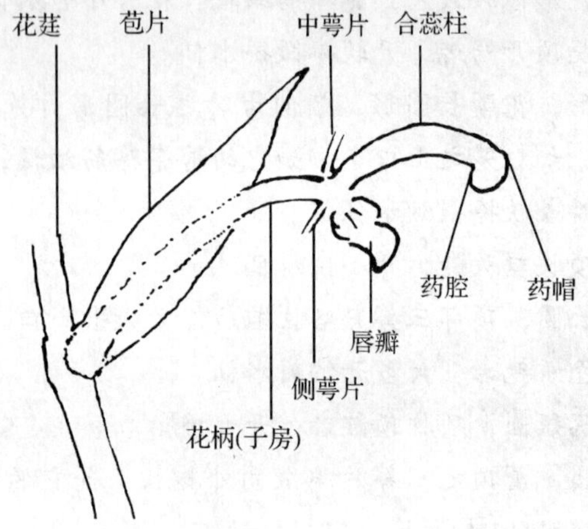

图 2-10　合蕊柱示意

花粉块是由孢原细胞经过多次的分裂而成的四分体花粉，它们不相分离，是花粉的最基本单位。当花粉发育成熟时，许多四分体花粉聚合而成两对花粉块(二大、二小)。它们之间有弹丝与花药壁相连；与蕊柱之间有具有弹性的花粉块柄相连接。花粉块柄易粘在它物上。当昆虫进入花朵采蜜时，先撞落药帽，将花粉块粘在身上，而后把它携带到别的花朵的药穴里而完成授粉。

2. 花瓣

处于兰花朵内轮(即三萼片之里，合蕊柱之外)的 3 片为花瓣(图 2-9)，其中位于合蕊柱下方的一片，形态特异而为唇瓣，习称为舌；位于合蕊柱上方的左右两侧各 1 枚的为花瓣。因为有不少的花瓣，尤其是高品位的品种之花瓣常呈搂抱态合抱(于合蕊柱上方之左右侧，好比用一对手捧住合蕊柱，而习称为“捧瓣”，简称为“捧”。其实，大多数的兰花花瓣，是斜向伸展，或直耸，或略外翻，并不合抱合蕊柱，因此，用“花瓣”称谓，更为合适。但是捧字，仅是单一的一个字，也很形象，在品花时，常说是什么样的捧，或捧态如何，既方便，也符合习

惯，又能与传统兰籍的称谓相吻合，称“捧”，也是可以的。

通常，花瓣比萼片短，也略宽些。花瓣长 2.5～3.1cm，宽 1.1～1.3cm。多为卵状披针形。它的形态与色泽常有变化，因品种而异。

3. 唇瓣(图 2-11)

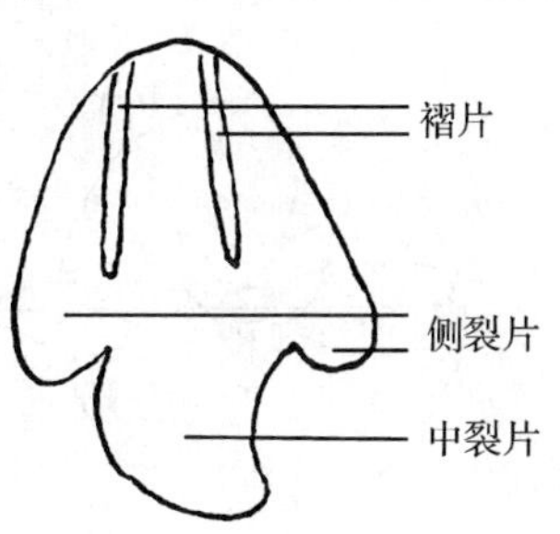

图 2-11　唇瓣示意

唇瓣，通常分为上半部和下半部两个部分，也就是舌根部和舌尖部。以外露的舌尖部来说，外露的舌尖部是主体，以这舌尖为中心，在基部的左右侧，均扩大、并常耸起。这样，舌尖与基部的左右侧耸起体，就有密连成一个整体的唇瓣，因此，这就是常说的，唇瓣不明显三裂。虽是不明显三裂，通常都把外露的中心部分称为中裂片，也就是习惯常说的舌。把舌基的左右侧之耸起体，称为左侧裂片和右侧裂片，也就是习惯常说的“腮帮”，即左腮帮、右腮帮。在左右侧裂片之中心处，有两条既平行又靠近的隆凸起的粗线状体，称为褶片，习称为“舌脊”。

唇瓣的形态和披彩缀斑，常有变化，因品种不同而不同。

4. 萼片

萼片处于兰花朵的外轮，共有 3 片(图 2-9)。处于合蕊柱正上方的一片，称为中萼片或背萼，俗称为主瓣；处于合蕊柱下方，位于唇瓣的左右侧的为侧萼片。由于侧萼片被喻为花肩，而有“肩萼”之称；又由于传统俗称中萼片为主瓣，其双侧萼片，自然就被称为副瓣。

萼片多为披针形，也有长矩圆形的，偶见萼形格外短阔的。通常，萼片长 3.5～4.5cm，宽 1.0～1.5cm。多数的中萼片比侧萼片短，也稍宽些，但也有中萼片与侧萼片的长与宽相近的或相等的。

萼片在花朵上的着生姿态，常有变化。主要有下列 6 种形式(图 2-12)：

①平肩。即两侧萼的中脉(中线)呈一字展开。其上半部和下半部均呈 180°。

②近平肩。即两侧萼的中脉(中线)稍下斜，5°～10°而在下半部所构成的两侧萼中脉(中线)之夹角 170°～160°。但侧萼片的上缘，仍在水平线之上，大有略似平肩样。对这种似平肩而又达不到平肩标准的，称为近平肩。

③飞肩。即两侧萼上翘，其萼片中脉(中线)与水平线所构成的夹角约 10°许。

④小落肩。即两侧萼已明显向水平线下方斜伸，其侧萼中脉(中线)与水平线所构成的夹角为 15°，其侧萼的上缘多紧挨水平线。

⑤大落肩。即两侧萼向水平线下方斜垂，其侧萼的中脉(中线)与水平线所

构成的夹角为45°，两个侧萼中线自行构成的夹角为90°。

⑥垂肩。即两侧萼向水平线下方垂直伸展。其萼片中脉(中线)与水平线所构成的夹角为90°。

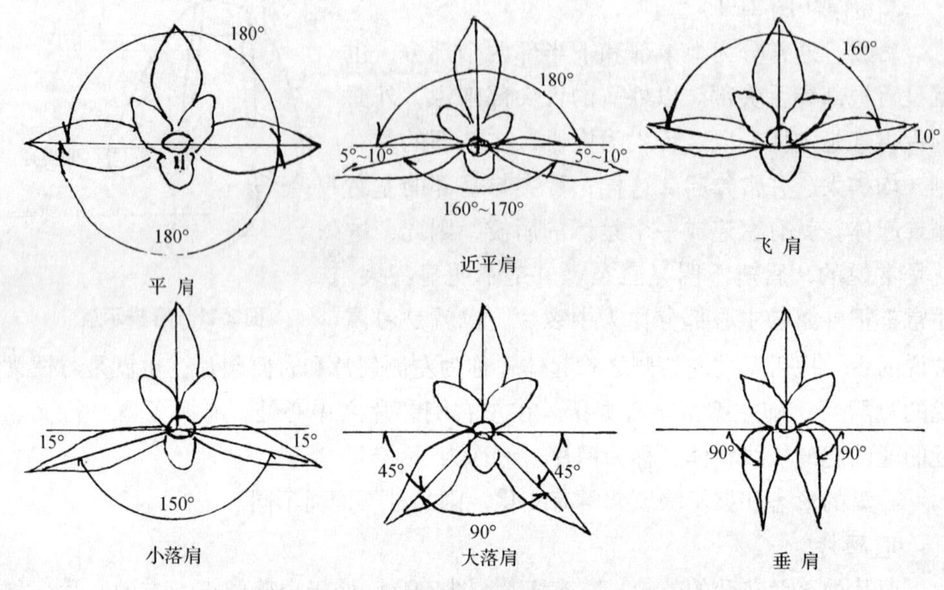

图 2-12　花肩示意

上述的是萼片的正常着生姿态。此外，尚有异化的着生姿态。如合蕊柱拔高异化，子房相应拔高，引起萼片在子房和拔高后的蕊柱上，大量互生、对生、总状生(即四面着生)和轮生。

5. 花色

春剑的花，虽多为黄绿色，但它具有白、绿、黄、红4大基本色。花色不仅浓淡有别，而且常有间色，或复色。更为特别的是，有不少品种的花冠镶嵌有粗的红帽红覆轮，此外，尚有些品种的花冠镶嵌有绿、白、黄等色的覆轮。堪为花色丰富而多变的一类地生根兰花。

6. 花香

由于春剑是一莛多花的兰种，因而被列入"一干五七花而香不足者蕙"的蕙组。不过这个"香不足"是指不像春兰那样富足而已，并非无香，只是稍逊于春兰的富足。凭心而论，春剑的花，不仅确有相当可爱的清香，而且与同为春天开花的蕙兰、莲瓣兰比，应该是有过之而无不及。

众所周知，兰花的香气，主要是品种的遗传基因起决定性的作用，但也可因光照、温度、水肥等生态条件的影响而增减。春剑也毫不例外，野生时，自然会

有在昆虫的帮助下，偶然基因的优化组合而产生的变种，其花香量大增。不过，也自然会有同花期的不香或少香的兰花花粉干扰而致使花香量锐减的。

第五节　果　实

兰花的果俗称“兰荪”“兰斗”。属于开裂的蒴果(图2-13)，为纺锤形。

兰花朵生于子房(花柄)之上，合蕊柱受粉后与子房外周共同形成果壁。其内有3枚果瓣，其相邻边缘分化成一侧膜胎座，共有3枚。每一胎座有2条由子房腔基部向上直达顶端成一隆起的脊状胎座束，1条在果脊，1条在胎座。每个胎座着生很多很小的胚珠，经过受精而发育成种子。自受精至种子成熟，约需近年或年余时间。果色由青绿泛黄时，便标志着果实发育成熟，不久将沿果脊自然开裂，种子随风四处飘扬。最后，果皮、果柄干枯变成灰褐色而掉落。

图2-13　春剑兰果形示意

果内的种子极其纤细微小，如粉末状。种子的数量却异常之多。据测算，每一个蒴果里有种子数万至数十万粒，甚至有百万粒之多。但其重量极轻，粒重约为0.3微克左右。种子略呈狭窄长圆形。其种皮是一层透明的薄壁细胞，有加厚的环纹。种皮内含有大量的空气，不易吸收水分，易随风远扬或随流水远播。由于它们的胚多半发育不全或不成熟，只有几十个细胞，而没胚乳，因此难以萌发。只有极少数的种子，有缘遇到合适的自然条件，可萌发成株。人工有菌播种、萌发率也甚低，只有无菌播种，可有较高的萌发率。

第三章 春剑兰的欣赏与应用

世间独有的人格化花卉之一的春剑兰，令人闻其清香心旷神怡而急觅香源，看其灵叶绿意盎然而充满希望，观花色秀丽动人而浮想联翩，品其花形端庄多变而爱不释手，悟其神韵绰约而钟爱有加。这就是它的魅力，也就是美的升华……

第一节 春剑兰的欣赏视点

一、闻幽远的醇芳

闻幽远的醇芳，久闻不厌，愈闻兴致愈高，愈闻愈心旷心怡，神清气爽，妙不可言。它的神功在于能兴奋中枢神经，增强新陈代谢，驱除劳顿焦虑，振奋心神。这就是大家钟爱之缘由。

二、看俊俏的绿叶

春剑的株叶，多挺拔玉立端斜展。这种既刚又柔的风采，堪称飘逸潇洒，大有勇敢做自己而又有不骄不躁虚心好学的风度，能给人诸多启迪。当然又有基斜立端半弓垂和基斜立端环回的叶态，这种英俊秀媚、刚柔兼备、参差错落、迎风起舞的秀态，给人以曲线美、动态美、和谐美的享受。又让人在拼搏之余、回眸昨天，领略今天，展望未来。只要奋斗，坚信明天会更美好！

至于那些矮种奇叶、镶金嵌银叶、如诗似画的图斑叶、如蝶花的叶蝶叶，更是囊括了天上人间奇葩之雅态秀色，大可让人一饱眼福，感受生活的甜美！

三、观秀丽的花色

春剑的花色，虽多为浅黄绿色，可贵的是，它具有红、黄、白、绿的四大基本色，而有纯净、浓淡、浮泛、间复、镶嵌之多变。更为独特的是花冠上，镶嵌有粗大而显眼的紫红、鲜红覆轮，而把秀丽的鲜花点缀得水灵活现，胜似丹青写意，美妙绝伦。此外，当然也不乏银覆轮花、金覆轮花、绿覆轮花。这种它有我当有，它无我独有之奇妙！令人赞不绝口！这也就是川人尤钟春剑的一个缘由！

春剑之花色琳琅满目，绚丽多采，囊括了天上人间之秀丽，堪为一首美妙美

好生活之赞歌。

是啊！秀丽而鲜艳的雅花是青春年华的象征，花谢后来年可再现，而人的青春，也只是短暂的一二十年，值得令人深思的是，该如何把握住青春之活力，让有限的青春，绽放出比鲜花更为绚丽的光彩！

四、赏秀颀的花形

春剑的花径多在 5.5 ~ 7cm，个别的变异品种花径可达 10cm 以上，甚为壮观。

在地生根兰花中花径大的，虽不是春剑仅有，但花径大又能配以阔大的萼片、花瓣的却少有。这就是春剑花形之独特。

欣赏阔瓣大花之际，不禁令人思绪万千，这细叶之地生根兰，却能开出如此秀颀的花朵，似乎在给人以志不可小的启迪！

当然，春剑的花形，不仅仅以大见长，自然有其花被雄性的显变，什么菊花型、牡丹型、重台型等等，应有尽有。这巧夺天工，林林总总，正是繁荣昌盛的象征，是智慧的化身。

五、品高雅的神韵

韵者，含蓄而不显露之意味也。

兰之韵，既蕴藏于兰株、叶、花中，也饱含于其生长习性和生态条件之中。由于兰的韵味是含蓄的，需要我们透过现象，看其本质，发现其非同凡响的品格，借以自律。在这其中自然就饱含着兰之高雅韵。兰之韵，能净化人的心灵，启迪人的想象和联想，激发人的情感，陶冶人的情操。

兰之韵异常丰富，主要有：

1. 顽强生息，乐于奉献

在亚热带、温带地区的山林中，风把兰花的种子刮到哪里，只要有土壤，有树荫，它就能在那里长根、发芽、长叶、开花。不论是把它移植于偏僻的山村，还是移到繁闹的城镇；更不论你是把它植于有土的大盆，还是无土的小盆里，都能顽强生长，倾其所有，尽其所能，将美好和祥和奉献给人类。这犹如雷锋的“钉子”精神一样，把它安在哪里，就在那里闪光的精神，正是兰之德也。

2. 善于自律、和睦相处

兰在山野，不仅有荆棘、杂草、树根的挤压，又有树木的争光挡露，但它从不嫉妒强大，也不欺凌弱小，就连微小的兰菌在其根里繁衍生息，也能自我约束，和睦相处，平等互利。这种善于自律、相互尊重，和睦相处的精神，多么难

能可贵啊！

3. 不求索取、洁身自好

兰隐居于幽谷，土生土长，从不求索取，尽管清寒，无人问津，却照样应期献芬芳。这种不因清寒而改节，不因无人而不芳的顽强、诚信、不怕困难、不求闻达的精神，为人千古赞颂不已。

4. 乐于群生，团结奋进

兰之习性“喜聚簇而畏离母”，在母株的统领下，同心同德，各习其职，各尽所能，团结奋进，自强不息的精神，是生存的基础，发展的保证。兰的兴旺于是，民族的兴旺亦然。

5. 常绿战寒署，刚柔寓大度

兰株丛蓬勃，基挺端曲，轩昂而大度。不论春风秋月，酷暑严冬，常绿不衰，几年如一日。这，真君子之风度也。

6. 素雅人格化、含情而理智

兰为世间独有的人格化花，虽不乏绚丽，但以素雅为主。其花姿对称而微前扣，洋溢着含蓄、稳定感。更可贵的是，它也能如人一样，能为适应而变换。这种既正格而又理智的风格，再现了人体美与风格美的统一，饱含着理智的天然艺术感，堪为人格的风范。

春剑为七大类地生根国兰之一。它在拥有如上述国兰共有的雅韵外，尚有其独特的神韵——喜迎新春，谦让不争春。

春剑与莲瓣兰、春兰、墨兰、蕙兰均为春天开花的地生根国兰。但它的花期是紧继莲瓣兰、春兰、墨兰，仅略先于蕙兰。其叶虽竖立似剑而有阳刚之概，花又大且瓣阔色艳，但它并过多地炫耀而仅微露于叶丛面，而甘与秀叶齐辉，共赏春光之明媚。这种不忘株叶养育之深恩，不与绿叶争靓，更不与花期略同的它类兰争报春的谦让风格，正是我们中华民族传统美德之象征，堪为吾辈之风范。

六、望叶芽花芽的露脸

每一位爱兰养兰者，无不盼望自养的兰花能茁壮生长而多发芽、早现花。于是一日多次步入兰园认真观察，适时调控。尤其在叶芽分蘖期和花芽出土期，那翠绿玉洁，或披彩泛晕，或分节套色，或镶金披银的叶花芽，似牙雕、像珠粒、如玛瑙、胜翠玉，给人以纯净玉润、茁壮素雅之美感，又给人以满怀的期望。

七、视茎根的形色

兰之假鳞茎和根，除了常有的形态之外，也常有异化的奇观。不仅可供欣

赏，还可勾起诸多的联想。

第二节　春剑兰的分类鉴赏

一、行花的鉴赏

何谓行花呢？行花即普通花，即该类兰原变种野生原始状态的花。它的瓣形与花色，虽无独特之处，但它株形叶态却有多种多样的雅态。正是有了这不计其数的行花，在昆虫的帮助下，不断地自然优化组合，而有今天的多种多样的高品位花。我们不应蔑视它，而应该保护它，只有这样，才有高品位花之源。

行花，常可依其花的主色而分类，此外尚可依其叶形、叶态而分类。这些行花都有个共同的特点，那就是株叶葱绿、花朵鲜活，花味清馨，神韵犹存，是香化美化环境的好素材，也是丹青能手的写意对象，同样可以让人陶冶情操的一种高雅花卉。不仅可以作为节日庆典和喜庆的装点花卉，还是瓶插花的上乘素材之一。事实证明，行花盆栽，花期上市，颇有市场。

二、素心花的鉴赏

何谓素心花呢？即萼片、花瓣、唇瓣，均为素净的单色，没有披挂点缀条、点、斑彩的花朵。实际上，不少素花是有浮泛晕彩的，如白色花、黄色花，瓣端泛绿晕，但它没有披挂、点缀条点、斑彩，仍然不离素雅之宗。

素心花，素雅圣洁，具有色清、气清、神清、韵清之高雅。历来备受淡泊名利、超凡脱俗、安静致远者所钟爱。

现代的素心花，已不是只有古老的绿白素、黄绿素啦！已遴选出、纯绿、纯黄、纯红、纯白、纯蓝、纯紫、纯黑的，还有依色泽的浓淡有别而有更多的秀雅素花。

至于素花的唇瓣有嵌一圆红斑，对称圆红斑、品字形圆红斑的，萼瓣缘有镶嵌，金、银、绿、红覆轮的，应列入艺花范畴。至于具有瓣型特色的，应列入瓣型花范畴。具有奇花、蝶花的素花，也应归入奇花、蝶花范畴。因为它们已不是单一的素心花，而它们是素中之珍。深受青睐。

三、花艺品的鉴赏

花艺品是指花的某一个或几个部分、格外长、阔、短、小，或形态别致，或色彩斑斓，或点缀显眼，或素艳映衬、或花序奇异等使花更具艺术性的花朵。

花艺品虽还难让人称奇道绝，但它确有某一方面或几方面的独到之处，也足以让人流连忘返，备受珍爱。

四、瓣型花的鉴赏

瓣型花端庄典雅、富有内涵，历来都被视为钟爱有加的珍品。主要有梅瓣、水仙瓣、荷瓣、波瓣(百合瓣)、团瓣、超瓣等。

1. 梅瓣花

凡符合梅瓣花(图3-1)标准的花蕾，它在微露出苞片时，其待放的萼片端缘，均有白镶边，犹如披雪含苞待放的梅花蕾。当其绽放后，其白镶边随之逐渐消失，犹似春雪消融、寒梅乍开。这就是常说的形似梅花的一个方面。它的萼捧短而圆，又有紧边等，也为形似梅花的重要特征。梅瓣花所必备的条件是：

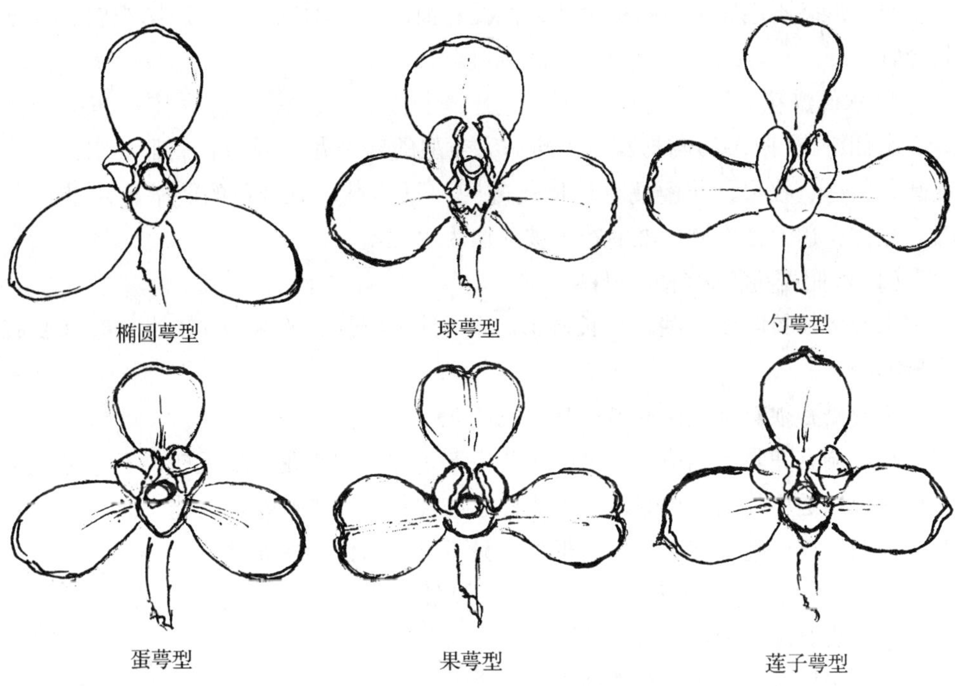

图3-1 梅瓣花形态示意

①花容端庄、结构圆结、质地厚实柔润。

②萼片端圆而有明显的紧边，萼基有明显的收细。萼体长宽之比，以2∶1以内为佳，超出此比例，较次，一般不允许超出2.5∶1。

③花瓣必须短、圆、阔。其端缘必须有明显的雄性化兜体。要求这个雄性化兜体，至少要有0.2cm宽以上。至于花瓣雄性化甚强，其兜体甚大而导致花瓣呈

分头合背态，或花瓣硬变成拳状并与合蕊柱粘合成一个整体，呈连肩合背态式。这两种花瓣着生形态，虽符合梅瓣花对花瓣的要求，但其花的品位，却低得多。

④唇瓣必须坚实，短而圆。舌态平伸或上翘。

上列 4 个标准中，以②③条最为关键，绝不能含糊。因为离开②③条，就要降格。如萼片长阔比例失调，萼端较尖，或无明显紧边；花瓣端仅是略紧边状而无深兜，只能降格为水仙瓣。至于①条与第④条，同样不可或缺，只不过，相对可以灵活一些，因为这两条，多指梅瓣的品位而言。

梅瓣，这个类型的花，有多种多样的形态，甚至连同簇的梅瓣植株，每年开出的梅瓣花，也难有一模一样的，也常因生态条件和管理水平的影响而有苗壮弱之别，由此而导致花的形态有新变化。不过尽管怎么变，其梅瓣的关键特征尚在。这就是常说的，万变不离其宗。下面将常见的梅瓣花形态图解如图 3-1。

对于形态不端庄的变格梅瓣花，洋溢着浪漫的艺术色彩。不应鄙视它，应该包容它。

2. 水仙瓣花

水仙瓣花(图 3-2)与梅瓣花是同一个类型的瓣型花。因为它们都要求：萼片端圆、紧边、收根；花瓣端有雄性化的兜。只不过，梅瓣花的要求比水仙瓣花高。往往，达不到梅瓣标准的花，被降格为水仙瓣。

(1)水仙瓣花所必备的条件

①萼幅较竹叶瓣宽些，呈长圆形、萼端较钝圆(可有尖锋)紧边，萼基要有明显收细。

②花瓣必须有雄性化的紧边起兜或浅兜。

花瓣端有兜是水仙瓣花不可或缺的关键条件。如是花瓣端无兜，不论是花瓣再短阔，还是萼片形态再好，也不能称水仙瓣花。反之，萼形欠佳，而花瓣端有兜或浅兜，还可勉强列入水仙瓣行列，只不过是品位较次而已。

(2)水仙瓣花也有多种多样的形态，如图 3-2。

①圆头萼水仙瓣花：萼端钝圆。

②尖头萼水仙瓣花：萼端钝尖。

③飘门水仙瓣花：可分为单飘门水仙瓣和双飘门水仙瓣。单飘门水仙是指仅是萼片挺飘，花瓣端有浅兜；双飘门水仙是指萼捧全挺飘。但捧端面必须有乳黄色的雄性化块状体镶嵌。

④皱角水仙瓣花：萼片端部呈褶皱状。

⑤梅形水仙瓣花：看起来，颇似梅瓣花，雄花瓣端无明显起雄性化深兜，或萼片长阔比例失调，或萼片端紧边、基收根不明显而被降格为梅形水仙瓣花。

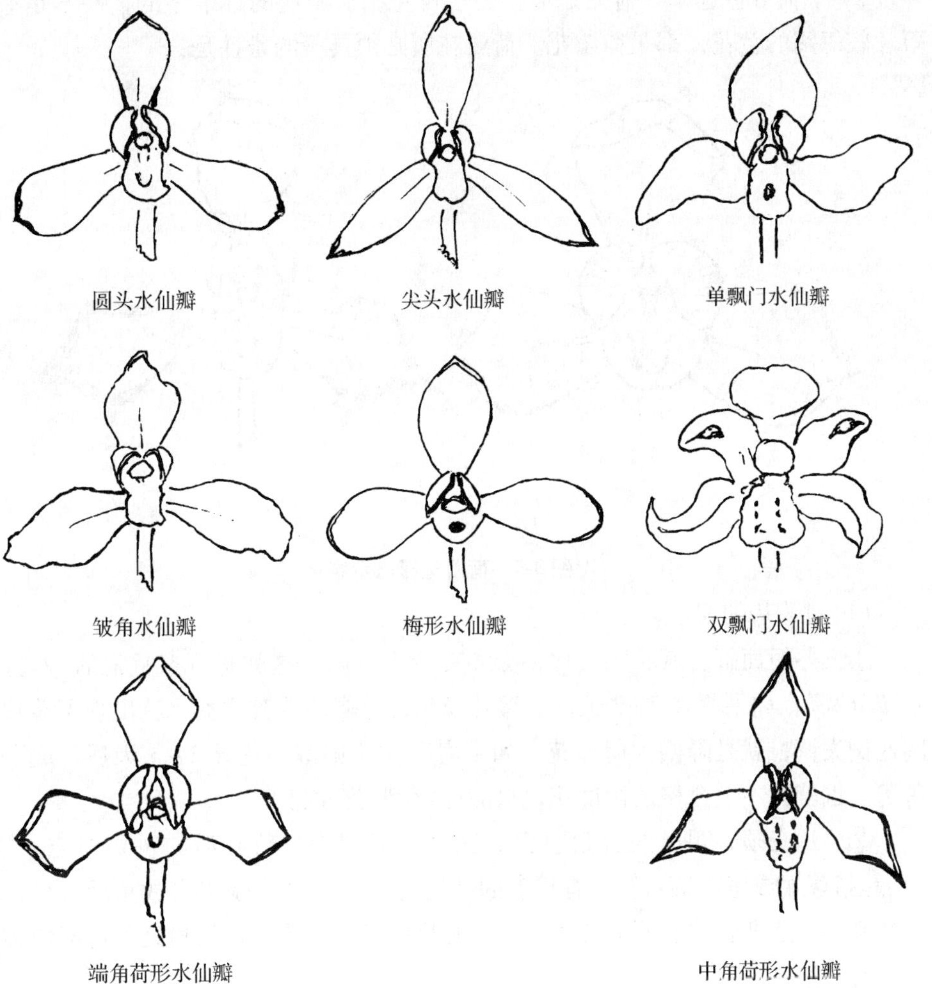

圆头水仙瓣　尖头水仙瓣　单飘门水仙瓣

皱角水仙瓣　梅形水仙瓣　双飘门水仙瓣

端角荷形水仙瓣　中角荷形水仙瓣

图 3-2　水仙瓣花形态示意

⑥荷形水仙瓣花，三萼端放角不明显，或收根较粗，或长阔比例失调，而花瓣却有深兜或浅兜的花。它绝对并非是不及荷瓣标准而被降格为水瓣的花。因为不符合荷瓣标准的花，其花瓣并不一定会有雄性化兜或浅兜。荷形水仙瓣可分为端角荷形水仙瓣和中角荷形水仙瓣。端角荷形水仙瓣是三萼端放角；中角荷形水仙瓣是三萼片的中段放角，两端收根。不过它们都要求其花瓣端有雄性化的浅兜。

3. 荷瓣花

在自然界里，符合标准的荷瓣花(图 3-3)，要比梅瓣花少得多。因此，古人

才说，“千梅万世选，一荷无处求。”由于可见，荷瓣花的标准不低，并不是那些萼片较短阔的兰花，都是荷瓣花。荷瓣花所必须具备的条件是：

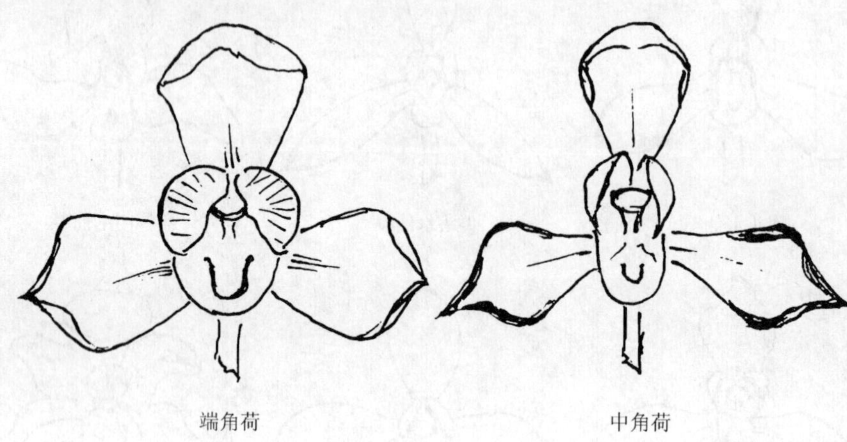

图 3-3　荷瓣花形态示意

(1)对萼片的要求

①三萼短而阔。其长阔之比，必须在 2∶1 以内。这就是行家常说的“八分长兮四分宽”。如果花开 2～3 天后，萼片拉长，萼幅却没有增宽，就出现了萼片长阔比例失调，就是降格为荷形花。如是肩萼质地偏薄，花开 2～3 天后，成了大落肩，也就算不上合格的荷瓣花，只能称“荷形花”啦！

②萼片必须有明显的放角收根。这是区别荷瓣与竹叶瓣的重要标志。“放角”是指萼端或萼中端双侧，有显著的钝棱角状；“收根”是指自放角处开始，向萼片基部，逐渐收缩、明显变小。对于萼片中段放角的，自放角处，逐渐向萼基和萼端收细。

③萼片顶端中心，如有浪状凸起体，其凸起体，必须朝花心微扣。

④萼片端缘，包括中段放角的萼缘，必须有紧缩，呈内扣卷态，即紧边，若无紧边，便不能称荷瓣花，只能称荷形花。

(2)对花瓣(捧心瓣)的要求

花瓣要求短阔，呈短圆或略长圆状。不要求萼端有起兜。如果花瓣不短圆阔，荷瓣的特征就不稳定，往往花开 2～3 天后，萼捧就逐渐伸长，出现长阔比例失调，变成了不稳定的荷瓣花而成了荷形花。

荷瓣花的花瓣(捧)，以蚌壳捧、短圆捧、蒲扇捧为佳，剪刀捧次之。如是捧瓣(花瓣)狭长而向外翻，那就不能称为荷瓣花。

(3)对唇瓣的要求

荷瓣花的唇瓣要求形大、圆整、丰满、舒展，可以有下垂和微后卷。以大圆舌、大铺舌、大刘海舌为佳。

笔者认为：荷瓣花之所以要求唇瓣形大的缘由是：因为唇瓣形大了，便可撑开花瓣的下缘，而使花瓣的上缘，逐渐紧挨，至少不会随花开时数的增加而不断张开，以改成了大开天窗之弊。

4. 团瓣花

据清代许霁楼先生的《兰蕙同心录》记述："开瓣有圆如龙眼壳(桂圆果)者，五瓣皆圆，舌亦短圆，蕊顶平如莲子倒生，团瓣花(图3-4)也。"

这五瓣皆圆，充满了圆的艺术美，象征团圆、幸福，寄寓事事圆满成功!

5. 超瓣花

据《兰蕙同心录》记述："开瓣蛮阔，不收根，或方头，或袜底式，俗谓之超瓣，云超出寻常也。"

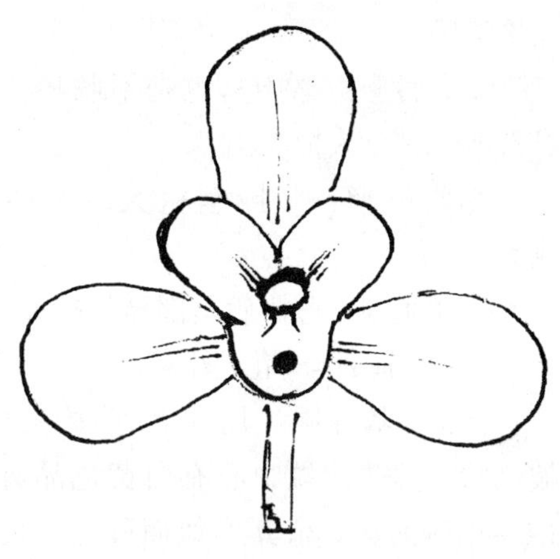

图3-4　团瓣花形态示意

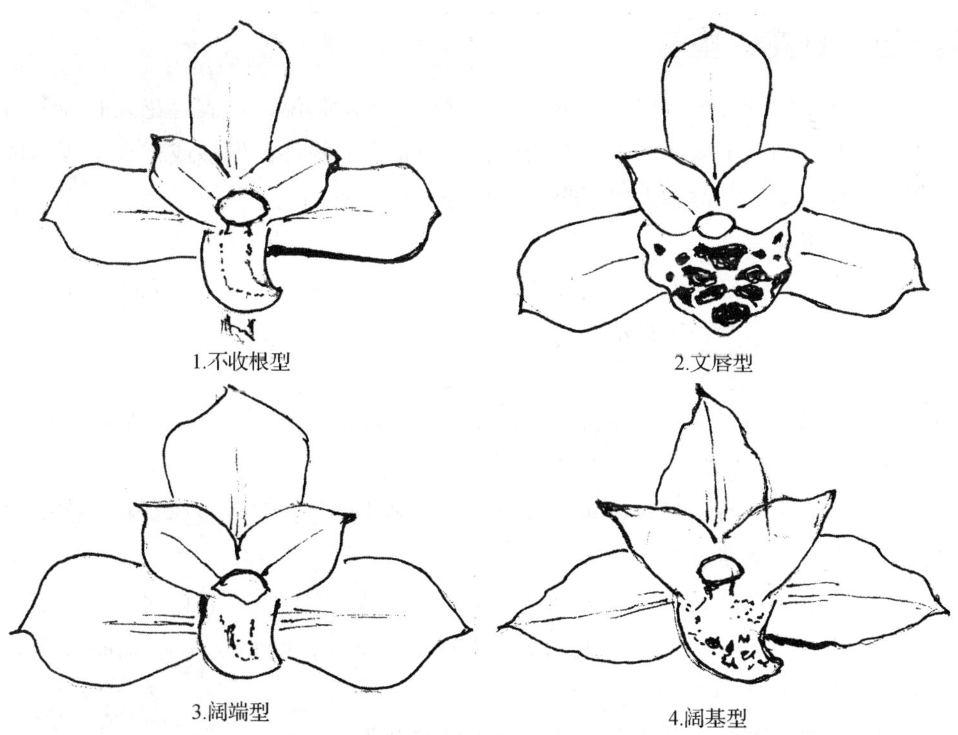

1.不收根型　2.文唇型

3.阔端型　4.阔基型

图3-5　超瓣花形态示意

据此，所谓超瓣(图3-5)，即萼捧唇的幅度、形态等，均超常。填补了国兰无大花、阔瓣之空白。

超瓣花多种多样，大体可归纳为下列4类(图3-5)：

①不收根型：萼捧唇的基部与端部，几乎等阔。

②大唇型：萼捧基也是不收根，唇瓣异常阔大，令人惊叹！

③阔端型：萼捧基粗大，端部却更阔大。

④阔基型：萼捧唇基部异常超大。

6. 波瓣(百合)**花**(图3-6)

何谓波瓣花呢？凡五瓣(萼捧)飘翻似波浪状，其捧近端中心有白黄色晶斑样的雄性化体的花。依其形似而称之。现代人认为，它更像百合花之形，而称其为“百合瓣”。

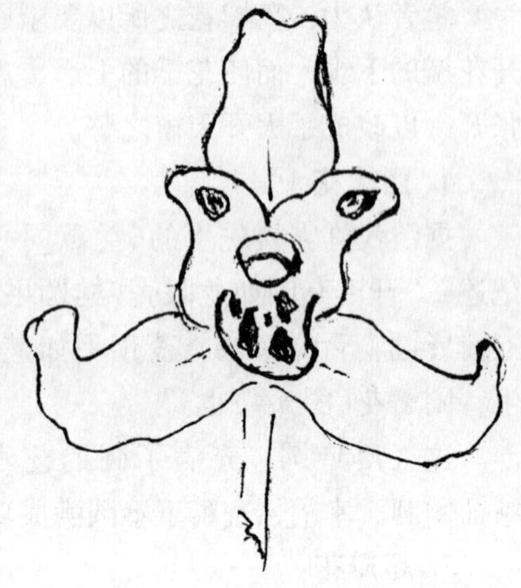

图3-6　波瓣花形态示意

五、奇花的鉴赏

何谓奇花呢？奇者，离宗别谱与众不同也。也就是说，组成兰花朵的各个构件中，有其中的某个构件，或几个构件，甚至是全部构件，增多或减少，或移位变态，或异化变体，都是隶属于奇花。现分类简介如下：

1. 多瓣奇花类

多瓣奇花，准确地说，是组成花朵的构件增多类的奇花，并非光指花瓣、唇瓣增多的奇花。本类尚可再细分为：

(1)单项增多奇花

如：多舌奇花、多萼奇花、多捧奇花和多鼻奇花。

(2)多项增多奇花

如：多舌多捧奇花、多萼多舌奇花、多萼多捧奇花、多舌多鼻奇花、多萼多捧多舌奇花和全多奇花等。

多瓣奇花是兴旺发达、繁荣昌盛的象征，颇具观赏价值。它以多鼻奇花稳定性最好，以多舌奇花为最雅观，以全部增多型奇花，既稳定又雅观而最令人钟爱。

多瓣奇花应具备下列3个条件，方为好的奇花。

①多而有序。指增多部分，或对称布局，或集中一处，或在其周围。以对称为佳。

②多而不乱。指增多部分不相互纠缠似乱麻。

③多而有形。指增多部分能构成某种象形为佳。

总而言之：多瓣奇花，以有多鼻或蕊柱异化的性能最为稳定，以多舌最为雅观，以各部分全部增多最为壮观。

2. 少瓣奇花

所谓少瓣奇花，是指组成兰花朵的三萼片、二花瓣、一唇瓣、一合蕊柱之某个部分或几个部分自然减少而与正常的兰花不一样的，被称为少瓣奇花。

通常的少瓣奇花，可分为少萼(少一、少二或全无)奇花、少捧(少一或全无)奇花、无唇奇花、无蕊柱奇花、多减(同时减少几项)奇花和减瓣拟态奇花等。

自然减少兰花朵中的某个部分后，能构成某种形态的，也有爱猎奇者钟爱。如少了中萼片而成了一只正在翱翔的白鹭；少了双萼片，中萼片与异化成萼片的唇瓣成直竖线排列，同时合蕊柱也减少，双花瓣却成一横线与直线中部垂直交叉，呈“十”字架样，被命为基督教的“圣母”。深受信仰基督教的兰花爱好的喜爱。

少瓣奇花，除了少合蕊柱的奇花，相对较稳定之外，其他的少瓣奇花，其稳定欠佳。

3. 树型奇花

树型奇花是指子房(花柄)拔高，互生萼片状小苞片，花蕾绽开后，合蕊柱分裂并拔高，柱顶开多瓣奇花，其柱体也会互生小萼片。这样一莛花梗，就有多分叉，又有多萼片。外观颇似树冠状，而被称为树型奇花。此类奇花格外奇特而壮观，稳定性也好。

4. 菊型奇花

唇瓣异化成萼片状，并与固有萼片和增生的萼片呈轮状排列；有的花瓣也增生并呈轮状排列；合蕊柱异化成木耳状小花瓣。全花呈菊花状形态。

5. 重台型奇花

花蕾绽开后，其合蕊柱分裂并拔高，柱端形成多瓣花蕾，为该花蕾绽开后，其合蕊柱也分裂并拔高而形成多瓣花蕾。这样就成了，花上花又花的奇观。

六、蝶花的鉴赏

蝶花，是兰花的萼片或花瓣的局部或全部唇瓣化后，犹如彩斑蝴蝶的花翅膀

样，借形似而为名。这里所介绍的蝶花，包括肩蝶和捧蝶 2 种。至于奇蝶花，是指在多瓣奇花的基础之上，有某些萼片，花瓣不同程度的唇瓣化而言，不在此列，将另僻项谈及。

(一)传统的蝶花分类

传统已对蝶花中的唇瓣化程度和唇瓣化体上的色彩，进行了分级。现摘录如下，以供参考。

1. 依唇化部位的色泽而分类

(1)晕蝴蝶

指在唇化部位上，缀有红色点、斑块。

(2)素蝴蝶

指在唇化部位上，没有丝毫的异色点、斑块点缀。

2. 依唇化程度(幅度)而分级

(1)全蝴

全蝴是指肩萼片下缘唇瓣化体达纵向的 2/5。以荷形蝴蝶为多，被视为肩蝶中之珍品。

(2)半蝴

半蝴是指肩萼片下沿呈细狭或偶有断续唇瓣化。此为一般性，故极少留种繁殖。

(3)草蝴

三萼片和两花瓣形细狭长，唇化程度浅微，被视为劣品，不列名种行列中。

(4)捧唇形

捧周缘有白色唇瓣化体，其上也缀有朱红点斑块。

(二)新的蝶花分类

可能是，在新中国建立以前，由于经济不繁荣，野生兰开发少，而蝶花的出现概率又较低，兰艺家们无缘接触到好的唇瓣化花，只能对当时有的蝶花进行分级。可能为推崇起见，而对全蝴和半蝴两类别，遣心地夸张。这对于发展的兰花园艺来说，只能作为参考，而不能适应当今好蝶花如云的分级，故归纳新的蝶花分类分级方法初拟如下，以供参考：

1. 从色彩上划分

(1)晕蝴

保留传统的分类标准，即唇瓣化部分缀有红色点、斑块的为晕蝴蝶。

(2)素蝴

保留传统的分类标准，即唇瓣化部分无缀红色点、斑块，纯为白色的唇化

体，方为素蝴蝶。

(3)素蝶

指素心兰上的蝶花。即全为素心花的萼片、花瓣上有部分或全部唇瓣化的花，为素心蝶花，简称为素蝶。

2. 从唇瓣化的程度上划分

从唇瓣化的程度上划分品级。萼片蝶与花瓣蝶略有所异，故结合于萼蝶与捧蝶叙述。

(1)萼片蝶

1)依蝶化的部位分类

萼片蝶依蝶化的部位可分为3类。

①肩蝶(图3-7)。肩指兰花朵的双侧萼，传统俗称为副瓣。肩蝶，指肩萼有不同程度的唇瓣化(蝶化)。

②中萼蝶(图3-8)。中萼片，俗称主瓣，因此，中萼蝶也称主瓣蝶。中萼蝶常是整片唇瓣化。其出现概率甚低。

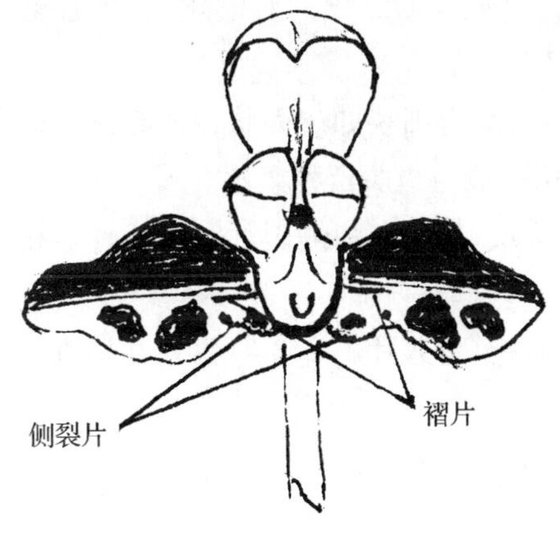

图3-7　肩蝶(荷蝶)示意

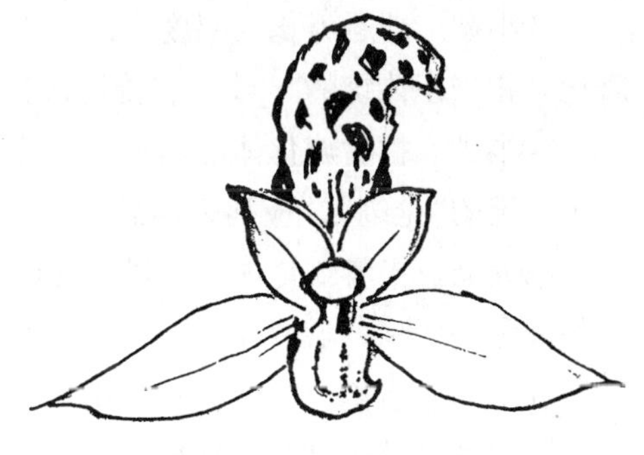

图3-8　中萼蝶示意

③三萼蝶。指三萼均有唇瓣化。通常，肩萼蝶(图3-9)多仅半萼唇瓣化；而中萼却是全唇瓣化。其出现概率更低。

2)依肩萼唇瓣化的程度分类

萼片蝶以肩萼蝶(简称肩蝶)的出现概率为最高。常依其唇瓣化的程度而分类。

①花萼。花萼(图3-10)，是指在绿色的萼片上的某个局部缀有朱红色点斑。这与蝶化的本质不同在于，唇瓣化部分没有白肉化(仍是青绿色)，更无褶片和侧裂片，因此，不能称为唇瓣化(蝶化)，只能依习惯称其为“花萼”。此种现象，

虽说是唇化的早期迹象，不过，不是继续异化的进程相当长，就是不稳定。

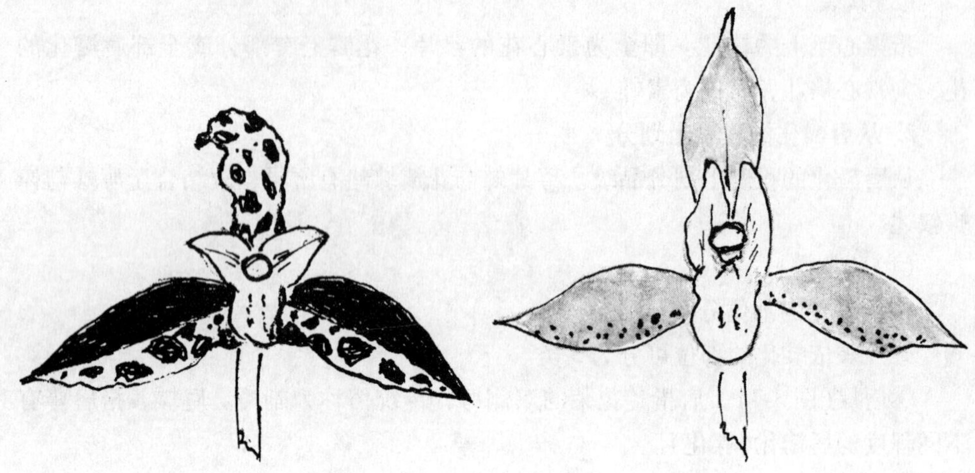

图 3-9　三萼蝶示意　　　　图 3-10　花萼示意

②始蝴。也称初蝴，指萼片缘上仅有些许，或断断续续的唇瓣化(白肉加红点)迹象。它相当于传统所说的“草蝴”。被列为劣品。

③小蝴。即唇瓣化的幅度小，多于侧萼片下缘有细狭如线面状，或断续的唇瓣化。相当于传统的“半蝴”。传统认为它品位一般，极少留种繁殖。

④半蝴。指唇瓣化体已达半个萼片(近1/2)，并具有一侧裂片和一褶片。相当于传统的“全蝴”。应列为佳品。

⑤大蝴。指唇瓣化体已超过萼片中线，约占整个萼片的2/3萼幅，并具有一侧裂片和一褶片。堪为珍品。

⑥整蝴。指整个萼全部唇瓣化，并具有双侧裂片和一对褶片。堪为稀珍品。

3)萼片蝶的鉴赏分级标准

萼片蝶，也称“副瓣蝶”“外蝶”。它的出现概率较高，但品级高的外蝶却甚少。

①唇瓣化部分必须具有侧裂片和褶片。整片萼片唇瓣化的，要有双侧裂片和一对褶片，至于“小蝶”，有一侧裂片就很不错啦！“半蝶”和“大蝴”自然要有一或二侧裂片和一或二褶片。

侧裂片和褶片，除了可以增加观赏面外，尚有增强唇瓣化体的支撑硬度，以避免唇瓣化体后卷的功能。如果不具侧裂片和褶片的，花开3～5天后，唇化部分易后卷，从而缩小了观赏面，也降低了品级。

②花形端庄、富有内涵。要求侧萼着生对称，形态相近，不后翻卷；中萼端

庄而前倾。如中萼直立或挺翻，或歪斜；肩萼不对称或向后翻卷。只能是降格为始蝴(草蝴)看待。

③唇化体的大小、长短一致，并达萼端；唇化体上的缀斑之形状、着位、力求相似而对称。整个萼片唇瓣化的，其造型、缀点、色泽能与唇瓣相近似的为最佳；平肩外蝶的缀点能处于萼片中段之后，正好与唇瓣的彩点部分之半，就显得更雅致，其品级也更高。

④唇瓣化部分与无唇瓣化部分的基本色，白绿对比鲜明，缀点鲜艳。唇化部分的底色，以洁白而明净为佳，晦暗和浮泛黄、绿等异彩者为次。

⑤唇瓣化的稳定性好。要求唇瓣化体附有侧裂和褶片，株叶、苞片具备有唇瓣化特征。

顺便提及：梅瓣花、水仙瓣化、荷瓣花和素心花中，均有出现外蝶，但品级高的甚少，多数不对称。只有比较标准的荷瓣花出现的外蝶较易是高级品和稀珍品。

(2)捧蝶

捧蝶，是指处于花心部合蕊柱两侧的花瓣(俗称捧)唇瓣化了，颇似蝴蝶状的花瓣，被称为“花瓣蝶”“捧蝶”。因花瓣是处于兰花朵的内轮，又被称为“内蝶”“里蝶”。又因该蝶化瓣是从花心部、合蕊柱双侧长出，因而又被称为“心蝶”或“蕊蝶”。再由于“心蝶”的“心”字与“星”谐音，于是又把两捧蝶与唇瓣蝶，合称为“三星蝶”。又有把捧蝶增生一片的，合称为“四星蝶”，把捧蝶增生二片的，合称为“五星蝶”。不过，还是把它称为“三捧蝶”“四捧蝶”可能会比较贴切些！多捧蝶是奇蝶。另文介绍。

1)捧蝶的分类

捧蝶依形态、色泽可分类如下。

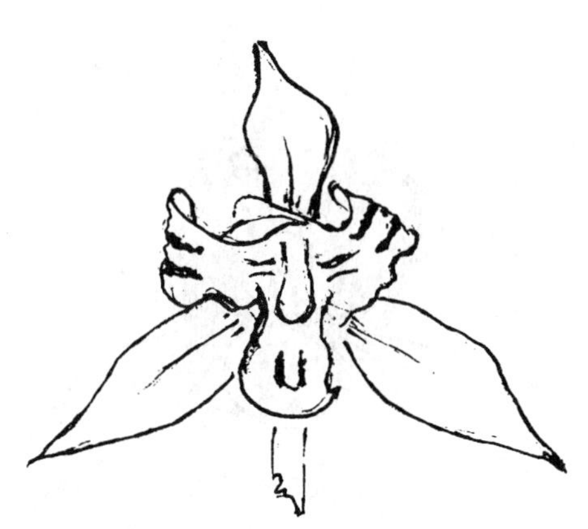

图3-11　卷捧蝶示意

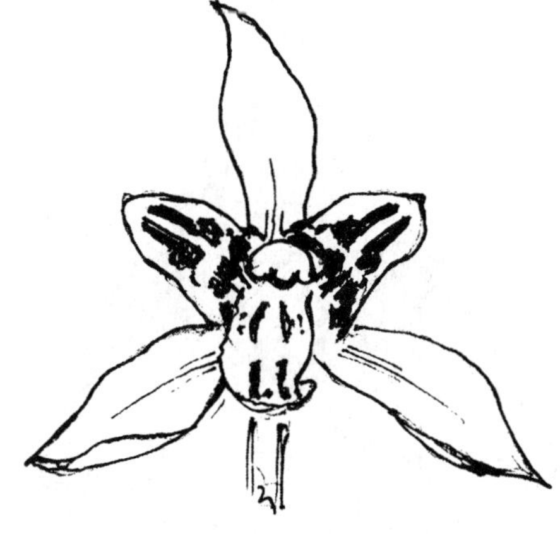

图3-12　猫耳捧蝶示意

①卷捧蝶。卷捧蝶(图3-11)的萼细长，呈竹叶形、唇瓣化的双捧与其唇瓣一样向后翻卷，其缀斑基本一致，卷捧蝶也具有侧裂片和褶片。

②猫耳捧蝶。它萼片竹叶形，唇化捧呈猫耳捧状，完全唇瓣化捧之捧缘镶有宽白边，捧面缀相近似形的紫红斑块，卷舌。猫耳捧也称虎耳捧(图3-12)。

③圆捧蝶。三萼短阔厚实、荷形。唇化捧与大圆舌，几乎是同形同色。格外别致(图3-13)。

④对峙捧蝶。三萼片叶形，唇化捧矗立而对峙，形态与缀斑相近似(图3-14)。

图3-13　圆捧蝶示意

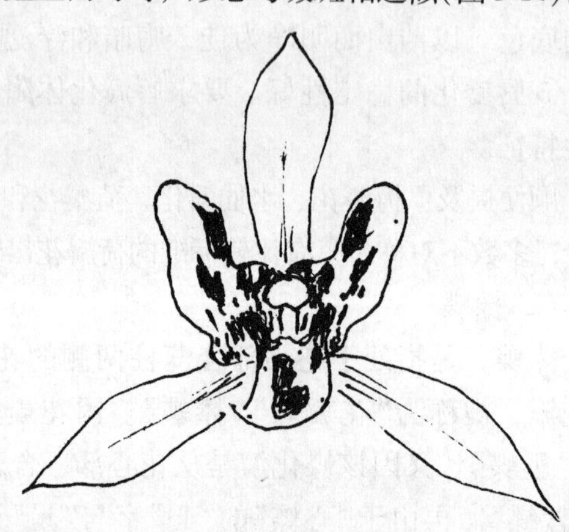

图3-14　对峙捧蝶示意

⑤山形捧蝶。三萼荷形，端似山形，短阔厚实、粗皮；唇瓣近似山形，连缀斑也山形；唇化捧短阔厚实、呈山形，其大小缀斑也颇似山形。格外奇特，风采独存(图3-15)。

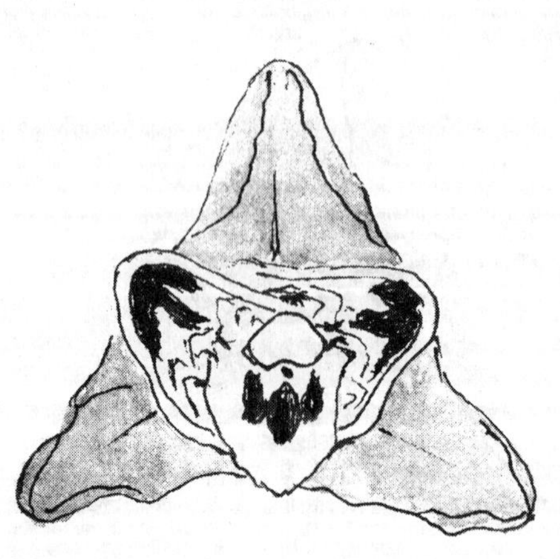

图3-15　山形捧蝶示意

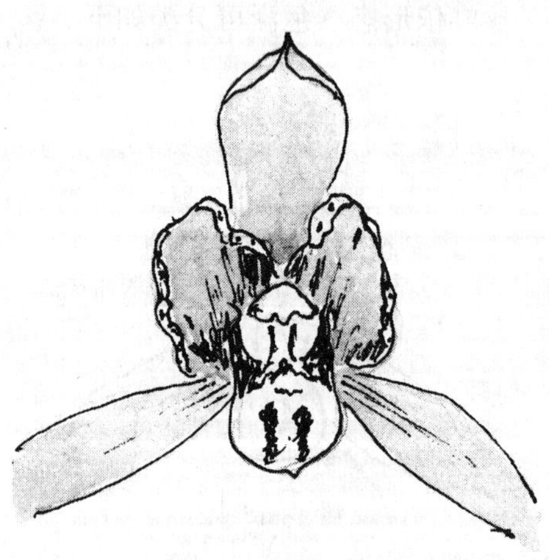

图3-16　近覆轮捧蝶示意

⑥近覆轮捧蝶。(图 3-16)本品仅捧缘有断续唇瓣化迹象，有待继续异化。品位低。

⑦花捧。所谓“花捧”(图 3-17)，是指花瓣虽有些许变态，但捧体仍然是绿叶之色泽，没有变薄、变雪白色(白肉化)，仅是缀上散在的朱红点斑的花瓣。

这种是唇瓣化的最早期现象，其异化进程好长，根本不能称之为捧蝶。多不入品。如果是捧缘已出现白肉化，并缀有红点的，就说明它已进入唇瓣化的初期，期望也就较大。

⑧狗舌捧蝶。狗舌捧蝶(图 3-18)原名“狗舌蕊蝶。传统对于唇瓣格外狭长而卷的蕊蝶，认为姿态欠雅观，品位很低而给予一个贬称。其实本品完全唇瓣化的捧蝶体，还比较短而也较阔，比那些尚不完全唇瓣化的初期唇瓣化的捧蝶品，还是强许多。

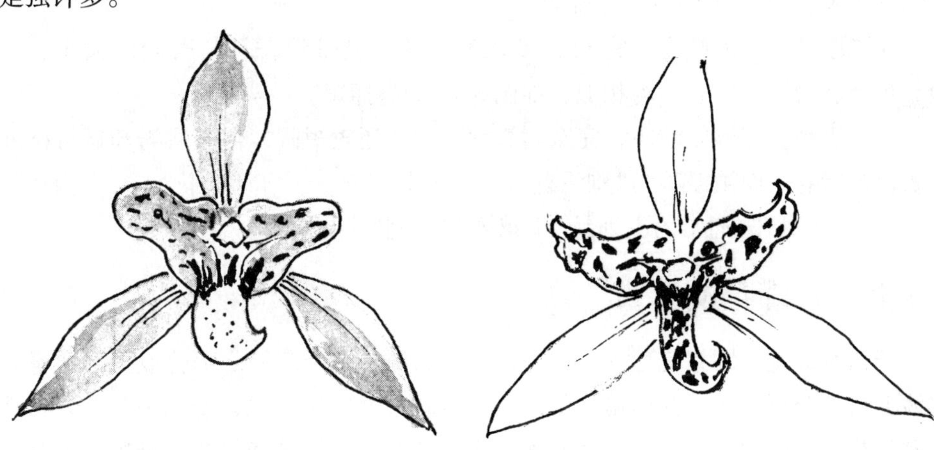

图 3-17　花捧示意　　**图 3-18　狗舌捧蝶示意**

捧蝶所必备的条件是，整个捧(花瓣)完全唇瓣化。即唇化捧的质地也如唇瓣那样柔嫩、洁白(俗称白肉化)，同时又具备有侧裂片和褶片。至于未达到上述条件的初级品，大致有下述 3 类。

2)捧蝶初级品的分类

①草蝴。草蝴也称初蝴。它仅是捧蝶的期待品。它仅是于捧缘或捧面的小局部，有断断续续的小白块(如唇瓣样的白肉化体)加小朱红点斑。一般不具侧裂片和褶片。因此它的稳定性较差。如果有较大的唇化体处于捧基中心处的，其稳定性较佳，继续异化的进程也较短。

②花捧。仅在绿色的花瓣(捧)面上、缀有散在性的朱红点斑块，也无侧裂片和褶片。此种仅能称为花捧，而不能称为捧蝶。如果这个花捧缘又有断断续续的唇化体，它就强于“草蝴”。其继续异化的进程，也相应较短，但仍然不能称

为捧蝶花。

③半蝴。它仅是于捧瓣的上半幅或下半幅有约为捧幅1/2许的唇化体，有的可有一侧裂片，很少有一褶片。这类所谓的半蝴，只可称为半捧蝶、半里蝴，而不能称为蕊蝶，心蝶、捧蝶。

3）捧蝶的鉴赏品级标准

①稀品。荷瓣花，其蒲扇式捧完全唇瓣化，具备白肉化、侧裂和褶片；大圆舌下挂不后卷，如图3-15山形捧蝶。

②珍品。三萼短阔，大圆舌，完全唇瓣化的双捧与唇瓣基本上同形同色，其缀点、斑块也与唇瓣相近似。如图3-13圆捧蝶。

③一级品。完全唇瓣化的双捧、短阔、端钝圆，微挺而不后卷，如图3-12的猫耳捧蝶、图3-14的对峙捧蝶等。

④二级品。花形端庄，完全唇瓣化的双捧，呈带形，且与唇瓣的大小、质地、色泽、缀斑、后卷态均相似，如图3-11的卷捧蝶。

⑤三级品。花形较端庄，完全唇瓣化的双捧还较短阔，但其唇瓣却显得格外狭长而大后卷，而被贬称为“狗舌蕊蝶”，如图3-18。

至于“半蝴”，通常为不列品。“花捧”“草蝴”又更次之。

七、奇蝶花的鉴赏

所谓奇蝶花，即指三萼片、二花瓣、一唇瓣和一合蕊柱之部分或全部数量增多，并有部分唇瓣化，或唇瓣大量增多的兰花朵。换句话说，奇花中，有萼片部分唇瓣化或花瓣部分唇化，或者唇瓣增生的兰花朵，便是奇蝶花。奇蝶花可分为六大类：

1. 菊型奇蝶花

菊型奇蝶花是萼片大量增生并有部分唇瓣化，唇瓣异化成萼片或花瓣并与大量增生之花瓣（或许有部分唇瓣化）呈菊花状排列，其合蕊柱也异化成花菜样的兰花朵（图3-19）。

此类奇蝶花、花形丰满而端庄，奇而有序，秀丽而高雅。

2. 牡丹型奇蝶花

萼片增多。在唇瓣部位的左右增生了许多唇瓣。花瓣增多，由数量较多、排列拥挤而变形，多呈木耳状，个别有部分唇瓣化。在合蕊柱周围，分裂增生了多个合蕊柱，其基部常有小花瓣环绕，而有花中花之美妙。

牡丹型奇蝶花，各个部分的增生都在原有的位置周围，多而不乱，多而有致，花形丰满，色彩绚丽，寄寓繁荣昌盛。

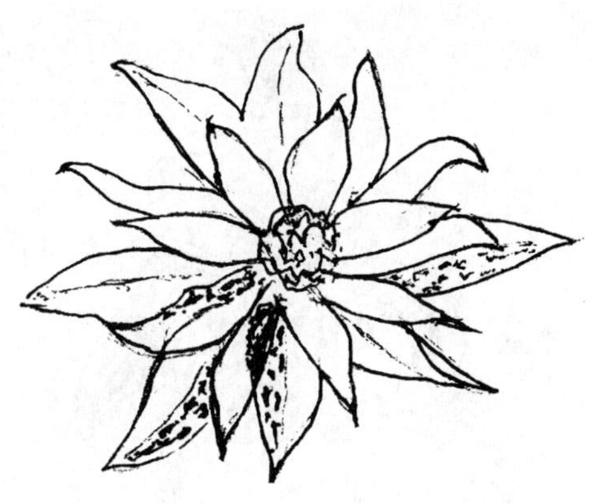

图 3-19　菊型奇蝶花示意

图 3-20　牡丹型奇蝶花示意

3. 多舌型奇蝶花

多舌型奇蝶花，以多唇瓣为主，形式多样，奇而有序，奇而不乱，色彩绚丽。主要有四星奇蝶、五星奇蝶（图 3-21）、莲座式奇蝶（图 3-22）、火炬式奇蝶（图 3-23）、百合花式奇蝶（图 3-24）等。

4. 树型奇蝶花

合蕊柱异化与子房一同拔高，柱基与子房连接处着生大量的萼片状的细狭花片，或分叉发展。其柱顶绽放奇蝶花。

树型奇蝶，生命力旺盛，四面开拔，枝繁叶茂，给人奋力拼搏的启迪。

图 3-21　五星奇蝶示意

图 3-22　莲座式奇蝶示意

图 3-23　火炬式奇蝶示意

图 3-24　百合花式奇蝶示意

5. 子母型奇蝶花

母花的蕊柱基部或子房基部分生奇蝶型小花蕾，待母花开足后，子花蕾相继发育而开花。子母型奇蝶花犹如一幅幅爱幼敬老、继往开来的画卷，风韵不凡。

6. 重台型奇蝶

奇蝶花绽开后，其合蕊柱拔高并异化分裂，形成多个奇蝶花蕾，当这些花蕾开放后，其合蕊柱照样拔高并异化分裂形成多个奇蝶花蕾，而有三重台奇蝶花。

重台奇蝶花，形如宝塔，给人更上一层楼的美感。

八、线艺品的鉴赏

凡是株叶上，缀有异色线、点、斑的植株，称为线艺兰。简称为“线艺”。

兰花，赏花旬日，观叶经年。古人也曾有“看叶胜看花”之说。其实，这只是说，非花期，赏叶，也颇有情趣，并非不期望看花。

自700年前，兰叶上出现了线艺，看叶的兴趣、愈来愈浓。随着线艺的种类不断丰富和不少线艺兰又兼有线艺花，钟爱线艺兰者如雨后春笋般地增加。对林林总总的线艺的分类及其稳定性的观测常识，已成了爱兰艺兰者的一个课题。现依线艺出现的方式、所处的位置和兼艺，及其稳定性，分类叙述如下：

1. 爪艺

爪艺(见图 3-25)：兰界称其为“鸟嘴”，简称“嘴”。它是指线艺集中于叶端的两侧缘。爪艺常依它的粗细、长短和兼艺而区分。

①浅爪。爪艺体细而短，其长度在 1cm 左右。

②深爪。爪艺体比浅爪，较粗也较长些，其长度在 2cm 左右。

③大深爪。爪艺体粗而长，其长度达 4cm 以上。

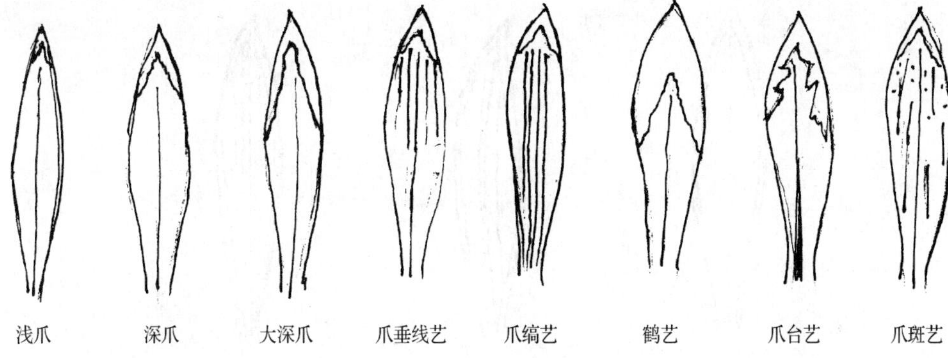

图 3-25　爪类线艺示意

④爪垂线艺。指爪艺内，布有长短不一的线段样的线艺纹。

⑤爪缟艺。指爪艺体内的垂线粗而长，其长度多达半叶以上，有的已达叶基。

⑥鹤艺。即特大深爪艺。其叶端的粗爪帽，粗长达 3cm 以上，其爪基长达半叶以上，有的可达叶基。

⑦爪台艺。指爪艺在叶端缘，呈雷电符号“Z”的台阶状。

⑧爪斑艺。指爪艺体内及以下绿叶上有或黄、或白的点、斑，或细而短的线段(线段，在兰艺上称为“斑”)。

爪艺的稳定性是：叶鞘端与叶尖均有爪艺的、稳定性好；爪艺越粗、越深的，稳定性就越好；爪艺内又兼有其他叶艺的，其稳定性也很好。

2. 覆轮艺

覆轮艺(见图 3-26)，指兰叶片周缘，有明显的艺线(白、黄、绿、红等色)镶嵌。叶周缘的艺线，最好是自叶端直达叶基，不过，艺线有长达半截以上，便可称为覆轮艺。艺线能透达叶基的，品位高些。

覆轮艺，不论是传统品种苗，还是下山苗，不仅有单独存在，也有不少兼艺。如：

①覆轮垂线缟。在覆轮艺内，有自叶端达叶基的艺线。有趣的是：覆轮艺色与垂线艺色不一致，而被命名为金银顶。

②覆轮斑缟艺。即在覆轮艺内，即有垂线缟，又有线段(斑)的叶艺，称为覆轮斑缟艺。

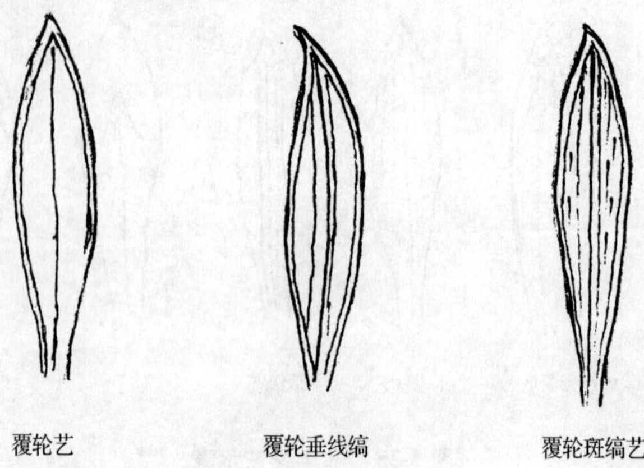

图 3-26　覆轮艺示意

3. 斑艺

兰叶上缀有异色的不同形状的点、斑块的，被称为“斑艺”(图 3-27)。

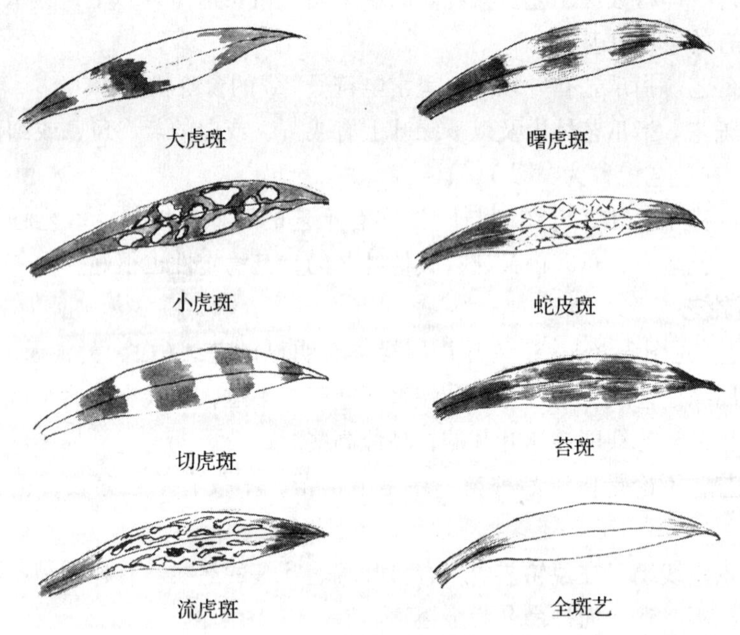

图 3-27　斑艺示意

通常，依斑艺的性状和色泽的不同而分类：

(1)虎斑艺

兰叶上的片块状艺色与叶绿色交相辉映的线艺性状，犹如老虎皮毛之斑纹，

借喻而为名。依虎斑的各种形状，在兰艺学上，有不同的称谓。

①大虎斑。顾名思义，就是艺斑大，斑体几乎占全叶的近半以上，有时，也伴有较小的虎斑纹。

②小虎斑。即其斑体与大虎斑比，相对较小得多。它常呈连片分布，但也有零星分布的。小虎斑常兼有白覆轮艺，而被命名为“宝轮”。

③流虎斑。它是由较密集的长条形、水滴状的小斑块组成。有些斑形犹如蝌蚪状。

④切虎。叶片上的艺斑多为整段性，几乎如刀切样整齐，故而得名。

⑤曙虎斑。叶片上的艺斑，似曙光初照而呈现的亮斑。

(2)锦沙斑

艺斑细如沙粒状，数量多，排列不规则而密集，又常有曙虎斑艺相伴，故而得名。台湾兰界称其为“胡麻斑”。

(3)蛇皮斑

艺斑常为菱形或方形，密排成似蛇皮状而得名。蛇皮斑，常随着叶片发育，叶绿素的不断增加，艺斑稍显淡，但它的下代，照样是有明显的蛇皮艺斑。

(4)苔斑

苔斑与曙虎斑相似，只是它的艺斑被绿晕所占据而不如曙虎斑那样显眼。这就是兰艺上常说的，青苔尚未退净，而不那么可爱之意。

(5)全斑艺

全斑艺之艺性，即几乎是整片叶全为金黄色或银白色，仅是叶基、叶主脉间和叶端尖处，尚有少许绿晕(叶绿素)。此种艺斑和高档线艺兰、水晶艺兰、图画斑艺兰，可以一同在弱光照下莳养，完全有可能养好。

那些，整片叶，不具一丝绿晕的全斑艺，兰艺上，称其为“幽灵草”(含有来无影，去无踪之意)。由于幽灵草本身没有叶绿素，或说甚少叶绿素，本身不能自制食物，一旦离开了母株或变更了生态环境，多难养活。

有的全斑艺，在幼叶期，仅是较青黄、黄白，随着叶片的不断发育，其绿晕逐渐褪去而演变成全斑艺的，为后明性全斑艺。它不仅艺性稳定，也好养。其花多为红或粉红花，或红色条花。银白色全斑艺的艺株，多开白色花。

全斑艺还有如下3种形式。

①尖斑艺。艺在叶的上半截(图3-28)。

②基斑艺。艺在叶的下半截(图3-29)。

③半侧斑艺。又名半边艺，也称“银界艺”。它的艺在叶片的左侧或右侧(图3-30)。

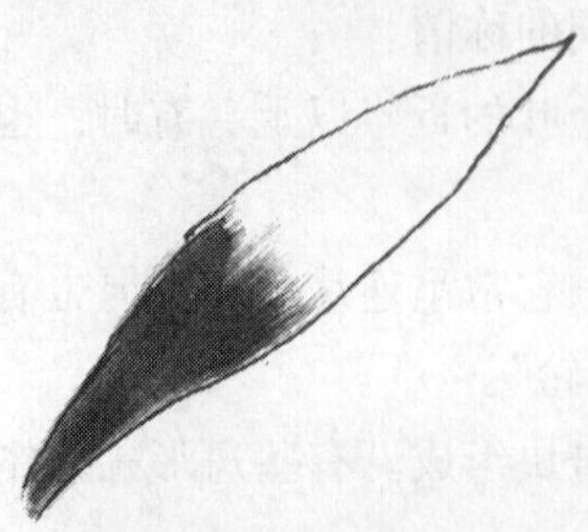
图 3-28　尖斑艺示意

图 3-29　基斑艺示意

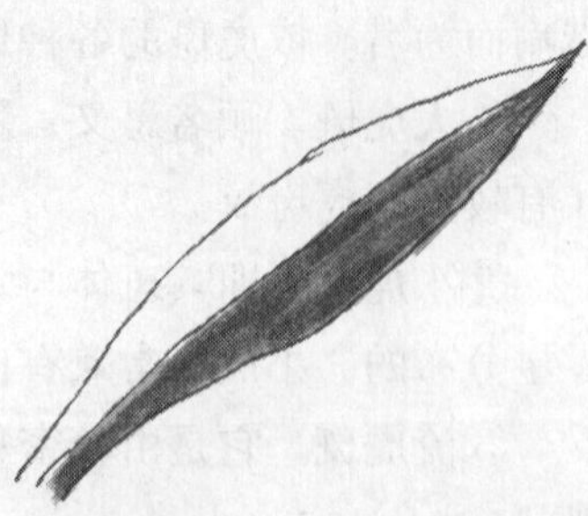
图 3-30　半侧斑艺示意

4. 缟艺

“缟”，线条之意也。缟艺是指兰叶上自叶基至叶尖，出现纵向线条状的艺性。这个缟艺，不仅在叶面上清晰可见。而且在叶背也同样清晰可见，兰艺上，称为艺透底(图 3-31)。

缟艺也和其他线艺一样，不仅有单纯的缟艺品种，也有兼艺的品种。

①爪缟艺。即缟艺叶的端部又有明显的爪艺(图 3-32)。

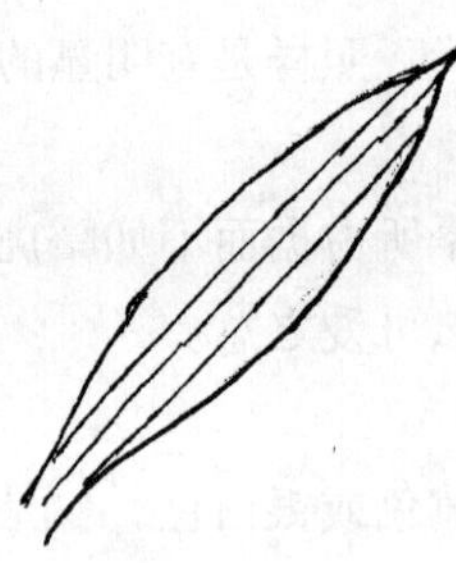
图 3-31　缟艺示意

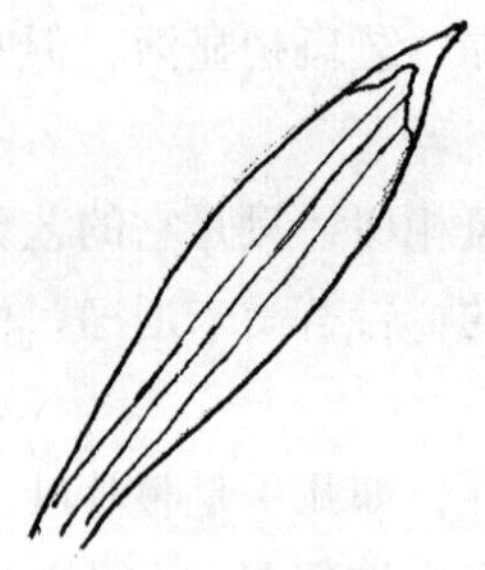
图 3-32　爪缟艺示意

②斑缟艺。即叶片上，不仅有自叶基达叶尖的粗缟线，而且其间又有线段(斑)的存在(图 3-33)。

③爪斑缟艺。即在斑缟艺的叶端上，又有明显的爪艺(图 3-34)。

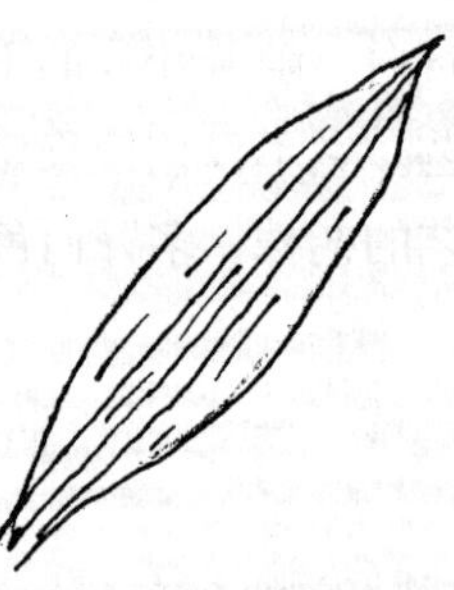
图 3-33　斑缟艺示意

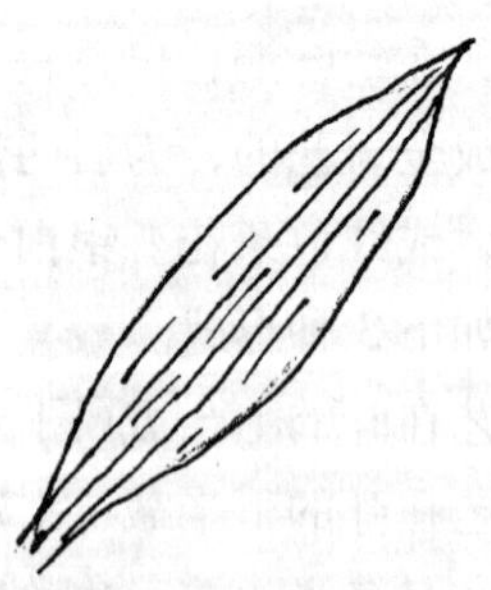
图 3-34　爪斑缟艺示意

爪斑缟艺，依其爪艺的艺色而有不同的称谓。即白爪的，称白(银)斑缟艺；黄爪的，称金爪斑缟艺；绿爪(绀绿帽)的，称绀爪斑缟艺，也称中斑缟艺。

5. 中斑艺

中斑艺，即叶端有绀绿帽，绿帽内有垂线(垂线长短不一，但无垂至叶基。垂至叶基的称中透缟艺)下伸者，为中斑艺(图3-35)。

在中斑艺中，又兼有自叶基至绀帽的缟线者，称中斑缟艺(图3-36)。

中斑艺为线艺性状最为稳定的线艺兰之一，深受兰界的青睐。

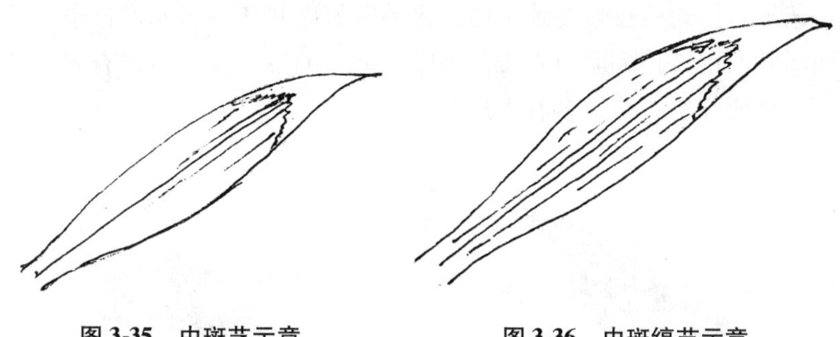

图3-35 中斑艺示意　　图3-36 中斑缟艺示意

6. 中透艺

中透艺(图3-37)，即叶端有绀绿帽，双叶缘有嵌绿覆轮。叶心部皆为金黄色或银白色。金黄色的，为黄中透艺；银白色的，为白中透艺。

中透艺之线艺性状格外稳定，深受兰界欢迎。

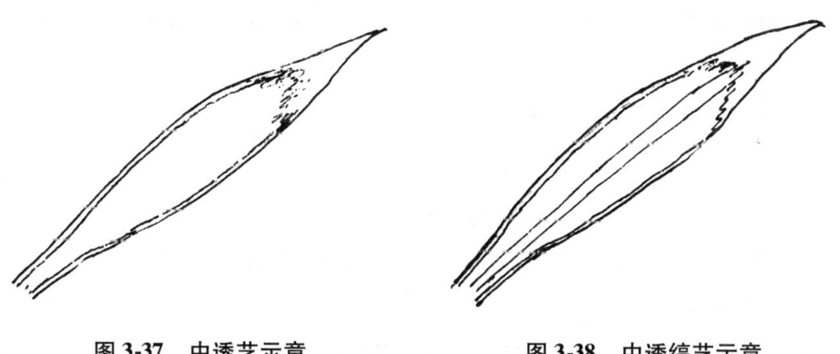

图3-37 中透艺示意　　图3-38 中透缟艺示意

7. 中透缟艺

中透缟艺，即在中透艺中，又有两条以上，自叶基达绀绿帽的绿色缟线(图3-38)。中透缟艺的线艺性状也是格外稳定的。历来深受兰界的钟爱。

8. 云井艺

云井艺，即绿叶上镶嵌有比绿叶更为浓绿的，自叶端向下延伸的纵向垂线的

线艺性状，俗称为“绿丝艺”(图3-39)。

有的云井艺，也有与其他线艺品同时显现，不过，有的却不是浓绿色的绿丝艺，而是红丝艺、墨丝艺。这不仅增进了叶片的风采，而且在花被上，也有可能有其同色的云井艺，因此颇受珍爱。

9. 先斑艺

线段样之线艺，处于叶片之先端，故称其为先斑艺(图3-40)，俗称其为“扫尾艺”。

先斑艺虽常因光照过强而致焦尾，也易因氮肥和镁、锰元素过丰，叶绿素剧增，而使绿叶面逐渐扩大而使先斑艺渐暗，但它的下一代，多仍有先斑艺，可贵的是先斑艺株所开的花被常多有先斑艺。

图3-39　云井艺示意　　图3-40　先斑艺示意

九、水晶艺品的鉴赏

镶嵌有不规则的点、条、片块状之白色透明或近透明体的兰株叶，兰界依其艺斑色白而透明，似水晶，而称其为水晶艺兰，简称“晶艺”。

水晶艺兰、多姿多彩，可依其艺体所处之部位而划分类别。

1. 龙形水晶艺

凡分布于叶缘和叶面中脉两侧的水晶艺体，弯曲似龙，而被称为龙形水晶艺(图3-41)。

水晶艺常由于水晶体分布不均匀，众寡不一，艺体的作用力有异，导致兰叶上有拢缩、有增大而使株叶变矮、扭转、弧曲，而有群龙曼舞之奇观。

龙形水晶艺兰的特点是，晶艺从叶的下部先显现，然后逐渐向上扩展。

龙形水晶艺，并不是都一个样的，基本上，可依其水晶艺体重点分布于何处，及兼艺的形式而划分为5类。

①水晶缟。晶艺体处于主侧脉间，由基部逐渐向上扩展。

②中透晶缟。叶端有绀绿帽，叶缘有绿覆轮。叶主脉间分布有浪状水晶线条者。

③中透水晶。叶端有绀绿帽，叶缘嵌有绿覆轮，除此之外，几乎整张叶片都是水晶艺体。

④水晶边。水晶艺体主要处于叶片的周缘。常由于水晶边的艺体粗细有异，其作用力大小有别。叶缘有的地方拢缩，有的地方拓展而使叶缘如木耳状、波浪状，洋溢着曲线美。

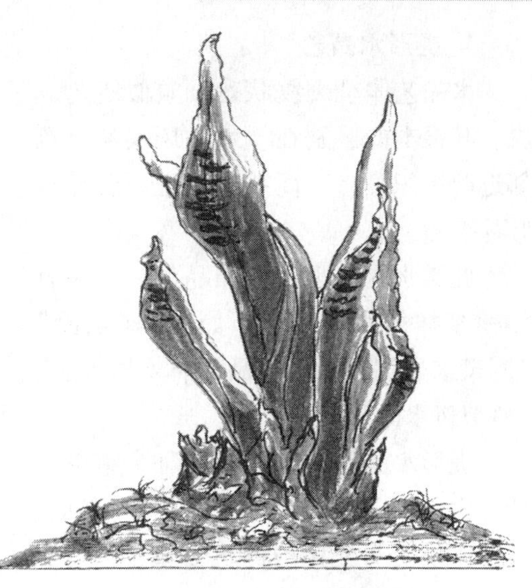

图 3-41　龙形水晶艺示意

⑤晶边斑缟。叶缘有水晶边，叶脉间又有水晶缟线或线段。

2. 凤形水晶

凤形水晶艺体多集中于叶端，形成某种形态。最早发现的此类水晶艺兰，形似鸡头。兰界以鸡之美称为“凤”，而誉为凤形水晶艺（图 3-42）。这正好与“龙形水晶”“虎形水晶”配套而雅称为“龙凤虎”。

凤形水晶依其形态，也划分为 3 类。

①水晶嘴。晶艺处于叶端部。有的地区称其为“水晶头”；有的地区依叶端水晶体有“兜”而称其为“水晶兜”，但多数地区称其为“水晶嘴”。如是植株茁壮的，其叶端的水晶艺体，常有较大的象形，如“鹅头水晶”等。

图 3-42　凤形水晶艺示意

②爪缟水晶。除叶端有爪艺水晶外，叶面尚有水晶垂线。

③拟态水晶。有的水晶嘴虽不大，但能向下断断续续延伸，有的段落艺体大，有的段落艺体小。因而有“葫芦形”“锁匙形”“鸟兽形”等。

3. 虎形水晶艺

水晶艺体呈斑纹状态，颇似线艺虎斑。其根本的区别在于水晶斑纹易导致邻近叶组织变形，而线艺虎斑不会导致叶片变形。

此类水晶，也并非品品如一，而有多种多样的水晶斑纹。如“条斑水晶”“网斑水晶”“山形斑水晶”“林木斑水晶”“竹节斑水晶”等等。

虎形水晶的特点是，艺斑多集中于叶片中段。这是由于兰叶多有弯垂弧曲，叶片中段受日光照射的机会较多，艺变的原动力较强之故。

图 3-43　虎形水晶艺示意

十、型艺品的鉴赏

型艺品是指矮种奇叶兰。它是兰株叶的一种天然造型艺术品。矮种兰，既有单纯的矮种特点，也有既是矮种，又是奇叶的两重特点，而名为奇叶矮种兰(图 3-47)。而奇叶兰，常是仅有奇叶(纵横行龙和奇姿)，但也有既是奇叶兰，又有矮种兰。为了叙述的方便，把它们分别简介如下。

1. 矮种兰

真正好的矮种兰，并非尚未长大的幼株，也不是仅仅是株矮叶短。而是有其一定的艺术标准的，其标准主要有以下 7 个。

(1)短

①自叶基至叶端的总长度，一般不超出 20cm。

②叶柄要短，它的长度应是叶片长度的 1/10 左右。

③叶鞘要短，它的长度应是叶片长度的 1/7 左右。

(2)圆

①假鳞茎球圆，或短椭圆。

②叶尖要圆，或钝圆，或短椭圆。

③叶鞘端要圆或肥尖。

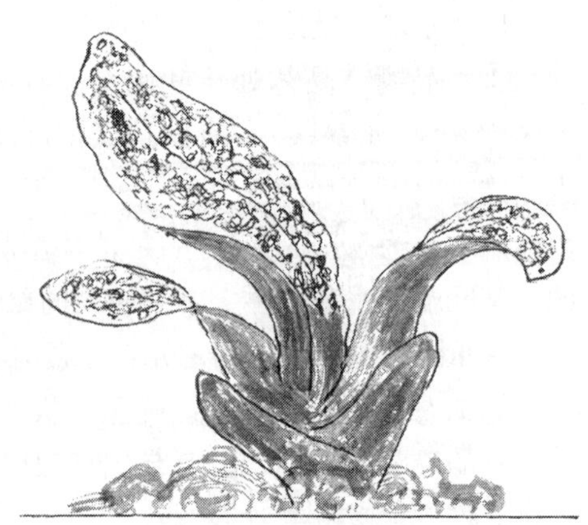

图 3-44　粗皮矮种

(3)阔

叶幅要阔。要求叶片长与宽之比为5∶1左右。叶幅越阔，品位越高。

(4)厚

叶质要厚。即与同种类、同规格、同株龄的叶片相比较而言，有一种厚的感觉。通常要求有如相片纸的厚度。

(5)粗

指叶面要粗糙，犹如猪皮疙瘩，也称“撒珍珠粒”，俗称：“粗皮”“趋皮”“蛤蟆皮”如图3-44之叶面。

(6)龙

①叶姿要有一定的扭转，似有龙腾的样子，以增进叶姿的风采。

②叶形呈龙船肚样，既叶中段明显增宽(如图3-45)。

③要求有“龙根”，因为只有“龙根”，方能证实其确为天然矮种兰，而不是尚未长大的矮小植株，也不是用激素控制成的药矮兰。

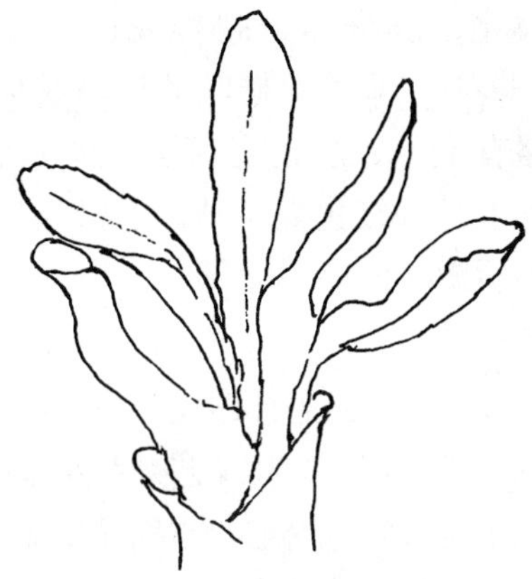

图3-45 春剑矮种示意

(7)起

起，是指起叶柄。即起汤匙柄(如图3-46)状。

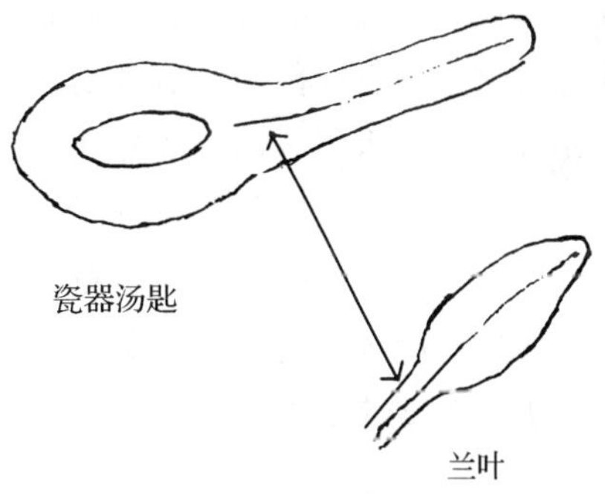

图3-46 起叶柄示意

总而言之，上述7个艺术标准，是高标准矮种兰的必备条件。因为高标准的矮兰，不仅是观叶的稀珍品，它的花，也是高品位的。不过这7个艺术标准，也难有全能达到的，具体观察时，当然应当适当灵活些。不过，“矮”“厚”“龙”“起”这4个标准不能含糊。否则便不能跻身于矮兰行列。

2. 奇叶兰

奇叶兰是指叶片有横向或纵向，或双向兼具皱卷拢缩的“行龙”叶态；也指叶姿翻扭作态如龙腾。有的两者兼备。单有叶姿翻扭作态的，似乎更秀雅。

奇叶兰，不仅仅是叶形、叶姿优美，而且常是奇花种。要预测它的稳定性，

要看有否真龙根，若无，要有三代连体成簇，方比较可靠。

十一、叶蝶艺的鉴赏

兰花朵的萼片和花瓣的局部或全部异化成唇瓣样的，便称其为唇瓣化，该花称为蝴蝶花，简称为“蝶花”。而兰花株叶的局部或全部略有变形、质地变薄、色泽白化，其上洒有红色点、斑，近似兰花朵的唇瓣状的唇瓣化部分，便称其为叶蝶艺。

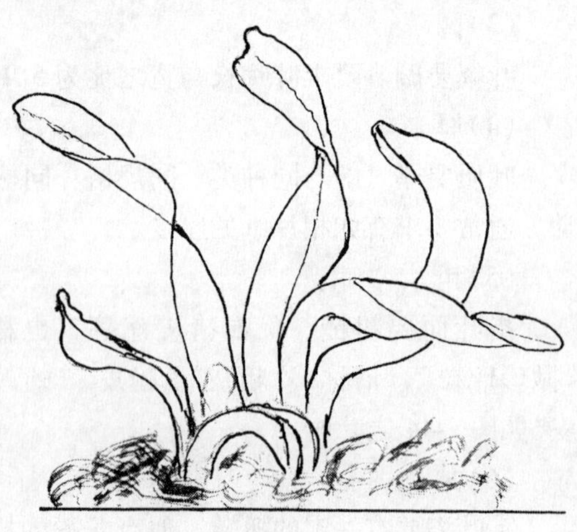

图 3-47　矮种奇叶兰示意

叶蝶艺是怎样形成的呢?

简而言之，叶蝶艺是兰花朵的唇瓣因子的传递反馈而来的。其理由是，因为花朵是由叶片变态，或称异化而来的。花既可从叶片异化而来，也就有可能将蝶化因子传递给叶片。

兰花这种草本植物的花，有其形态、色泽特殊的花瓣——唇瓣(舌)。当它的蝶化因子充盈时，便会传递给与其邻近的两个花瓣(捧)而形成捧蝶(蕊蝶)，或传递给与其邻近的萼片(侧萼片)，而形成了肩蝶(副瓣蝶)。如果唇瓣因子格外充盈时，不仅会传递给所有的花瓣和萼片而成为全蝶花，也会反馈给叶片，从而使叶片有了近似唇瓣样的异化而有叶蝶艺。

通常，兰花朵的唇瓣因子充盈时，多传递给同类的花瓣，而较少传递给萼片。因此，兰花的蝶花、捧蝶花比肩蝶花多得多。唇瓣因子反馈给叶片的，则更少，因此，叶蝶比肩蝶也就更少。

1. 叶蝶艺常见的类型

(1)类花式

在株心处看来，有一朵颇像株中花。其实是株心的两片相对峙的叶片，异化成完全唇瓣化的两片花瓣(捧)，捧的中心处尚有小合蕊柱。尽管它没有萼片，有的也没有唇瓣，还不能算一朵完全的兰花朵，但外观却颇似一朵株中花(图 3-48、3-49)。此类结构尚不完全，而又像兰花朵的不完全花，多数仍具合蕊柱，而这个合蕊柱基部的气孔带，还能散发醇正的兰香气。据拥有此类叶蝶艺兰的培养者信告：此类叶蝶兰，自显现至干枯的月余里，常常可闻到清香，其花为三星蝶。

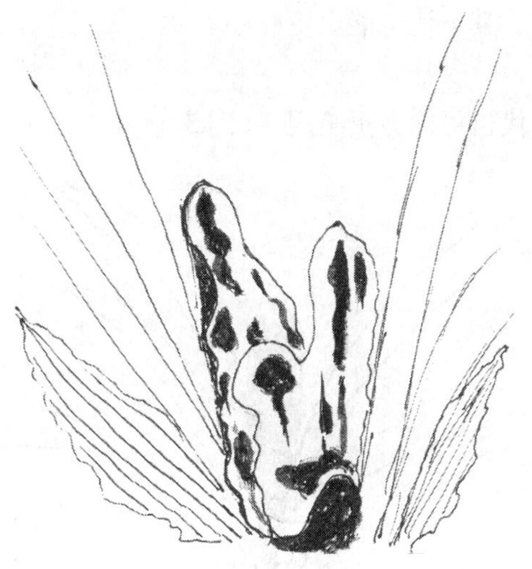

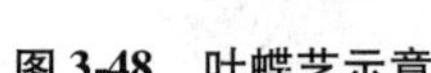

图 3-48　叶蝶艺示意

图 3-49　类花式叶蝶艺示意

类花式叶蝶艺，有兰香气，并非招摇过市之说。这是因为它有合蕊柱，而合蕊柱基部有放香的气孔带。据 1995 年 3 月 15 日《北京晚报》载：新华社记者谢式邱自广州报道，中国科学院华南植物所的专家们用气相色谱仪研究兰花香气，获得可喜成果，并发现蕊柱基部的气孔带是放香的地方。

(2)唇化式

兰株中心相对峙的两片叶完全唇瓣化成捧蝶状，有的还有唇瓣长出，甚至在唇瓣之上，尚有很小的合蕊柱，如图 3-50、3-51。

图 3-50　单捧蝶示意

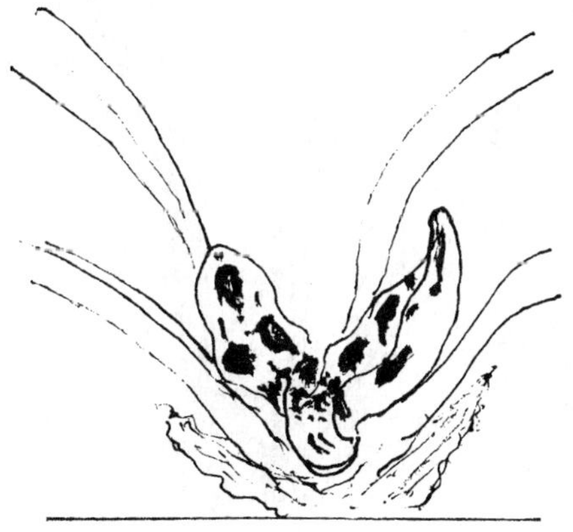

图 3-51　唇捧蝶示意

(3)覆轮唇化式

中心叶呈宽覆轮式唇化，其相邻的叶缘也洒朱红点(图 3-52)。此类虽还不

是完全的叶蝶，但也算是很美观的叶蝶艺，其下代可能会更好些。

(4)爪唇化式

中心叶呈爪式唇化，也很显眼，其下代也可能会更美观些(图3-53)。

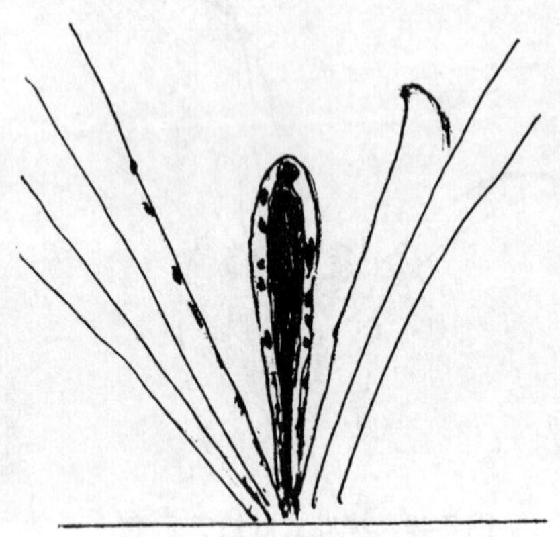

图3-52　覆轮唇化式示意

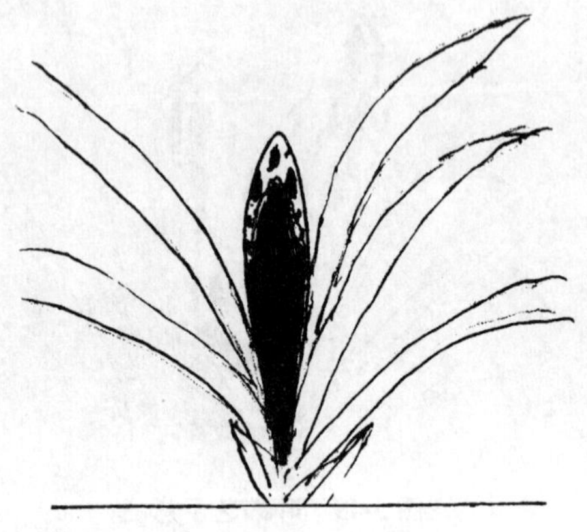

图3-53　爪唇化式示意

(5)花叶式

仅是在绿叶上，洒有朱红点斑(图3-54)。这也和不具褶片、侧裂片，也无白肉化，仅是洒有朱红点斑的“花捧”一样，而为“花叶”。它可能是叶蝶艺的早期异化迹象，但它的异化进程较长，稳定性也较差。

(6)斑缟唇化式

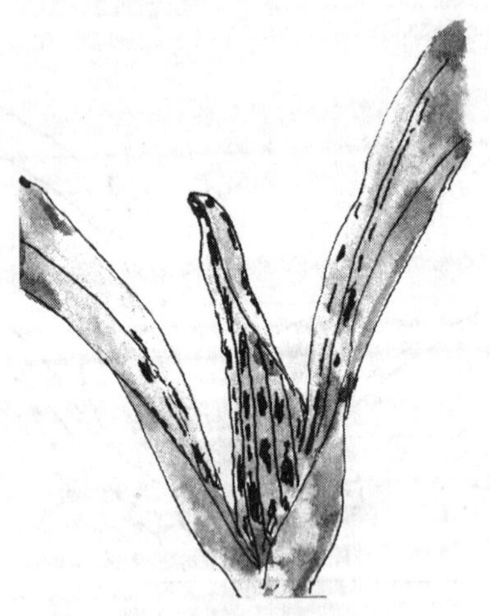

图3-54　花叶式示意

图3-55　斑缟唇化式示意

中心叶呈现如线艺兰中的斑(线段)缟(直线)艺样，有白肉化加朱红点斑。这种形式，虽尚不能算完全的叶蝶艺，但它的下代可能会是叶蝶艺。

(7)单侧唇化式

株心的对峙叶，有近半幅的唇瓣化。唇化部分，具白肉化，其上洒有朱红点斑块。此类颇似兰花朵的中上等肩萼蝶。它唇化因子充盈，稳定性尚好。

(8)综合唇化式

此类叶蝶艺，除了中心叶完全唇瓣化和具有小唇瓣外，其他各片叶和叶鞘均有不同程度的唇化，格外壮观，稳定性甚佳。

图 3-56　单侧唇化式示意

图 3-57　综合唇化式示意

叶蝶艺也和线艺一样，既有单项艺存在，也有兼艺并存，甚至是多艺群聚，而且多有变化。为了便于认识和摸索其规律，把目前已发现和已披露的多种多样的叶蝶艺，试行归纳上述为 8 类。当然，也许还有别的类型，未曾归纳上，或者是还有一些类型，尚未发掘出来，或者暂未披露。但愿兰界同仁，共同努力，逐步完善它。

2. 易出叶蝶艺的品种

凡唇瓣因子格外充盈的(唇瓣化体阔而长，或格外短而阔，其褶片、侧裂片很发达的)捧蝶(内蝶、蕊蝶)、多舌奇花和全蝶花(萼片和花瓣都全唇瓣化，或萼捧大部分唇瓣化)最易出叶蝶艺。唇瓣上的侧裂片、褶片较发达的萼蝶(外蝶花)，它的唇瓣化程度高，侧裂片很阔大、又有明显的褶片的，也较多出蝶艺。其次是唇瓣上的侧裂片和褶片较发达的瓣型花，也有出叶蝶艺。此外，不论是素心花，还是花艺品，甚至是行花，只要它的唇瓣格外发达(中裂片格外短阔或长阔，侧裂片和褶片格外发达)的，偶或也出叶蝶艺。由此可见，叶蝶艺并非捧蝶

品种的专有特征。只是唇化程度高的捧蝶品种，最易出叶蝶艺而已。

3. 叶蝶艺的稳定性

(1)本代的稳定性

凡叶蝶的部分，质地已白肉化，包括有小唇瓣和合蕊柱的，将随着新叶的发育，约经月余，便如花朵凋谢般相继干焦。只有含有水晶成分的和不具白肉化的“花叶”(绿叶洒朱红点的)不易干焦。如能像管理高档线艺兰那样低光照管理，可以推迟其干焦时数。

(2)遗传稳定性

遗传的稳定性，取决于母株唇瓣因子的充盈度。即母株开的花，其唇瓣化的程度越高就越稳定，或母株所开花的唇瓣是否格外发达(包括唇瓣的中裂片是否格外长阔，或格外圆大，侧裂片是否格外阔大，褶片是否格外高耸)。如是格外发达，其稳定性就好，反之，不格外发达，其稳定性就较差。

此外是植株的长势，尤其是根群是否健康、壮旺则好，否则差。还有，那些叶片唇化程度低微和仅是“花叶”的所谓叶蝶艺，它的稳定性也较差。

4. 叶蝶艺的艺术价值

不论是哪类蝶花，尽管其风姿多么婉妙，花色多么绚丽，也是如同所有兰花朵一样，少则旬日，多则月许，便不辞而去。有了叶蝶艺，便能在同一年里，再度领略其风采！这不仅仅是有难以想象的奇妙，而且也间接地延长了赏花的期限，尚能在花前印证蝶花品种，为品种的交流，开了难能可贵的方便之门。这是大自然的恩赐！也是国兰的独特魅力！

第三节　春剑兰传统名品赏识

春剑兰历史上有五大传统名花，又称川兰五朵金花。这五大名花中有 3 种是素心花，另外 2 种一红一白也是色花。传统的鉴赏习惯是喜素心花。另外注重长势具阳刚气势，雄壮健旺；花多而香气浓者为佳。

一、西蜀道光

为四川都江堰一徐姓花匠(曾当过铁匠)于民国初年(1912)从川西的道教圣地青城山天师洞附近林野发现并引种。后一直为徐家世代相传。为春剑黄色素心花珍品，旧名“徐家牙黄素”。

20 世纪 80 年代后期，该花在厦门全国兰展上获金奖。此后在国内兰展上又多次获奖。后由四川省养兰名家共同商讨后更名为“西蜀道光”。由于都江堰、青城山地处川西平原，四川简称蜀，故名“西蜀”；而青城山为我国道教圣地，该花色黄，符合道家之审美观。遂以“道光”命名。两者合而称“西蜀道光”。本品已为都汇堰市政府编入史志，名垂青史。此品在四川久负盛名。历代文人雅士，均以“天下第一牙黄素”“金色皇后”的雅名传颂。

图 3-58 西蜀道光

西蜀道光，株叶挺拔潇洒，叶色翠绿，近几年，叶片已出缟线艺。它叶尖略呈瓢型。株叶 4 ~ 6 片，叶长 50 ~ 75cm，叶幅 1 ~ 1.2cm。叶脉明显，叶齿细锐，叶基无叶柄环，为春剑品种。它花期 2 月，莛花 2 ~ 4 朵，为竹叶瓣黄色素心花。莛花耐久月余。

西蜀道光，花色纯黄玉润，随开放之时日递增，其黄色纯度也随之递增。平时给予近似建兰的光照量莳养，花色的黄亮就越高。尽管它的唇瓣为白色，但白上浮有黄绒色胎印。

图 3-59 隆昌素

西蜀道光，于 1989 年在香港“世界兰花博览会”上获总冠军奖，被誉为“天下第一花”；1994 年全国兰博会获金奖；2003 年再次荣获全国兰博会金奖，堪为蜀之瑰宝。

二、隆昌素

据考，本品系于清代末年从川中盆地南缘的隆关山脉一带引种栽培的，为四川白花软叶春剑的变异种。

它假鳞茎椭圆，根短圆肥壮，距假鳞茎 2cm 许处有不甚明显的叶柄环。叶长 70cm 许，宽 1.2 ~ 2.4cm，叶脉明显，叶齿细锐，叶端肥尖，叶片呈 1/2 环垂，有似北方镰刀状的叶姿。

花期2~3月，花莛略高出环垂叶丛面，莛花3~5朵。花为宽竹叶瓣型，萼捧淡绿白色，略披挂淡绿脉纹，大卷舌色白泛淡乳黄红晕。香气清醇，为蜀中久负盛名的春剑素心珍品。

隆昌素的镰刀形叶姿和出架披淡绿筋纹，花心部泛淡黄红晕的明丽素花，非一般春剑素所能混同。虽是引种历史300余年，在新中国建立前，百姓难得一睹其芳容。是朱德元帅多次盛赞，才得以绽放其璀璨的光芒，成为国兰中的佼佼者。

三、春剑银杆素

四川的春剑银杆素是因其花莛与苞片均较洁白而有透明感而得名。其主要的传统银杆素有红苔映银杆素、黄苔映银杆素与宫廷银杆素3种。所谓“红苔映”“黄苔映”其株形叶态，花形相近似，惟其唇瓣中裂片的淡苔印与唇基处，一是浮泛淡红色，另一是浮泛淡黄色而已，因此，这里把其二者合一简介。

1. 春剑银杆素

相传于民国初年(公元1912年)发现于四川大邑县与崇庆县交界的白岩子一带。也有人传说，银杆素是产于四川省都江堰柳街镇林野。

银杆素根群粗壮，假鳞茎椭圆，为斜立半弓垂叶态，株叶4~6片，叶长60cm左右，宽1.2~1.6cm，叶色翠绿或深绿。花期2~3月，莛花3~5朵，花莛高15~20cm，为竹叶瓣花。花色乳黄泛绿晕，唇瓣之中裂片上有淡红苔印或淡黄苔印，唇瓣基部也具相应的色晕。花之气味，浓郁纯正。

图3-60　春剑银杆素

图3-61　宫廷银杆素

2. 宫廷银杆素

据重庆江北区的徐公明先生，查阅清道光(1827 年)版《新津志》记载："新津花园乡是后蜀主孟昶种花之处，亦说是明蜀王的花园，因而得名。县人亦爱花种花。但都是些普通花草，而后蜀主的花园内种有牡丹、芍药以及兰、梅、竹、菊和桂花、茶花等名贵花卉供帝王欣赏"。另据《新津年鉴》记载："县内收藏有春剑牙黄素、隆昌素、宫廷银杆素、大红朱砂等上乘传统名兰。"

据徐公明先生云：珍藏精养宫廷银杆素的是新津花园乡，即后蜀主御花园之所在地附近的杨尚武先生祖上传下来的。杨先生说，祖上乃书香世家，家父曾传言，在吾祖上婚娶时，御花园中的一位挚友，赠送一盆宫廷银杆素为贺喜之礼，寓祝相亲相爱，感情专一，清白传家，品行高尚。

宫廷银杆素，花瓣较大，呈荷形，花色为白淡绿色，唇面上的胎影也较淡。

四、春剑朱砂兰

传统朱砂兰的具体产地，不易查考，有说产自四川郫县境内；但更多的说，产自四川彭州市林野。

这传统的朱砂兰是经长期驯化成熟的种质称定的佳品。它叶姿矫健豪放，质坚丰腴，葱绿油润，叶长 60～80cm，个别叶长可达 1m 许，叶幅 1.5～2.0cm，早春二月开花，莛花 2～5 朵，竹叶瓣，萼捧密披鲜朱红条彩，色丽形俏，白卷舌上洒有二鲜红条点斑，常呈 V、U 字形。花径 6～9cm。花色有紫红、桃红、粉红等。鲜花能保鲜 15～20 天，香气浓郁。初开时色泽鲜艳，久开偏淡，含苞待放时艳丽夺目。

图 3-62 春剑朱砂兰

在朱砂种群中，传统上还分为大红朱砂、二红朱砂、桃红朱砂、水朱砂等。都江堰市于 20 世纪 90 年代初从青城山后山发现了紫红朱砂而命为汉朱砂，在颜色上还优于传统的大红朱砂兰。以上是以花色区分。还有从叶态上区分为泡杆朱砂、铁杆朱砂、软剑朱砂。目前仍有将红花春剑的野生苗，引种驯化后，称为朱砂剑兰。

五、雪兰

据四川中江县志第六卷记载，该县人于唐代开元(公元 713 年)年间就有莳养

图 3-63　雪兰

兰花的风尚，而产于该县的“中江雪兰”的引种栽培肯定很早。

雪兰根群壮旺，假鳞茎椭圆，无叶柄环，叶姿斜立半弓垂。株叶 5 ~ 7 片，长 45 ~ 70cm，宽 0.8 ~ 1.2cm，叶齿粗糙。花期立春前后，出架莛花 2 ~ 3 朵，花径 5 ~ 7cm，属竹叶瓣，落肩花，唇瓣斜生而后卷，褶片两侧嵌红块斑，中裂片端嵌 U 字形鲜红斑。花具有浓香。

本品含苞时，花被浮泛淡朱砂色，初开时，转为浅黄色，周后再转为白色，故称为“雪兰”(注：雪兰花由淡红转淡黄后，再转为雪白色)而中江县所产之雪兰的唇瓣斜生反卷，因而“中江雪兰”易认。

雪兰常与朱砂兰合称为红白二草，四川栽培甚广。贵州也有分布。

第四节　春剑兰十五大名品赏识

近几十年来，春剑兰的鉴赏品评也和其他国兰一样发生了很大变化。除了遴选出一批较标准的梅瓣、荷瓣、水仙瓣名花外，尤其在蝶花、奇花方面出现了许多新的上品品种。春剑兰的奇花出现频率较其他几大类兰花的有过之而无不及。

一、玉海棠

玉海棠，原名碧玉啣月(图 3-64)，原产于四川通江。现为梅章发、宋世平、周从科、胡致东、钱登荣、薛进斌、陈泽君等栽培。

本品斜立半弓垂叶态，叶长 40 ~ 65cm，叶宽 1 ~ 1.2cm。莛花 2 ~ 4 朵，三萼短而阔形近圆，细收根，中萼端缘有紧边，肩萼端略呈凹形，无紧边；蚕蛾捧、小刘海舌。花叶翠绿色，花形端庄，香气醇正。为春剑最完美的梅瓣花珍品之一。

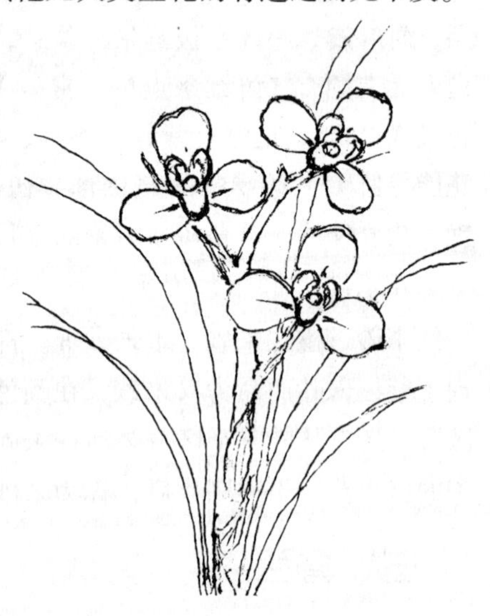
图 3-64　玉海棠

二、云梅

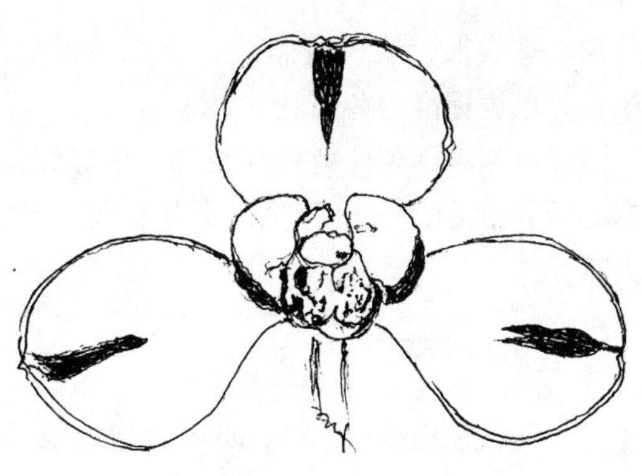

图 3-65　云梅

云梅(图 3-65)原产地不详。

现为彭启云先生栽培。

本品叶长 35 ~ 45cm，叶宽 1.0 ~ 1.4cm。株叶 4 ~ 5 片，叶质厚实，叶色浓绿，叶端钝尖。三萼格外短阔形近圆，长宽比 1∶1.2，质厚色翠，萼部中脉间嵌有浅褐色彩杠。萼缘紧边，萼基收根细，三萼略呈里扣态；观音兜捧，龙吞舌，五瓣分窠。为春剑梅瓣花的代表种。

云梅花色翠绿，舌面彩斑鲜丽，三萼褐捧状点缀给绿花增添了风采。花形端庄、富有内涵，堪为不可多得之梅瓣花。

三、大团圆

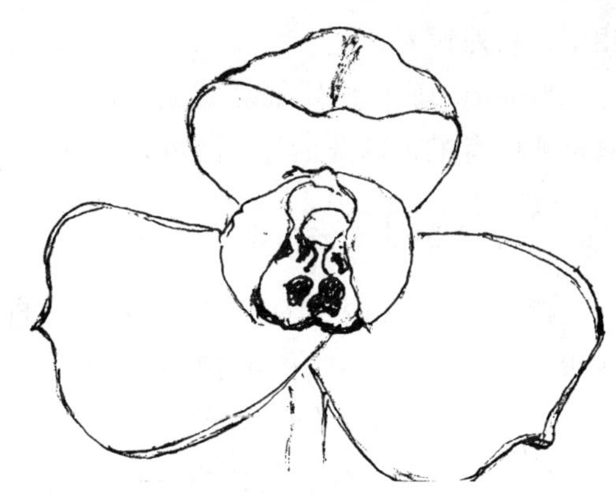

图 3-66　大团圆

大团圆(图 3-66)原产于四川珙县。据传于 2004 年 3 月，四川经纪人税第全在郫县花市以株价 8.5 万元购得。当即有另一经纪人以株价 16 万元求转让，未能如愿。可见本品品位非凡。

本品株叶 4 ~ 5 片，叶长 25 ~ 35cm，宽 1.0 ~ 1.8cm，叶端钝尖，背筋凸出。三萼格外短阔，放角收根，中萼弧盖状，肩萼上缘近水平，由于萼太大而荷萼基下缘略交搭，萼端缘中心微凸体呈里扣态。蚌壳捧，大圆舌，堪为大形荷瓣花。

花呈玫瑰色、花容端庄，香气醇正。

四、红荷顶

红荷顶(图 3-67)原产于四川珙县，现为税第全、陈泽君栽培。

本品为斜立半弓垂叶态，株叶 4 ~ 5 枚，长 20 ~ 30cm，宽 1.2 ~ 1.4cm，隶属于中矮种。莛 2 ~ 3 朵，花莛高出叶丛面。莛柄鲜红色。三萼弧扣态，短阔，端

放角、基收根，端缘有紧边。蚌壳捧、刘海舌，堪为标准的荷瓣花。

花容端庄，萼捧背鲜红欲滴，里缘红，彩心泛粉红晕，交相辉映，十分秀丽，令人珍爱。

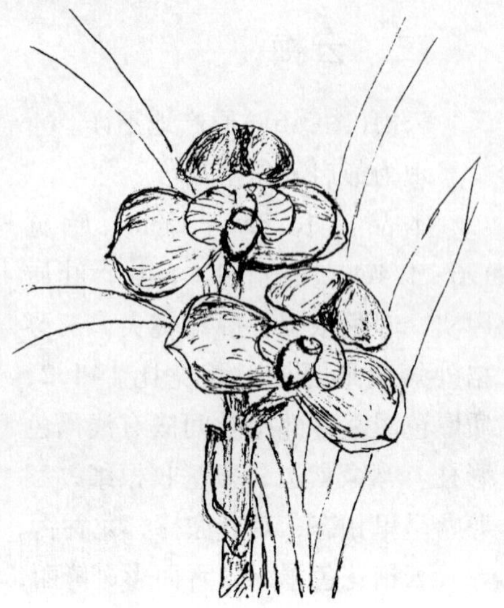

图 3-67　红荷顶

五、一荷

一荷(图 3-68)原产于四川省通江县。现为吴树成栽培。

一荷为斜立半弓垂叶态，中矮种。叶长 25~35cm，宽 1.0~1.5cm。质厚色翠。

本品一莛双花，高出叶丛面。三萼端放角，基收根，中萼前倾遮阳态，肩萼微垂里扣态。蒲扇状捧，特大圆舌，为荷瓣花。美中不足的是，两肩萼大小与形状不相似，反差较大。

萼捧洁白底嵌淡绿筋。唇上彩斑鲜丽，真是素中有艳，显得十分秀丽可爱。

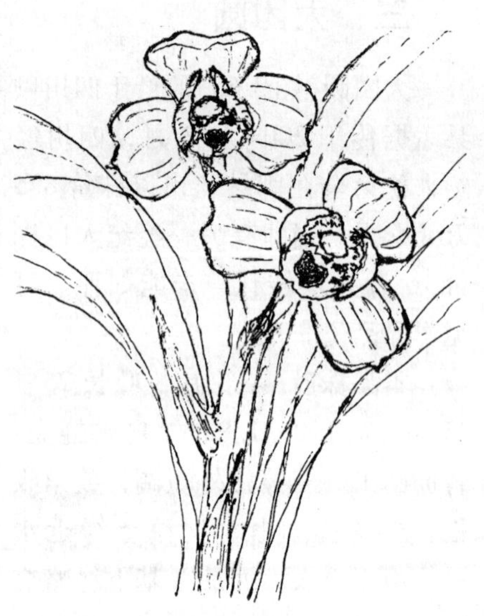

图 3-68　一荷

六、桃园三结义

桃园三结义(图 3-69)于 1997 年下山自四川乐山地区的马边彝族自治县。现为王学长、赵尤忠、王元修、宋世平、梅章发、周从科、胡致东、钱登荣、邱厚云、王进、严桥等栽培。

本品为斜立叶态，株叶 4~6 枚，质厚色浓绿，中脉后凸，叶端钝尖，叶齿细锐。本品株叶已出综合性叶蝶艺。叶长 40~50cm，宽 1.0~1.2cm。捧瓣完全唇瓣化，唇化捧之形与色几乎与唇瓣相同，是个十分艳丽的春剑捧蝶花佳品。

七、奥迪牡丹王

图 3-69 桃园三结义

奥迪牡丹王(图 3-70，彩图 7-6)，系 2004 年 3 月 8 日，在四川北部的什邡乡林野采得。采时一簇九苗，三莛 6 朵牡丹型奇蝶花。

拥有者王元修、杨华贵、王义刚把本品比作即将推出的奥迪 A8 顶级汽车，又可作为向 2008 奥运会献礼的礼花，而命为“奥迪牡丹”。之后把相关资料寄给《中国兰花》杂志主编刘清涌先生。刘先生认为：多年来，各类兰花从未出现过这样好的牡丹瓣形，真是独具王者风范，应命名为：“奥迪牡丹王”。

本品为斜立半弓垂叶态，叶长 45～60cm 许，宽 1.0～1.2cm。株叶 4～5 枚。质厚色深绿。叶端钝尖。莛花 2 朵，萼片阔竹叶形，略挺态，嵌红覆轮，肩萼下半部出现唇瓣化迹象。花瓣增生，瓣缘也有不同程度的唇化斑。合蕊柱分裂，其周围增生了许多碎花瓣、唇瓣大量增生，分两横行并排。确为奇而有序的牡丹型奇蝶花。

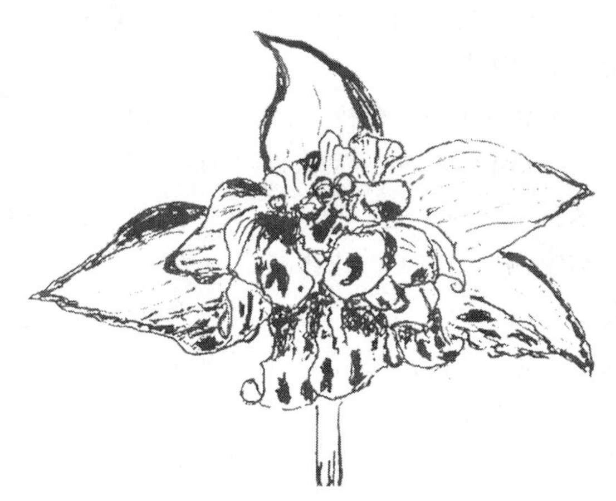

图 3-70 奥迪牡丹王

八、三星遗魂

三星遗魂(图 3-71，彩图 7-2)原产于四川通江．为彭启云、王蜀才栽培。

本品不仅因完全唇瓣化的花瓣与唇瓣的造型与缀色斑别具一格，堪为罕见的绮丽三星蝶花，而且，在该三星蝶花之上，又由于合蕊柱高度分裂异化成一朵带有部分唇瓣化的结构别致的奇蝶花，是奇而有序，奇而有格的别致而绮丽之春剑奇蝶花。因而被巧妙地命名为“三星遗魂”。

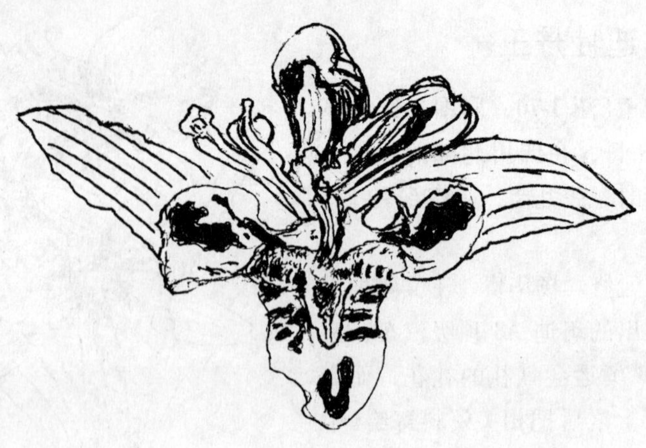

图 3-71　三星遗魂

九、火炬

火炬（图 3-72，彩图 7-11），为钱登荣、宋世平栽培。

本品株叶 4～6 枚，为斜立半弓垂叶态，叶长40～50cm，宽0.8～1.0cm，质厚色翠，中脉沟深邃，断面呈“V”字形，叶齿细锐，叶端钝尖。花莛高 25～30cm，莛花 2～3 朵。由于它的子房拔高，而有分节层轮生萼片长出，其顶上开多瓣奇蝶花。又由于它的合蕊柱分裂异化，而在花心部有众多的不同唇瓣化的小花瓣聚生。其瓣嵌有宽的红覆轮，加上唇化部分的红块斑。花的形象犹如擎起之火炬而为名。

图 3-72　火炬

十、五彩麒麟

五彩麒麟为春剑奇蝶花（图 3-73，彩图 7-1），系宋世平、钱登荣、胡致东、肖正聪等栽培。

本品为斜立半弓垂叶态，株叶 4～6 枚，质厚色翠，断面呈“V”字形，叶缘齿细锐，叶端钝尖。叶端面浮泛朱砂晕。花莛高出叶丛面，莛花 2～3 朵。本品花形略似“火炬”样，但花姿更活泼，花瓣唇化程度更高，花色也更绚丽，确为春剑奇蝶之佼佼者。

图 3-73　五彩麒麟

十一、桂林奇蝶

桂林奇蝶（图 3-74）原产于四川省达州地区的通江县林野，为陈桂林先生于2003 年采挖栽培。

本品为斜立半弓垂叶态。株叶 4～5 枚，叶高 40～50cm，宽 0.9～1.2cm，叶厚、质硬、色翠。断面呈“V”字形，叶端呈授露态（汤匙尾）端尖圆钝。

本品莛高 25～30cm，莛花 3 朵。由于子房拔高，原子房上有互生萼片增生，顶开多瓣奇蝶花。

图 3-74　桂林奇蝶

十二、圣麒麟

圣麒麟，原名“白牡丹”（图 3-75，彩图 7-3），原产于四川省达州地区的通江县林野。为钱登荣、宋世平、胡华超、梅章发、肖正聪等栽培。

本品为斜立弓垂叶态，株叶 4～5 枚，质软色翠，叶面较平展，中脉不居中，并嵌有指印模，叶齿细锐，叶端钝尖。

本品莛花 3 朵，高出叶丛面，每朵花都由于子房拔高而有节层对生萼片增生，其顶开多萼多瓣奇蝶花。其花瓣均有不同程度的唇瓣化，唇化部位没有彩

图 3-75　圣麒麟(白牡丹)

斑，因而得名。

十三、凌波仙子

凌波仙子(图 3-76)为春剑飘门水仙瓣(百合瓣)复色花。系重庆的陈波先生栽培。

凌波仙子为斜立半弓垂叶态，株叶 4～6 枚。叶长 1m 许，叶幅 2.5～3.0cm，断面呈广“V”字形。质厚实，色深绿，十分壮观。莛高 60～70cm，莛花 3～5 朵。花径达 6～7cm，三萼浪曲端向后卷曲；花瓣挺翻、端有雄性化块体；唇瓣为大卷舌，色白，缀斑鲜丽。萼捧底色金黄，中脉披绿彩，周缘及端镶嵌鲜红或朱红彩。全花红黄绿白多色交相辉映，真是婀娜多姿，五彩缤纷，格外绚丽，令人珍爱。

图 3-76　凌波仙子

十四、花蕊夫人

花蕊夫人(图3-77)，原产于四川通江。为许宗玉、杨永新、严桥、胡致东、肖正聪、黄立琼、钱登荣、梅章发、宋世平、杨明九等栽培。

本品为斜立半弓垂叶态，株叶3~5枚，高40~60cm，宽0.8~1.2cm，叶断面呈广“V”字形，叶质较厚，叶色深绿。莛花3~5朵，莛高30余cm。已出现子房拔高，其节处有萼片增生，合蕊柱也有所异化，萼捧有大深爪状的红覆轮，其间间有红黄绿白色。是个复色花佳品。

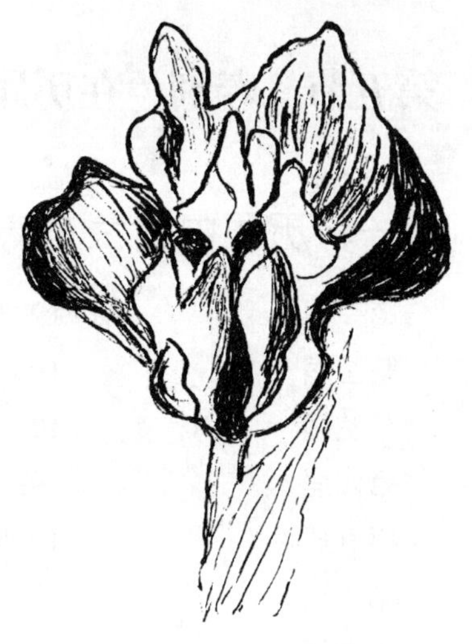

图3-77 花蕊夫人

十五、一品黄

一品黄(图3-78)为春剑黄色素心大花品种，原产于四川省雅安地区的芦山县林野。系杨永新、羊国炯、严桥、钟大作等栽培。

一品黄为斜立弓垂叶态，叶长达70cm许，宽1.0~1.5cm，叶厚肉质，叶脉浮露，叶脉沟明显。花莛高出叶丛面，莛花3~5朵，为大型竹叶瓣黄色全素心花。亭亭玉立，金光灿烂，甚为高雅。

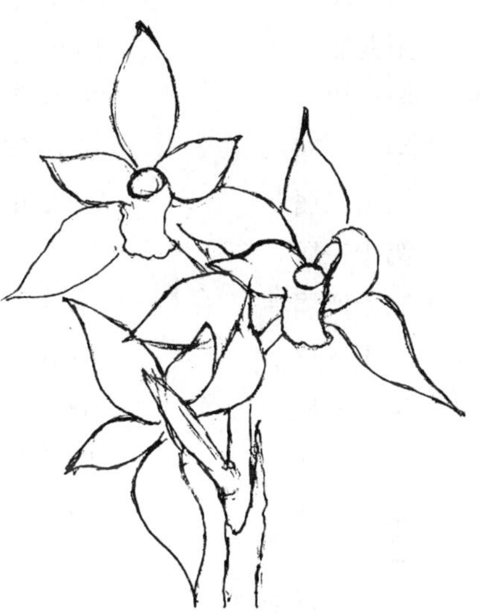

图3-78 一品黄

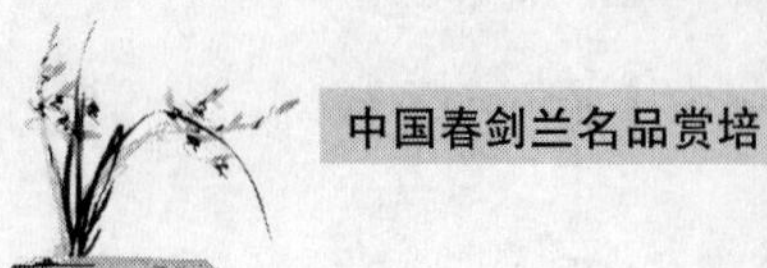

第五节　春剑兰在历届中国兰花博览会上的获奖品种摘录

一、历届中国兰花博会的举办时间、地点

第一届	1988 年	广东省广州市
第二届	1990 年	福建省厦门市
第三届	1992 年	广东省深圳市
第四届	1994 年	四川省成都市
第五届	1995 年	云南省昆明市
第六届	1996 年	广东省汕头市
第七届	1997 年	广西省北海市
第八届	1998 年	广东省中山市
第九届	1999 年	江苏省无锡市
第十届	2000 年	浙江省杭州市
第十一届	2001 年	贵州省贵阳市
第十二届	2002 年	四川省彭州市
第十三届	2003 年	云南省大理市
第十四届	2004 年	云南省玉溪市
第十五届	2005 年	四川省乐山市
第十六届	2006 年	贵州省贵阳市
第十七届	2007 年	湖北省武汉市
第十八届	2008 年	浙江省温州市

二、获奖花

1. 梅瓣花

△梅瓣(小桃形梅瓣)	四届金奖
△复色梅瓣花	五届金奖
△梅瓣	九届金奖
△“玉海棠”	十二届金奖
△“玉海棠”	十三届金奖
△“玉海棠”	十八届特金奖
△“皇梅”	十五届特别奖

△“神州奇梅”	十五届特别奖
△梅瓣	十五届金奖
△“中华红梅”	十六届特金奖

2. 水仙瓣

△猫耳捧	五届金奖
△猫耳捧	五届金奖
△猫耳捧	五届金奖
△水仙瓣	七届金奖
△水仙瓣	七届金奖
△水仙瓣	九届金奖
△飘门水仙	八届金奖

3. 荷瓣

△“红荷”	四届金奖
△“金伟荷”	十五届金奖
△“将军魂”	十五届金奖
△“皇冠玉冠”	十六届金奖
△“邓州荷”	十七届特金奖
△“红舌荷”	十二届金奖

4. 水晶艺

△水晶头	七届金奖

5. 线艺

△红花艺草	十五届金奖
△虎斑艺	十五届金奖
△中艺雪蕊	十五届金奖
△缟草奇花	十五届金奖
△叶艺	十五届金奖
△“日月同辉”	十五届金奖

6. 素心花

△“玉荷素”	十五届金奖

7. 奇花

△覆轮奇花	十三届金奖
△“鱼凫奇素”	十五届金奖

8. 捧蝶

△“三星蝶”	六届金奖

△“桃园三结义”	九届金奖
△“桃园三结义”	十七届金奖

9. 肩蝶

△肩蝶	六届金奖
△红搬蝶	十五届金奖

10. 奇蝶

△“奥迪牡丹王”	十五届特别奖
△“美丽之冠”	十五届特别奖
△“荣华牡丹”	十五届特别奖
△“盛世牡丹”	十五届金奖
△“味江牡丹”	十五届金奖
△“五彩麒麟”	十七届特金奖
△“盖世牡丹”	十八届特金奖

11. 花艺品

△红花	四届金奖
△复色花	四届金奖
△复色花	四届金奖
△复色花	六届金奖
△复色花	六届金奖
△复色花	六届金奖
△复色花	十届金奖
△复色花	十一届金奖
△五彩祥龙	十五届金奖

注：十四届兰博会金奖资料缺，未能列上。

第六节　部分春剑兰名优佳品分类选列

一、梅瓣类

玉海棠、翠玉冠、西江玥、贡梅、冰玉梅、红梅、冰轮宫、丹峰梅、春满园、西蜀梅、复色梅、碧梅、东湖红梅、巴蜀红梅、翠玉梅、丹心雪梅、玉彩梅、红鹦鹉、吉福、硬飘梅、白花梅、福梅、仙桃梅、鱼凫梅、红梅冠、圣仙

梅、丹峰丽梅、五彩梅、富贵梅、云梅、玉心梅

二、水仙瓣类

红珠、吼狮、黄金甲、桃花玉、玉瑕仙、银冠、紫扉、丹阳仙、一品红、佛珠、绿绯、彩桃、红之光、串串花（飘仙）、凌波仙子（飘仙）、翠玉梅（水仙瓣）、齐梅（水仙瓣）、七彩拳梅（水仙瓣）、鑫晶梅（水仙瓣）、黄鹤、翡翠玉兰、宝光彩霞、晶品梅（水仙瓣）

三、荷瓣类

大团圆、红荷顶、一荷、富贵红、瑞日、聚义堂、荣荷、重庆荷、红荷映月、明荷、中意荷、中华蕊荷、紫荷、万顺荷、君珊、红华荷、相岭荷、迎春（荷仙）、兴荷、学林荷、梦圆、老荷瓣、邛州红荷、仁荷、周家荷、彩荷、朝阳荷、帅荷、隆中红梅（荷瓣花）

四、素心花类

玉板素、黄蛾、品珺（白素）、一品黄、西蜀道光、隆昌素、西山素、银杆素、观音素、白玉素、玉龙素、天府素、留珍牙黄素、瑞雪、白花素、玉荷素、荣荷素、黄花素、发素、水晶皇后、大花素、天鹅素、大荷素、鼎荷素、脂痕（大荷形艳口桃腮素）。

五、捧蝶花类

彭州蕊蝶、春剑笑蝶、蕊王、福星蕊蝶、桃园三结义、西蜀奇观、天府晶蕊、鱼凫蕊蝶、菩提、四海欢乐

六、肩蝶花类

芳菲蝶、单荷蝶、凤尾蝶、红俏蝶、蝶恋花、芙蓉蝶、蜀蝶、华荣蝶、佛缘蝶、荣华蝶、红蝴蝶、将军蝶、品蝶、鱼凫荷蝶、春剑粉蝶、红香蝶、五彩蝶

七、奇蝶花类

奥迪牡丹王、三星遗魂、五彩麒麟、霓裳曲、帝玉冠、东湖牡丹、西部红牡丹、东方奇蝶、古堰麒麟、玉玺天娇、博鳌牡丹、雄狮牡丹、七星牡丹王、五星蝶、朝天葵、红金狮蝶、梅云鹦鹉蝶、永七奇蝶、桂林奇蝶、圣麒麟

八、奇花类

火炬、子龙归、旌城奇观、大江南北

九、畸态花类

玉蜻蜓、瑞象、四青蝶、彩玉娇、绿朴风翼、黄朴风翼、将军盔、济公、海牛

十、复色花类

复色水仙、霞光、五彩祥龙、丹峰嫣霞、花蕊夫人、虹彩、胭脂梅（梅形水仙瓣）

十一、覆轮花

中华奇珍、吻蝶、皇冠、天府之娇、皇袍、定三彩

十二、红花类

紫袍、红霏、辣红香、汉朱砂、紫荷、娇月、金顶旭日、玫红、喜洋洋、苋朱砂

十三、红舌类

丹景红、翡之华、桃花潭、满堂红、丹凤迎春

十四、黑花类

华西黑龙、黑钻石

十五、白花类

丽琨

十六、粉红花类

宓妃、霞春、子规、仰天笑、红飞肩、桃妃

十七、矮种奇叶类

腾龙

十八、水晶艺类

冰心奇龙

十九、线艺类

白龙、春剑综艺、白天鹅、福禄锦、万寿锦荷、红霞素、天娇、天府银河

第七节 春剑兰的应用

春剑兰，这个地生根国兰，自然也和其他各类地生兰一样，有着不凡的应用价值。除了有很高雅的观赏价值之外，还有药用、食用，工业用和产业化、商业化的多方面应用。

一、春剑兰的观赏价值

春剑兰的株型叶态矫健俊美、飘逸潇洒，花前可赏叶。春剑的花期紧继莲瓣兰、春兰和墨兰而迎春，但不争春，只先于蕙兰，大有谦让之风格。春剑花大瓣阔姿俏，色泽斑斓绮丽、异彩纷呈，美不胜收，令人赏心悦目；春剑花开幽香扑鼻，令人心旷神怡、增益健康。大有人见人爱之气魄。不仅是瓣型花、奇花蝶花可供业内人士切磋花艺，就是畸态花、色花和行花，也足以引起男妇老幼的青睐。只要有因材配盆，因材摆设，均有绿意盎然、花枝招展、五彩斑斓、幽香扑鼻、神韵活现之美感。

通常依株形叶态、花色花品，盆栽置于厅堂案头、卧室餐厅、门前廊道，或点缀花坛假山，或集中陈列，都是情趣非凡。

此外，尚可把行花剪下插瓶，也可当鲜切花应市，更可制作成“干花”永葆其芳容。只要多动些脑子，就可推出不少观赏产品，创造效益。

二、春剑兰的药用价值

古时的兰花典籍和中草药书，均以一茎一花为兰，一茎数花为蕙，不像今天把地生根兰花细分为七大类。春剑为一茎数花之兰，同样有一定的药用价值。通常以黑花治青盲、黄花止泻、青花点茶通气，素心者入药最佳。

1. 花香的药用

兰花的香气有益于人的身心健康。“香气疗法”的研究，目下尚处于探索阶段，有待于大家的努力。

2. 花朵的药用

花朵味辛、平、无毒、入心、脾、肺三经，功在理气、宽中、明目，主治久咳、胸闷、腹泻、青盲内障。

厦门《新疗法与中草药选编》称其：“清肺除热、消痰止咳。”

鲜花 14 朵既可泡茶饮，也可水炖服。亦可蜜渍取服。

3. 叶的药用

味辛、平、无毒，入心、脾、肺三经(《泉州本草》)，功在清热、凉血、理气、利湿。治咳嗽、肺痈、吐血、咯血、白浊、白带、疮毒、疔肿。

常用鲜叶 25~50 两，煎汤内服，也可晒干研末分服。外用，捣汁涂敷。

4. 根的药用

根味辛、性平。功在顺气、和血、消肿。治咳嗽吐血、肠风、血崩、淋病、白浊、白带、跌打损伤、痈肿。

(《医林暮要》称“治肠，除痈肿。”《纲目拾遗》称“治跌打，和血，痰嗽后吐血。”《分类草药性》称“治月经不调、红崩、白带兼能顺气。”《天宝本草》称“消肿胀，治淋症。”《四川中药志》称：“除风邪，理气。治白浊、白带及妇女干病”)

鲜根 25~150g，煎汤分服。外用，捣汁涂。

5. 鳞茎的药用

兰花的假鳞茎富含多种营养物质。根据兰州奥奇实业有限公司化学测试分析表明，兰花球茎含有 17 种氨基酸(包括人体所必需的 8 种氨基酸)，丰富的多糖，维生素 A、B_{12}、C、D 等，生物碱、激素，以及钙、锌、铁、钾、镁、钴等多种矿质元素。利用兰花假鳞茎制成的汁液可作解热剂、洗眼剂、利尿剂、治疗肿疮、风湿症、神经痛、弱视、小儿麻痹症、眩晕、腹泻、痢疾、咳嗽、哮喘、肺气肿等疾病。利用兰花成分制成化合药剂，有促进细胞代谢、提高肌体免疫力、延缓衰老、强身健脑、延年益寿、养颜驻容等作用。

福建厦门人习惯把家养的兰花，待其开足后，剪下晾干，置于瓶罐中加入蜂蜜，陈放经年备用。凡遇小孩、大人咽喉痛、肺热、肝火太旺，秋天唇干口燥时，取酿制好的兰花蜜少许，冲开水饮用，效果神奇。

另外，兰花根水炖加冰糖，治肺热咳嗽、百日咳，也确有神奇的疗效。

总之，兰花的药用，还处于原始阶段，有待于开发、科学提取其药用成分、经测试证实药功后，经临床验证，方能广泛应用。但对兰花朵、兰根的鲜品或干品的食用和药用，是有益而无害，大可放心。

三、春剑兰的食用价值

春剑兰的花和根均有润肺化痰，养颜驻容的功效。根与花，既可水炖汤服，

也可与鳖龟、鸽、排骨等一起煲汤。花朵可作名菜的点缀品，如兰花肚丝、兰花肉丝、兰花鱼片等。花可熏茶浸酒。

四、春剑兰的工业用途

兰花全身均可作为食品、医药、日用品、工业的原料。花能提炼医用香精，以治疗神经衰弱、心理障碍等。日用工业可利用兰花提炼香水，以养颜驻容。食品工业，可以用其花、根制成各式糕点、酒、茶等，开发前景十分广阔。

五、养兰花是个不错的种植业

种植兰花，既可闻香观赏，又可作为占地少、劳力强度低的一个种植业，其效益也不错。

第四章 春剑兰的生物学特性

生物学特性是指植物的生存与发展的生命活动规律及外界条件对其生命活动的影响。本章主要阐述春剑兰长期在特定的自然条件下所养成的生长习性、生态需求和周期性现象。以利依其特性而莳养，力求达到养活、育壮，稳产、高产的目的。

第一节 春剑兰的生长习性与依性莳养

春剑兰为地生根兰花之一，自然会有地生根兰花共有的生长习性。但它长期在特定的自然条件下生长，必然会有其自己的生长习性(个性)。本节试把春剑兰自有生长习性、或曰生长个性，归纳成5条(一至五)。同时，也把它与所有地生根兰花的主要生长共性也归纳成5条(六至十)，分述如下：

一、喜松壤依附，忌硬壤或悬空

据考，春剑兰多生长于海拔800~2400m的岭谷地带，多数生长于红壤腐殖土中，或生长于排水良好的黄砂土、细砂土、小砂石渣、红石夹缝的沉积松土之中。由此可见，春剑兰多原生于红色的砂石而又富含腐殖质的疏松壤土之中。这个红土的色素营养，而使其花色有不少是朱砂红，红覆轮花、红缟花、红复色花和红叶基等多种形式的带“红”的形态特征。因是栽植春剑兰的用土(基质)，必须具备偏酸(pH5.5~6.5)，疏松、富含腐殖质、无污染之外，尽可能添加入20%左右的红砂、黄豆大的红碎石、土硃碎块(在黄土或红土山脊上，常有朱红色硬土块，研末对水调成浆可在墙上写红字标语，或拌入石灰粉、水泥中，以粉刷出红地板、红墙的“土硃”)以满足其对红色素的需求。如果不便采得红砂土碎、红碎石块、朱砂土块的，也可选用成的以朱红土为主，间以黑、白、黄、绿砂土的五色土碎块，以代之。

至于含盐碱成分大的菜园土、含黏腻性黄黏土、易板结的粉尘状土等，不是偏碱性，就是含黏腻质多、易板结，不利于疏水透气而不利其生长，故不宜采用。

另方面，兰根需要有基质依附，也需要从基质吸收溶液以滋养之。在栽植实

践中，常有的初学者使兰花的茎基、根基悬空，使根被组织（俗称根皮）很少接触到基质，而影响兰株的正常生长。这主要是由于没全面理解兰花“喜土而畏厚”的生长习性和“兰花栽得好，风也可吹倒”的极言浅植的重要性。过分浅植后，一经浇水、施肥，茎基的基质被水冲离，而导致茎基、根基悬空而无基质可依附，便可因风吹和管理时的冲撞而折断根基的根被组织（根皮）和皮层组织（俗称根肉）而给菌虫害打开入侵的方便之门；也降低根的吸收水肥、运输营养的功能。还会致使茎基上的根生长点，叶芽、花芽的生长点，因少有基质依附而撞击伤，或易受短丝螨等害虫的侵害而枯死。

还有的，为了满足“喜雨而畏涝”“喜润而畏湿”的生长习性之需求，而极力增强基质的疏水透气性能，以避免“涝”“湿”。因此在基质中，混入大量的比指甲块大的树皮、种子壳、朽木块和比黄豆粗大的小河卵石、砖块、石块、火烧陶粒、泥炭土块等粗大固体物品，以架空基质，致使锐减兰根皮与基质的接触面，而使兰根相对悬空，降低依附，而大大降低了兰根吸收水肥的机会。当基质的干湿度掌握不好，浇水不及时，便有可能致使兰根生理功能紊乱而出现生长不良，抗逆性减弱。

说到这里，可能有的人要问：气培的全无基质依附，都可以长好，无土栽培的，无土基质更粗糙，为什么它就不怕相对无所依附，而有土，或以土料为主的混合植料栽培的，要如此讲究，如此精细呢？这是因为栽培方式不同，其管理方法随之不同的缘故。气培的是靠长期一定湿度的雾化气流保障水肥供给；而无土栽培的，是靠专职管理人员，依气候决定水肥供给频率的，或智能化系统自动、依需保障水肥供给的。其基质的湿度是有保证的。而有土栽培，以不常浇施水肥的方式以保障供给。所以，有土栽培和有土混合植料栽培的，其颗粒、片块状植料，宜较细而不宜过粗。

二、喜湿润，忌高燥

这个喜“湿润”，一指空气的相对湿度要在70%~80%许。这就要靠湿度计测得。如果是凭人的感官认知而言，那就是以人的脸皮不觉紧绷，嘴唇不干燥，嘴唇黏膜不干裂；二指栽兰基质保持湿润。这个基质的湿润、相对较不易理解，分寸较难掌握。如有测湿仪就好办，但多不方便买到。故只好凭感觉、凭观察经验而定。这个湿度是指土壤，以手轻握能成松团状，轻碰即散开。湿润到有水液溢出，或用手可挤出水滴，则说明湿润太过而被视为“涝”，在1天内，没把“涝”变为“湿润”或“干松”，便有可能因水渍而烂根。

何谓“燥”呢？这个“燥”字，常与干字组合为干燥，以补充说明干的程度。

尚且这个燥字是火字旁，便易理解为，物质干得易着火的程度而为燥。在养兰基质里，如何判别其偏干太过、或濒临干燥呢？基质湿润者，色深沉，质重也；干燥者，色浅而呈白赤，质重减十分之一许也。具体，可用面巾纸承接基质，取些基质放于面巾纸上计时，5 秒钟内，纸不变色，纸质没受潮感的，则可视为干燥，10 秒钟许，面巾纸仍无变色，也无受潮感的，为高燥。干燥与高燥，将使植株丧失生命之源，迫使假鳞茎、叶片的自由水倒流至根以解燃眉之急，而导致茎叶在短时间内逐渐脱水，直至全株、整簇兰株命归黄泉。

相反，基质放在面巾纸上，其水渍晕纹，十分缓慢增大的，为湿润；水渍晕纹如水滴入面巾纸样迅速扩散，似有水欲滴者为涝。

春剑兰一般生长在海拔 800～2400m 的干湿季不甚明显之岭谷地带，常分布于高山常绿阔叶和灌木丛中，期间山泉、溪流密布，湿雾缭绕，朝阳多，夕照少。因而养成了喜阴凉、湿润，既能耐偏干而怕高燥，既喜湿润又怕涝的生长习性。

换言之，其空气湿度长期在 70% 以上时，即使从不浇水，其基质的湿度也足以维持兰株的生长。如空气湿度低时，才会出现干燥的环境。

三、喜散阳，忌强阴

春剑兰也和其他六类国兰一样为喜阴性植物。且它多原生于岭谷地带、朝东南向山坡的丛林、灌木林，仅有朝阳、散阳而无夕照的环境里。养成了喜朝阳、散阳，而不耐强日照的生长习性。在莳养实际中，一定要清楚地记得，春剑兰虽为喜阴性植物，但只是不耐强日照而已，绝不能给予高遮荫管理。因为万物生长靠太阳，太阳光照是植物光合作用自制食物的能源。遮阴太过，光照稀少，不仅长得瘦弱，菌虫常为害，也不易开花。即使有少许花开，既不艳也不香。特别是在生长期常有云雾笼罩，仅是中午前后有一阵太阳的地区，更不宜高遮阴管理，应设置活动式遮阴网，依光强而及时增减遮阴密度。在夏秋的兰花生长期里，阴晴天、晴天，要随时调整遮阴密度，力求有 400～600Lux（可选用数字测光仪测得）。如遇阴雨连绵，最好于白昼采用植物生长灯或红色灯泡进行人工补照。冬春季节，只要自然光强不超过 4500Lux 的，就无需遮荫，放心让其沐浴和煦的阳光。

四、能耐寒，怕酷冻

春剑兰多原生于海拔较高的高山岭谷地带，养成了较能耐寒的生长习性。在长江流域露天栽培的，冬季气温在 0℃左右的，也可安全越冬。不过原生地处于

谷底的耐寒力就较弱；只有处于山脊或林缘的，耐寒性较强些。

野生兰花一经引种栽培，在肥料、农药和含有促长剂的叶面肥的作用下，生长力过强，其耐寒力也就大有下降。温室种苗和组培苗的耐寒力更弱些。

另外，培养地冬春季的自然气温，常因地势之高低、朝向之不同，四周有否挡北风墙，生长期的光强，肥料有否偏氮，其耐寒力均大不相同。甚至所在地，每年的冬春气温也会有所不同。这就要求管理者不能机械地理解其耐寒力较强，而麻痹大意，想当然，凭侥倖而不及时采取防护措施，导致连亡羊补牢都没得补的惨重损失。2007 年冬季和 2008 年的早春，西南，尤其是西北地区，长时间的封冻，几乎把未加防冻措施和防冻措施不当的粗放培养兰株，冻死得所剩无几，就是有部分兰株没被冻死，也有不同程度的冻伤。不是春暖后，或于夏秋陆续死去，就是迟迟不分蘖新芽，或株叶失泽失神。

鉴于此，春剑兰在冬春，应尽可能把温度调控在 4～8℃为最佳，力求不低于 2℃并遮霜为保险。

五、需春化，忌冬暖

长期生活在冬季寒冷环境里的春剑兰，使它养成了仲冬或季冬至少要有近月许 10℃以下，(4～7℃为最佳)的低温休眠，以安度“春化阶段”的生长习性。

春剑的花芽约于“立秋”前后，相继伸出基质面，约月许，便可发育成 2～3cm 高，然后暂停生长，为休眠期。直到“大雪”进入深度休眠期，便需要近月许的 10℃以下的低温春化。待到“立春”后，自然气温逐渐回升，花莛逐渐伸长，花蕾相继发育，约于“惊蛰”至“春分”前后相继献艳送芳。

如果在“大雪”之后的深度休眠期里，为了保温防冻，或为了打破其休眠，促进早分蘖叶芽，将其移入居室陈列，其气温高达 16℃以上，直到 23℃，就会使兰株进入低生长适温期，营养生长逐渐活跃，而抑制了生殖生长，导致花芽花蕾相继萎蔫而干枯。

植物在冬季的休眠，是它的自然生长规律。即使不需要其开花，或盆株并无花芽的，也不能不给休眠的条件，而把气温调高至 16℃以上。即使对于不需要其开花的盆兰，或本无花芽的盆兰，也不能违背其自然规律而随意调高室温，但于“大寒”后，室温逐渐调高至 16～23℃之间，以提前打破休眠，促使其早发新芽是可行的。

对于北方冬冷地区的养兰者，由于无专门兰室不便于保温防冻，而把盆兰移入有暖器或火炉的人居暖室里过冬的，多数是有蕾而不能开放。必须于“大雪”后至“大寒”前的期间内，把盆兰移入没有“采温”的 5℃以上室内陈列近月，以让

其安度“春化”。当然0℃以下的室内是不行的。

六、喜连体，忌折单

兰花固有“喜聚簇而畏离母”的生长习性。但太大簇了，便有相互依赖，不利于发挥各自的潜能而影响其应有的发展，通常以三五株成簇为宜。虽然春剑兰不像墨兰、建兰叶阔，假鳞大，自制营养多，储存量大，抗逆性强，折散单植可大大增加发芽率。但子母株连体，盆栽二三簇，效果却不错。如果把其折单栽植，成活率欠高，长势趋弱，复花期也长。

七、喜软水，忌硬水

软水是指不含或只含少量钙、镁的盐类的水，如雨水。软水偏酸、电导率低、矿化度低。采用半透膜处理的饮用水、家庭净水器和社区管道统一净化水，都为软水。既是人的饮用水、生活用水，也是喜酸植物和工业的理想用水。

硬水是指含有较多钙、镁盐类的水。硬水的味道不好，并容易形成水碱，其导电率、矿化度均高。通常都要经过软化(净化处理)后，方能供喜酸植物吸收，供工业使用。

纯净水是不导电的，加入盐类物质后，水就开始导电了，矿化度也偏高了。

如果使用硬水溶解肥料、稀释农药浇或喷兰株或直接使用硬水浇施兰株，会使植兰基质溶液含盐碱的成分日渐增高，而使兰株中毒，相继死亡。盆面基质偏干后呈灰黄色或灰白色的结晶斑块，或盆孔口凝结而成灰白、灰黄的结晶斑块，这些均是基质偏碱、水中有含盐物质或浇施硬水肥所致。植株枯尖，块状黑斑，直至枯死，多为水质问题所致。不宜用硬水浇兰。北方许多地区的自来水均为硬水，不宜直接用于养兰。

八、喜淡肥，忌频施

被称为“长命草”的多年生草本观赏植物的兰花，生长非常缓慢。它的每个假鳞茎，只能长出1次叶片，便不能再长，而有待于翌年分蘖一个新芽，再长出叶芽和假磷茎。兰花的根是肉质根，具有一定的保水能力，但如基质中肥分过多，会导致基质中溶液浓度过高而像腌萝卜一样将兰根中的水分倒吸出来，导致兰株脱水、干枯、死亡。因此，虽然兰株喜富含腐殖质的土壤，却不宜人工施浓肥、频施肥。总而言之，兰花生长缓慢，需肥量少；如是施肥量偏大、质偏浓，或施肥频率高，不是渍烂根群，就是由于土壤溶液过高，而产生焦叶尖，叶面黑斑，直至全株萎蔫而枯亡。至于施肥的浓度与频率，将在春剑兰的管理章中

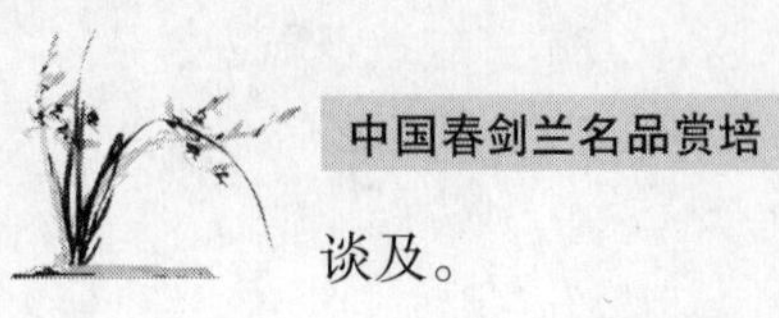

谈及。

九、喜清爽、忌污浊

被誉为“空谷佳人”的兰花，具有“喜日而畏暑”“喜风而畏寒”“喜雨而畏涝”“喜润而畏湿”“喜干而畏燥”“喜土而畏厚”“喜肥而畏浊”“喜树阴而畏尘”“喜暖气而畏烟”“喜人而畏虫”等生长习性。而这十个方面的生长习性，基本上合适了，不论是兰根所依附的兰盆和基质，还是叶花所处的空间，便是清洁而凉爽，自然也就不存在什么水和空气不干净，根群有什么不舒适之处。说白了，兰花近似人之感受：要求盆具和基质疏水透气性能强；基质偏酸、疏松，无盐类物质；大部分时间无水肥药和浊气的滞溜；也无菌虫、病毒的寄生侵染；株叶花所处的空间，空气清新而不污浊，阳光和煦而不灼热，温度适中，既无酷热，也无严寒，湿度相宜，既不燥，也不腻。这样兰花才能清爽地生活，健康地生长。具体实施，请参考栽植、管理、植保等章节。

十、喜呵护，忌娇纵

春剑兰是多年生植物，自然有其固有的抗逆性。在野生时，完全是靠其自身的抗逆性与逆境抗争而生存发展。人欣赏兰花的人格美，而如钟爱自己的终身伴侣一样珍爱它，把它移植于乡村城镇，改变它的原生生态条件。该如何爱它而又爱得恰如其分。这就要求我们必须依其固有的生长习性，因势利导，以平常心呵护之，切勿因爱兰心切而急于求成，拔苗助长，或频频给佳兰开小灶，以致适得其反。

总而言之，养兰也近如养育自己的子女，既要从物质上生活上保障其必要之需求和安全，又绝不能过分宠爱，百般体贴，有求必应，无求硬塞，放任娇纵。如爱之不当，必将适得其反，贻害无穷。

第二节　春剑兰的物候期及运用

植物的休眠、发芽、开花、结果，某些动物的冬眠、候鸟的迁徙等生物与气候关系的周期性现象，被称为“物候期”。

了解春剑兰的物候期之目的，在于更好地依其自然规律，创造其所需的生态条件，以促进其更好地生长和发展。

一、春剑兰的休眠期

兰花的休眠期，通常在气温、湿度均较低的冬季。但休眠期常因各地的气候

不同而不同。有的地区自“寒露”开始气温就明显下降；有的地区，“霜降”就开始下霜，早晨和夜晚气温低，空气湿度也低，但白昼却很暖和，甚至还很热，而要到“小寒”才进入冬季寒冷的时期。

通常春剑兰在昼温16℃以下，10～12℃之间，夜温4～8℃，便进入休眠期。这是该种植物生长的自然规律。要想让它常年生长、开花是不容易的，也是不大可能的。但适当地采取保温(16～23℃)的措施，在确保“大雪”至“大寒”期间有近月的低温春化阶段的前提下，适当推迟它的休眠，以让尚未发育成熟的新芽株，继续发育成熟，以为翌年分蘖新芽打下物质基础；或于“大寒”后，把气温逐步调高至16℃以下，并逐步调高到23℃。以让植株提前进入低生长适温，以催苏打破休眠，提前进入营养生长期而早分蘖叶芽，赢得更长些的营养生长期，以为翌春的开花与发芽打下更坚实的物质基础，是可行的。

不过，值得提及的是，温度的调高与调低，都应循序渐进、逐步进行。不应一下子就明显地高、或明显地低。日间的温差骤然变化大，对兰花是不利的。还有，冬季温室的采温也不宜高过23℃，因为温室是要定时通风换气的。在换气时，自然就是湿冷；采温时，就是闷热。温室里，明显的闷热与湿冷也是兰花生长的大敌之一。

二、春剑兰的叶芽分蘖期

通常，春剑兰的叶芽分蘖期为3～4月(花后半个月至1个月)。叶芽分蘖期的迟与早与原生种的特性有关；也与生长地的气温有着直接的关系；还与母株的壮与弱和当年的开花量有关；又与去年新株发育的成熟度有关；甚至与去年秋季，基质和空气湿度是否适中有关；秋后有否追施磷钾肥也有关。

如是丛株于去年生长正常，秋季不干，冬季有保温防冻(其间有度春化)，秋末冬初有追施磷钾肥的，往往是边开花、边发芽。

三、花原基形成期

花原基，也就是花芽的原始阶段。有了花原基，方能有花芽的分化。通常，种子植物多能如期自然形成花原基，形成花芽，开花结果。但有的植株，由于营养生长过分旺盛而抑制了花原基的形成，导致不开花。如果希望簇株开花的，必须抓住花原基形成期，施以诱导术。具体做法，请参考本书繁殖篇。

花原基形成期处于叶芽的滞育期。通常叶芽露出基质面，伸长至2～3cm长后，便有个近月许的滞育期，也称缓长期。在叶芽滞育期里，母株的营养生长减缓、生殖生长活跃，形成花原基。与此同时，母株仅传递给叶芽长根的信息和供

给微量的营养，逼其自立。当叶芽在月许内长出1~2条2cm长许的根来后，有了自己的吸取营养和水分的渠道，便开始伸长展叶。

四、花芽出土期

春剑兰的花芽约于“立秋”前后，相继伸出基质面。不过，也常因原生种的特性和生长地的生态条件而有超前错后。

花芽出土前的一个节气是“大暑”。通常于“大暑”后，少施或不施高氮肥、促长剂(包括叶面喷施)，以防高氮肥或促长剂刺激植株的营养生长高度活跃而抑制生殖生长，而致使花芽生长受到影响，甚至枯萎。

五、春剑兰的花期

春剑兰的花期为2月。个别的1月下旬就可开花，多数是于2月开花，也有的是于3月开花。

经低温春化的花芽，于“大寒”后，相继发育，可见花蕾逐渐膨大，尤其是花前的一旬起，花莛很快伸长，花蕾迅速发育，继而献艳送芳。

春剑的花期，也会有超前错后的。它的花期既与具体的品种特性有关；也与生长地的生态条件有关；还与花芽出土后，因交易而反复换盆有关。也有个别迟花佳品，是因自花蕾膨大始，直至现花期，多次起苗、包装、运输，频于买卖，不仅损耗较大，且又得到营养补充，致使叶芽于夏秋才分蘖，推迟了花原基的形成期和花芽出土期，冬季保温防冻，一直到“倒春寒”才补上“春化”这一课，一直到初夏才现花。

六、春剑兰的果熟期

当花开足后的1周许，便可见子房(花柄)日益膨大，花朵凋谢，渐渐发育成有果脊的蒴果。这个蒴果需待翌年的“立夏”绿色的果皮逐渐变黄。这就表示蒴果发育成熟，可以采收。

第三节　春剑兰的生态需求

本节主要简介春剑兰对生长环境条件的需求，以便于种养者参照结合培养地的具体情况，摸索出合理而有效的莳养方法。

一、对温度的需求

温度关系到兰株的生死存亡与发展。对温度的调控，关键在于早准备，有了

准备，方能及时实施调控，否则，只能是亡羊补牢啦！事实上，不论是高温，还是低温，都会给兰株构成危害。尤其是意想不到的突然袭来的零下低温，哪怕是仅有短暂的几十分钟，就能给兰株构成"全军覆灭"的威胁。高温，表面上看，好像对兰株没多大影响，其实不然。如夏秋，气温高于32℃时，就会逼使兰株进入相应的休眠状态，而丧失了有限的营养生长期；如是气温高于35℃以上时，不仅阻碍了兰株的正常生长，而致使所有的菌虫高速繁育，疯狂为害，防不胜防。只要短暂的2～3天，便是死伤狼藉、惨不忍睹。由此看来，低温和高温都给兰株造成生命的威胁。必须及时做好应对措施，适时调控，绝不能等闲视之。

当气温高于16℃时，兰株就进入营养生长期，缓缓地生长。其营养生长的低适温为16～23℃（日夜温差约为5～6℃）；24～27℃为营养生长的中适温（日夜温差约为6～8℃）；28～30℃为营养生长的高适温（日夜温差约为9～10℃）。

当气温高于31℃时，兰株的营养生长就不能顺利进行而进入相应的休眠，或称滞育。

当气温高于35℃以上，不仅兰株的生理功能会出现障碍，而且病虫害也更加高速繁衍为害，往往是如燎原之火，在2～3天就造成兰株死伤狼藉，惨不忍睹。因此，对于30℃以上的高温，都应适时降温。

兰株在冬季休眠的适温为10～12℃（夜温为5～8℃），但最高不宜超过15℃，超过15℃，就进入营养生长期，便是干扰了兰株的休眠，违背了自然规律。

"大雪"后，需要有月许的低温春化阶段，其"春化"适温为"5～8℃，（夜温2～5℃）。经低温春化后，气温可以逐步调高，但不宜超过23℃，以20℃以下为宜。待花凋谢后，方可逐步调高至30℃。

花芽的生长适温为12～13℃，夜温7～8℃，但最高以不超过15℃为佳。超过15℃，兰株便进入营养生长，会抑制花芽生长。

种子发芽的适温为21～25℃。

值得一提的是，早冬如有10℃上下的偏低温，不必过早地进行保温防冻，这正好给兰株一个"抗寒锻炼"的机会。有利其提高抗寒力。

二、对光照的需求

光照是兰株进行光合作用、制造养分的能量源泉。但自然界里的光照，并不是单色光，而是由红、橙、黄、绿、青、蓝、紫7种颜色组成。据科学家观察，植物吸收红光最多，其次是蓝紫光，而对绿光几乎不吸收；中午到达地面上的太阳光中，红黄类色光所占的比重，不足40%，蓝紫光成分居多，易灼伤枝叶，所以要适当遮光。早晨和傍晚到达地面的散射光中，红黄类色光所占的比重可超过50%，所以兰有喜朝阳之说。至于夏秋之夕阳，同样含蓝紫光成分居多，故仍要适度遮光。而春冬之夕阳，也和朝阳相似，可不必遮光。

据科学家实验研究表明：兰花等耐阴花卉，在以红、橙、黄光下生长，形成的植物营养体最大，所以常利用其以催芽促长。在兰株的分蘖期和叶芽伸长、展叶发育期、充分利用晨光和在阴雨天，运用能散发热量的白炽灯或普通照明灯泡补充光照，有不可忽视的催芽促长的意义。

上面提到蓝紫光易灼伤枝叶，也会抑制植物细胞分裂，促使植株矮化，对兰株的生长发育是不利的。鉴于此，中国科学院植物研究所的段文熙先生与同事一起，研制出一种只有红黄光波的新型植物补光灯，补光效果甚好。余试用证实，确比其他补光灯好。

除了光波之外，就是光照的强度问题。常用的光照强度单位为米·烛光，外名Lux，译为勒克斯，简称为勒。实际的光照强度，可用照度计，也称“光度计”，现代商品名“数字测光仪”，来测量。通常夏季晴天中午，露地的光照强度约为10万勒克司；阴雨天、阴晴天的光照强度约为1.5万~2万勒克司，冬季至翌年春季的露地光照强度约为2.5万勒克司。这是指我国东南部的光照强度。各地区的实际光照强度，肯定有差异，应予实际测定为准。

据2005年《园艺学报》31“1”：151－154报道：李鹏民等研究5种国兰的光合特性报告显示，春剑兰的光饱和点为22200勒克斯，光补偿点为550勒克斯。它与墨兰相近似，比建兰、春兰、蕙兰低甚多。另据华师大潘瑞炽、叶庆生教授研究报告显示，墨兰的光饱和点为11000左右勒克斯，光补偿点约为277勒克斯。据前者研究，春剑与墨兰的数据相近似，那么后者研究的墨兰光合特性的数据，作为春剑所需光强的参考数据，比较适宜。在栽培实践中，应注意，在营养生长期，适供水肥，确保空气相对湿度70%~80%，通风良好。当室温在23~30℃时，给光强600~11000勒克斯之间，分级调整观测春剑嫩叶的日生长度。如日生长0.15~0.18cm，便是正常；如日生长0.19~0.28cm，便是高生长效率；如是日生长低于0.10cm，则说明光强不足或过强。只有通过实践摸索出的数据，才是最合适于自己莳养的数据。

没有使用测光仪进行光照强度测试的，只能凭自己的观察经验，利用活动遮荫网来调节光照强度。通常叶色偏青黄的，说明光照过强，叶色偏墨绿的，说明光照度不足(遮荫太过)。如果是光照强度适中的，叶色便是翠绿而富有光泽。

三、对空气湿度的需求

兰花对空气相对湿度的需求，通常不太容易被理解。笔者曾于孟冬的晴天采

集种苗时，在响午用过干粮后，用面巾纸擦嘴时，也用一张面巾纸擦林中兰叶，擦过三片兰叶的面巾纸就有些潮湿。这就说明兰花原生环境的空气湿度较高。这就是它的一个生态需求。如果培养地的空气相对湿度低，又没有适当调节，便会出现生长不良，甚至出现生理障碍。这也如南方人到北方去，脸部总觉得紧绷，嘴唇也干燥欲裂样，需要常涂护肤膏的道理一样。

春剑兰生长期(季春至孟冬 3～10 月)需要 60%～80% 的空气湿度；低温休眠期需要不低于 50% 的空气湿度。线艺兰、水晶艺兰，在生长期需要 65% 以上的空气湿度，盛夏金秋需要 85% 的空气湿度；休眠期需要 55% 的空气湿度。

四、对水分的需求

水为生物的生命之源。适量了，就有利于兰株的生长，过量了，不仅会导致兰株生理障碍，甚至会导致兰株生命的终结。同时对水质也要一定的需求，质优则长，质劣遭害。

首先是水质的问题。水的质量问题，主要是水的酸碱度要在 pH5.5～6.2 之间。而水中含钙、镁等矿物盐的数量，与水的酸碱度有同等的利害关系。因为水的酸碱度偏高和有含矿物盐，都会导致兰株生理障碍而出现生长异常直到死亡的严重后果。所以，水质的优劣是关系到养兰成败的关键之一。非认真处理不可。

至于城市自来水中漂白粉所含的氯(Cl_2)，也需要贮放 24 小时，有日光爆晒则更好，以让氯挥发，其沉淀物排除掉，就更安全。

其次为浇水的数量与频率的问题。“兰”喜雨而畏潦”“喜润而畏湿”。这就是说，兰株是需求软水滋润的，但畏水分过丰，基质湿腻如烂泥。这个软水是指水质符合上述要求的水，滋润是指基质如略受潮的土壤样，虽是已受潮，但未成水渍状，而是仍然保持团粒结构松散状。

五、对通风的要求

被誉为空谷佳人的兰花，如人的习性，对环境空气的清新度十分敏感。要求养兰场所的空气非常清新，即无污染而新鲜。

春剑兰，应选择无工业废气污染的地区，或采取措施控制废气流入养兰场所。尽最大可能保持养兰场所空气新鲜，就是要让养兰场所的空气能全面常对流。至于培养基质盆具透气性强、陈列不拥挤也必须注意。

第五章 种植前的筹备

兰花是高雅的花卉，它不仅具有不凡的观赏价值，而且又有很高的经济价值。如果纯粹为了美化香化环境，陶冶情操的需要，便可依自己的实际情况，随意少量引种。如果是要种养春剑兰作为一种种植业，就不宜草率立项、匆忙上马。因为它既是一种产业，就要有一定的人力物力的投入。而投入的目的在于创效益。要创效益，自然就会有风险。如何力避风险，迎来一定的效益，就要求投入者事前要有个全面的筹划和论证，以避免盲目性，力争创业有成。

第一节　了解春剑兰，确定经营模式

一、了解春剑兰的生长习性与需求

春剑兰是多年生的草本植物，虽有其不凡的魅力和较好的开发种养前景，但它原是生长在深山幽谷中的对生长环境有一定选择的植物，不像野草有“野火烧不尽，春风吹又生”那样顽强的生命力与抗逆性。要种养好它，虽不是很难，但也不是轻而易举的事，而需要依其生长习性与生态需求，因势利导，创造或调控好与其生长需求相近似的生态条件，悉心管理呵护。这就要求种养兰者具备一定的养兰技艺，或者拥有这方面的人才。否则不宜大规模投入，只能少量探索。待积累经验后，逐步铺开，可能比较稳妥。

二、深入调查研究，论证种养前景

通过多种渠道，调查了解当地及海内外品种的存圃量、市场现状及前景，以供确立投入的主要参考。当然不能让了解到的信息来框定我们的思维。而应利用信息推导出新的见解，进而理出如创育新种、打造品牌、引导消费、服务消费而赢得市场等理念。

三、确立经营模式

除了少部分纯为观赏性养兰之外，大部分养兰人，有种兰就有卖兰。只不过是栽培方式和销售渠道不同而已。略把各种经营模式，举例如下：

1. 观赏性养兰

观赏性养兰，通常，只有买进种植而不出售，但也会馈赠亲友或互通有无、交换品种。

2. 选采暂养

产区或靠近产区的有识别佳种的能力者，常抽空进山选采株叶形态奇特，花品出众的野生兰苗暂养待售。这是只花精力、免掏钱，好效益的种养模式。

3. 驯化选花

采集或批量购进下山苗，用营养杯栽植，简易棚地，成片管理，经 3 ~ 5 年筛选佳花后，于临近花期运往城市卖盆花。或花期向鲜花店供应含苞待放的鲜切花。这是投入不多，效益可观的经营模式。如不具选佳花的常识和不了解佳品花的行情者，效益便较次，但远比种蔬菜效益好。

4. 种普通传统品

普通传统品，社会存量大，且多为大盆栽植，少有人问津，市价与驯化熟苗相近，甚至更低。其解决办法有二：一是向花店供应鲜切花；二是改为营养杯栽植，花期运往城市卖盆兰。

5. 养中低档品种

中低档品种，虽然社会存量较大，但品种还好、价廉，是新入门的爱好者可以接受的，所以社会需求量大。只要品种纯正，苗质好，行情价，待人热情，必然是交易活跃，效益看好。

不过，中低档品种，必须在兰市低迷、市价低得不能再低的时候引进，通过繁殖，还是有效益的。如有拳头品种镇园，肯定是客户盈门。

6. 专养赌草

所谓的赌草，即其株型叶态与普通常见兰株不同，别出一格，颇有佳品花的株叶特征。虽然这些株叶特征特别的兰苗，开佳品花的概率并不高，但不少人认为：这些形态特征特别的苗，其价格仅是佳品花苗的百分之几，甚至是千分之几。一旦出现真正的佳品花其利润非常可观。尽管出好花的几率并不很高，但一旦“中奖”，效益可观，所以很多人都喜欢一搏。兰界习惯把此类奇特苗，俗称为“赌草”。

专养赌草者，通过长期的不断观察、发现、总结，既可不断升华自己花前辨苗的眼力，而获得养兰、赏叶的无穷乐趣，又可迎来可观的经济效益。是投入少、管理轻松、效益大的经营模式。

七、专养精品

养精品，投入大，设备先进，名气旺，享受好。兰市平衡时，十分得意；兰

市下滑时，不免心烦。

八、经营性种养

此为兰商兰贩的供应站。多为临时种植。只要品种真实，苗壮无病，价随行情，人缘好，交通方便，多会门庭若市。

九、工厂化种养

多为大规模的无土栽培，或气培、水培。可以大批量供应各类兰商，或出口。

上列经营种养模式，仅是把常见的概括一下，肯定尚有其他模式，但多数是以一种模式为主，兼有几种其他模式。各种模式、都有其各自的特点。这要靠涉及者根据自己的条件和有可能争取到的条件来权衡。切忌草率从事，盲目上阵。

第二节　养兰场所的构建

养兰场所能否基本满足兰株生息繁衍的需求，关系到养兰的成功与失败。因此，必须在选址和设计、施工上，多花心思，切勿草率从事。

一、选址

1. 避开严重自然灾害高发区

调查拟用地，历史上洪水的高度，山洪山体滑坡、地震等情况，咨询相关部门对该地地质隐患的见解。尽量勿在严重自然灾害高发地区构建兰棚室。

2. 远离污染源

对于工矿区、饲养场等能排放大量工业烟尘废气、臭气、煤油烟等地，勿去凑热闹。因为这些污染源对喜气而畏烟，喜树阴而畏尘的兰花都是十分有害的。应尽可能远离或有切实的防护措施。

3. 地势宜高且旷

地势低、地域窄，常是通风不畅、空气沉闷而不利于兰花“喜气”的需求。另外，地势低，雨天排水困难，易积水成灾；炎热天，气温高，空气闷热，会增加降温的费用。

4. 坐向宜背西北朝东南

背西北，主要是指西北面有乔木、房舍围墙等可遮挡刺骨的西北寒风；朝东南，偏东15°~20°，可沐浴到和煦的朝阳，又可饱尝清爽的东南和风。事实上，

野生兰苗，多长于朝东南向之山坡。因为此坐向光照充足，通风良好，尚可少受西北寒风的袭击。

5. 水、电交通方便

如没现成的，可以人为争取建设。

二、兰棚室结构的选择

建造何种类型的兰棚室，主要是根据自己已定的经营模式、地理条件和经济实力来选择。既可简易搭建，也可土洋结合，更可构筑高级的现代化温室。

1. 露天兰场

露天兰场，必须具备有天时、地利、人和。天时，指当地冬无零下酷冻；地利，指具有林木稀疏的缓坡、林缘荒地或庭院四周的边角地，平时没有家禽家畜、野生动物入侵；人和，指没有他人干预或盗苗。

此类兰场的立意，是让兰苗回归大自然，使兰株在能保持自然的抗逆性的同时，又能提高其进化力和突变率。甚少管理，或根本没管理。其收获自然甚少。如能辅以一定的管理，也能获得一定的效果，有时尚能获得惊喜。

2. 半露天兰场

该类兰场的栽培效果最好。因为它近似自然，光照充足，通风良好，昼夜温差大，雾露常滋润，花期有蜂蝶义务传粉。所培育的兰苗，根旺株壮，叶片增多，厚实亮绿，新株多而壮，老株寿命长，自然进化，异化率高，着花容易，花大色艳花香足。

这种兰场是采取粗老毛竹，或不易腐朽的木棒，或镀锌钢管(管中充填水泥粗砂浆以防易被人锯断入盗)把四周和顶上以8cm的间距围罩起来。围栏四周距1m外再围一层护栏，这1m的走廊，日夜有2个以上护园犬的巡逻、报警，足以防止猛兽和盗贼入侵。酷冻时，又可再蒙上一层塑料布保温。平时只在外围顶栏上，设置一层50%的固定遮光网。场内各畦兰苗的上空，设置小拱架，在雨来和低温随时遮挡。光照过强，拉上活动遮光网。

说其为半露天，是因为它仅是在外围和棚顶有一层稀疏(50%)的固定遮光网，里面没有固定挡雨防冻塑料布覆盖。兰苗能充分享受和煦的光照，雾露细雨的滋润，空气十分流通，不仅空气清新，且有充足的二氧化碳以满足光合作用之需。

当然场内应有值班室。种植佳品兰的，应设置自动报警器、摄像头以防盗。

3. 简易兰棚

它的结构如蔬菜大棚。多以竹木为拱架(为增强拱架寿命，可把拱架基部入

地部分接上条石或水泥钢筋柱），也有选用不锈钢管为拱架。外罩上厚的塑料布和遮光网，或竹帘。有酷冻地区，应设置地窖和小拱架保温防冻。

4. 简易兰室

简易兰室，以砖木结构，室顶选用塑料薄膜或透明浪状塑料板挡雨，挡雨板上有遮光网，下有不锈钢网防盗。门窗面积占总墙面积的1/3。窗子最好采取落地式，要求四面有门或窗。地面以泥地为好，室内设置活动式遮光网和防冻保温拱架。设有排气扇、进风扇、吹叶扇、风机盘管加热器(升温防酷冻用)、雾化加湿器、防盗报警器等。简易兰室宜小不宜大，大了，不利调控温湿，通常以15～20m^2为宜。

5. 现代化兰室

现代化兰室，先进的设备应有尽有，造型气派，发芽率高，成苗快，病虫害少，但苗的抗逆性较弱。此类兰室生产规模大，运营成本高，多由专业单位承建、安装。

6. 依附型兰室

此为利用阳台、窗台，廊道的有限空间，进行依附式的构建。此类兰室的构建，除了建材的重量和承受风力外，还有兰室盆具、植料及相关调控设施的重量，增加了建筑物的负荷。应请有执照的建筑设计师，参考原建筑设计资料进行确保安全的设计。切勿自作聪明，任意抬高加大，滥用空间和超越负荷而埋下安全隐患。

三、兰棚室构建的几个建议

1. 室外增设防护钢栅栏

在兰棚室的四周构建1～2m宽防护钢栅栏和略高于棚室顶的防护钢栏。在酷冻时，可用遮光网与厚的塑料布覆盖，以增强保温防冻力；在平时，可有利于护园犬的流动巡逻和出击，以提高防犯力度。如是多风沙、多废气地区，还可在外栅栏周围，种植有吸尘、净化性能的竹林，营造天然屏障，而利于净化空气、遮挡风沙。

2. 棚室顶设置活动式天窗

此阁楼式的棚室顶，设置活动式天窗(图5-1)。除酷冻时关闭外，都敞开着，有利于斜射光照的照射和棚室顶部的通风，还可提高炎夏的天然降温效果，又利于雾露飘入。既对兰株的生长有利，又可减少炎夏降温费用。

3. 棚室的窗户宜采用落地式

只有棚室四周均有落地式窗户，才能自然地保证室内兰架下的地面空气清

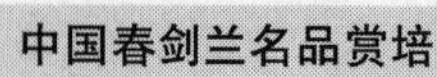

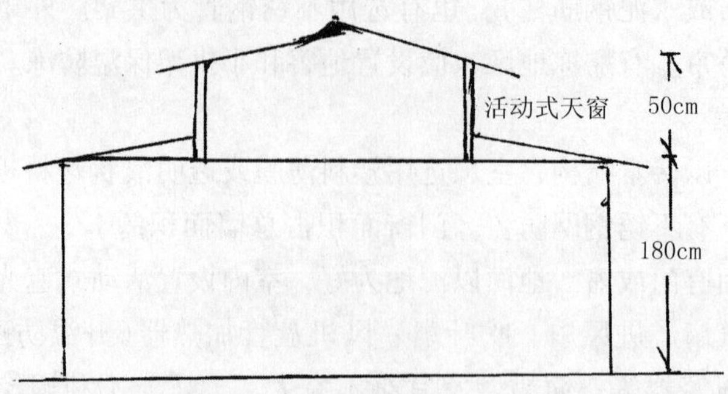

图 5-1　兰棚室活动式天窗示意

新，盆底植料干得快，而利于兰根的生长。

4. 排气扇宜贴近地面设置

排气扇贴近地面

①利于彻底排除室内浊气；

②利于排湿，每当浇施水肥药后，地面和盆内基质，水湿甚丰，需要及时排湿，促进盆底基质尽快偏干而利于兰根生长；

③利于棚室上空的二氧化碳下沉供给叶片光合作用原料；

④利于换气，冬春低温，常密闭门窗保温，需要定期换气。只有贴近地面的排气扇，方能把地面上的大部分过分潮湿的空气和污浊空气排出。

5. 兰架宜采用升降式或移动式

通常的兰架，都离地面约 80cm 高，以利于观赏。可是不易得到地温、地湿、地气的温馨。古人云，兰得地气而生。泥地气正是兰根所喜爱的。悬空了，就失去地气；有地湿，可以减少加湿的能源消耗；兰盆贴近地面，可于冬春赢得 1℃以上的地温。笔者的花友送给的两盆长势茁壮，形态别致的地瓜榕树盆景，一盆置于兰架上，一盆放于地面。冬寒时，在兰架上的一盆被冻死，而在地面上的一盆安然无恙，说明地温不可忽视。

鉴于此，把兰架设置成升降式、防冻期和平时降至近地面；降湿和来客赏兰时，升高至离地面 80cm 处。另外也可定制些可搬动的小兰架(图 5-2)。它选用小不锈钢管焊接而成。架高 22cm 许。

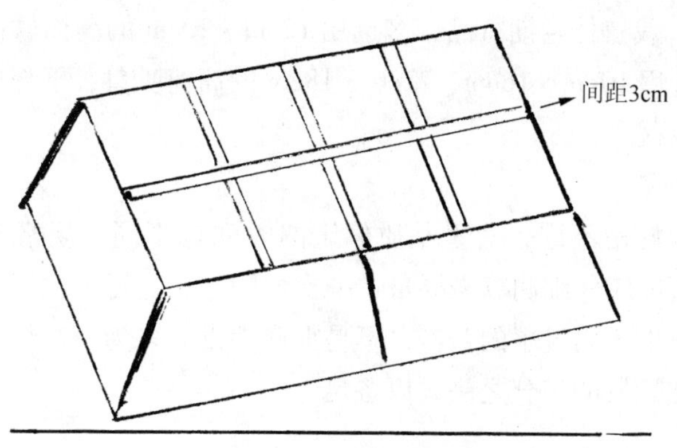

图 5-2　移动式兰架示意

第三节　盆具、植料的准备

一、植兰工具的准备

植兰所必备的工具有：①修剪败根病叶的长嘴剪刀 3～5 把，用广口瓶盛 40% 福尔马林(甲醛)50 倍液浸泡消毒，轮换使用；②分离植株用的医用手术刀剪或剃须刀片 3～5 片，也分别浸泡消毒、轮换使用；③舀基质用的勺子；④筛去粉状基质用的筛子；⑤调配肥药用的大小塑料桶量杯；⑥品种标签(需防水的)；⑦喷施肥药的手提、背负喷雾器；⑧水质处理器；⑨盛各类基质用的大小盆具；⑩温度、湿度计；⑪数字测光仪；⑫便携式 pH(酸碱度)测量计；⑬便携式 EC 测盐计；⑭新型补光灯；⑮防盗报警器。

二、兰盆的准备

1. 兰盆的质地

以往都推崇疏水透气性能较强的陶器兰盆，经实践证实，不见得有那么好。精致的紫砂盆，也有较强的疏水透气性能，且造型嵌画雅观，但也有搬运笨重且易破粹，价格又昂贵的缺点，不必强求。现在普遍使用软体塑料盆(营养杯)和硬体高筒塑料盆，栽培效果不错。有条件的选用蛇木盆、籐编盆，其疏水透气性能更佳，又更具野趣。也有的选用塑料筛篮(洗米洗菜用的筛篮)，栽培效果也甚佳。

2. 兰盆的规格

现在驯化下山兰和栽植素心兰，均选用 18cm×18cm，21cm×21cm 的软体塑

料盆(营养杯);栽植佳兰期待品，多选用12cm×20cm的高筒软体营养杯。栽植佳品兰，普遍选用10cm×16cm、12cm×18cm的高筒叭口，下部周边和盆底多孔的硬质黑色塑料盆。

3. 兰盆的数量

由于兰盆的规格不同，盆里基质偏干的时间也不同。规格多了，不便于管理，因此，购买前应仔细测算需要量，一次性购进，免得下次买不到同规格的兰盆而烦恼。另外由于用过了的兰盆，不易彻底消毒，多为一次性。故在购买兰盆前，尽可能增加总量的三分之一，以备足。

三、植料的准备

1. 无土植料

(1)砂石类

商品石类植料有植金石(免消毒)，自采的有风化石、高石(需经破碎后使用)、小河卵石、海浮石(白色质松)、珊瑚岩、蛭石、火山石(麦饭石)、黄豆大河沙等。需用洁水清洗、曝晒后，选用1000倍液广谱高效的杀虫剂、治疗性杀菌剂浸泡24小时后，洗净、晾干备用。

(2)火煅类

帝王石(高岭土、稀土制成)、空心陶粒、火烧黄土粒、新鲜的陶瓷窖土粒、砖瓦碎(需经破碎后使用)等，使用前，需经洁水浸泡24小时。

(3)塑料类

植兰专用发泡塑料碎片(免清洗消毒)、发泡塑料碎块(防震包装物)、发泡塑料网套筋(包装水果用的塑料套网)等。需经清洗、消毒处理。

(4)植物类

脱脂树皮、朽木碎，均为商品。陈腐树皮(与泥炭土一起的陈年树皮)、鲜柳树皮(含有阿司匹林样物质，有促芽、催长、抗病等性能，需切碎、经杀虫灭菌药剂消毒处理。松树皮(需水煮脱脂和消毒)、干树根屑、蛇木屑、玉米高粱根、高粱糠、花生壳、龙眼荔枝壳(花生、龙眼荔枝壳，含有盐、糖、脂肪，需经敲碎后、用水浸泡、漂洗处理)、水草(苔藓植物，需经杀虫灭菌药剂稀释液浸泡消毒处理)等。木炭屑，也是上乘的植物植料。

2. 土类植物

(1)腐殖土

为林野间之黑色表土，是传统最常用的主要栽兰基质。但因其团粒结构过细、疏水透气性能低，也夹带有土传菌虫害，需经曝晒干白，或蒸汽、药剂消毒

处理后，添加入40%以上的植物类、沙石类植料以增强其疏水、透气性能，栽培效果良好。

(2)火烧土

锄田边地角、房前屋后草皮，或水稻根茬，晒干堆烧，或烧杂草、作物茎杆加上黄土、稻田干土堆燃而成的火烧土。它不具黏性，十分疏松，从不板结。只要堆在水泥地上，让其风吹日晒雨淋数月，便可用于植兰。也可用水淋透，让其晒干，反复多次，褪去火气便可使用。一般与腐殖土各半混合使用。

(3)木炭窖土

林野里的废旧木炭窖土。为火烧黑土加木炭碎。格外疏松，长根特快，可单独使用，也可混合使用。

(4)树洞土

由灰尘、树枝叶、腐木碎、鸟兽粪尿、昆虫尸体等堆腐而成。通常认为这是最佳的栽兰基质。经检查，它的酸碱度偏高，呈弱碱性，含盐分也太高。实验效果不佳。在其他基质中混入10%是可用的。

(5)沙质稻田干土、茭白(禾笋)田干土

把作物头连根带土挖起，堆腐或晒干堆烧而成的壤土(经火烧的，要淋透水后晒干备用)，混入20%左右的砂石、20%植物植料也可用。

(6)蜂窝煤渣

民用煤渣，往往含有不全燃烧的黑色渣块，没彻底剔除干净，含有过多的硫，对兰花有害。

以上土类植料，可采取反复曝晒干白以消毒。但以蒸汽消毒为最彻底，也无污染。用50倍液40%福尔马林(甲醛)溶液淋湿基质、塑料密袋封1周后，摊晾1周，以让约味挥发1周后便可使用。

(7)天然颗粒土

数千年前，因地壳变动，腐殖土沉埋地下，凝结而成的干燥块状腐殖土。如四川峨眉山开发的“荷王”牌仙土等。把它敲打成黄豆、绿豆大，清洁水浸泡24小时，混入20%的砂石植料，20%植物植料种植，实行“宁湿勿干”式管理，多可养好兰花。

(8)人造颗粒土

它以天然的林间腐殖土为主要原料，添加入营养、抗病等物质，高温消毒加工而成。其主要品牌有：

①兰菌土。由成都华奕科技发展公司开发的产品。名为“华奕牌”兰菌土。由千年的乌木层土经高温处理后，添加入解磷、固氮菌、矿物态大量元素、微量

元素和复合根激动因子，调整好 pH 值，加工成型，低温固化而成的一种缓释性生根全价营养土。以总基质量的 30% 混入砂石类植料中使用，效果不错。有土基质栽培的，可把兰菌土放在根际间，效果颇佳(使用前必须用清洁水浸透)。

②兰欣颗粒土。成都齐心源生物科技有限公司出品的“兰欣 203”特效优质颗粒料，含有大量元素、微量元素、多种维生素、氨基酸、有机质、腐殖酸、有益微生物等。集营养、促长、抗病于一体，具有促长、壮根、壮苗、消除基质中的有害化学物质、抑制病毒、增进花艳、花香，提高抗逆性的作用。是高效、无公害的优质植料。它的颗粒受潮后，微散不散如杨梅状，可增进基质与兰根的接触面。栽植效果不错(使用前，不必浸水)。

上述“兰菌土”和“兰欣颗粒土”，既可以 10%~20% 左右混入各类植料中使用。也可在上盆栽植过程中，分 3~5 次各撒于根际处 8~10 粒。

四、植料的组配

无土植料可以混入 30%~40% 的颗粒土。土类植料也可以混入 30%~40% 的无土植料。有土栽培，把林野里的腐殖土，用米筛筛去粉状尘土，添加入 30% 的木炭屑、树皮、颗粒土、沙石类等之一二。栽培效果就很好。

五、垫盆底植料

盆底植料宜粗糙，方能起到透气、疏水的作用。以明火燃烧而成的软木炭为最佳。泡沫塑料碎块也可用。小石子虽不错，但质重，不宜用于阳窗台养兰，以免增加高层建筑的负荷而影响安全。

第四节　肥料、农药的准备

俗话说，兵马未动，粮草先行。因为粮草是维持兵马生命和应有战斗力的物质基础。离开了粮草，就等于纸上谈兵。其实“粮草”二字是概说，它至少还包括武器弹药的补给、伤员的救护药品与运送、侦察通信联络的设点与调遣诸方面。养兰虽不是军事对抗，但对兰草而言，是离开大本营，开拓新天地的一次生死存亡与寻求发展的战斗。为其做好物资保障，以便应急是完全必要的，决不可等闲视之。

肥料。对刚种下的兰花，虽是不宜根施，但对经多番折腾的兰株，给予适量的根外补肥以促进其服盆和茁壮生长，也是很必要的。对于自备的沤制有机肥，更需从早沤制。

农药。不仅是种植后有可能因消毒不彻底，有交叉感染，需要及时用药；在种植前，就需要用药剂稀释液对种苗进行消毒。如果未事先备好，有可能因不方便买到合适的农药而放弃消毒这一关，而给今后的管理增加了难度。因此说，种植兰花前，备下必备的应急肥料、农药是必要的。

一、应备的肥料

1. 基肥、追肥两用的长效缓释颗粒肥

如：日本产的“好康多”；美国产的“奥绿肥”；“魔肥”。

2. 水溶性高效全能肥

不含硫酸盐、氯化物、碳酸盐等对植物有害盐分。

△美产“维果水溶肥”：11 号开根肥；1 号无土栽培专用肥；2 号通用肥(兰花)；3 号促花肥。

△美产“高乐”分高氮型和高钾型。

△美产“花多多”11 号兰花专用肥；15 号生根催芽肥；10 号生长期用肥。

3. 经济实用高效液肥

△成都华奕科技发展公司出品的华奕牌普及型“兰菌王”。

它是一种内含全价营养元素、天然内源激素、兰菌群的生物有机肥。具有促根催芽、营养生长和促花等功能，可满足兰花生长、发育所需的各种营养元素，不需另施其他肥料。

华奕牌精品型“兰菌王“。它在普及型兰菌王的基础上，增加入活菌数、激动因子、糅合氨基酸、维生素、肌醇、烟酸等营养因子，效果更明显。

华奕牌“兰博士”。它精选营养结构极佳的“螺旋藻”为天然基质，糅合全价营养元素、氨基酸、维生素和内源激素。是超安全的全价天然有机精华营养液。为奇花异草类专用。

△成都齐心源生物科技有限公司出品的“兰欣 203”特效优质营养液。

它含多种氨基酸、微量元素、维生素、螯合态金属元素、活性酸等。具有明显的促长、壮根、壮苗；促进花艳、花香；提高抗病力、抗寒力的特点，是一种高效、安全、无公害的兰花营养液。

兰欣 203 特效优质促芽剂。它是从生物体提取的活性酶、促长因子等，具有加速叶芽分化和生长、活化植物细胞、促进新陈代谢，对多年的老草、僵芽有奇特的功效。

4. 促花肥

△美国产“花宝 4 号”；日本产液体“花宝”4 号。

△上海产磷酸二氢钾；硼肥、锰肥。

△美国产“开花肥”。

△成都齐心源生物科技有限公司出品的“兰欣203”生物活性优质催花液。

5. 促根肥

△“兰欣203特效优质营养液”；

△“兰菌王”“兰博士”“国光兰根宝”。

6. 促进剂

△德国产“植物动力2003”；

△中国深圳产光合促进剂“高利达”。

7. 促进线艺明显进化的叶面肥

美国产“艺之宝”；日本产“千旺活力素”。

二、应备的农药

1. 基质消毒剂

△40%福尔马林（甲醛）；

△40%五氯硝基苯与50%福美双、50%多菌灵混合。

既可作为腐殖土的消毒剂，也可作棚室泥地面杀菌消毒剂。

2. 种苗消毒剂

△75%百菌清与30%琥胶肥酸铜；

△瑞士产“适乐时”“阿米西达”“银法利”。

3. 手及用具消毒剂

△漂白粉、医用20%新洁尔灭；

△75%酒精棉花球。

4. 针对性杀菌剂

（1）细菌性杀菌剂（病斑水渍状有恶臭味）

△农用链霉素、猛克菌、90%克菌先锋、高锰酸钾、90%新植霉素等。

（2）真菌性杀菌剂

①炭疽病（病斑周缘有橘红色晕圈）。德国产50%施保功、50%味鲜胺锰盐。

②白绢病（病株基部腐烂病灶会出白色绢状物）。医用氯霉素针剂、17%井岗霉素。

③疫病（叶缘呈片块状青色腐烂，逐渐转为灰黑色斑。其叶甲、假鳞茎也会出现病斑）。81%除清、90%疫霜灵（乙磷铝）、50%瑞毒霉。

④枯萎病（萎凋病、烂头病）。71%爱力杀、40%五氯硝基苯与70%托布津、

瑞士产“适乐时”、“银法利”。

⑤黑星病(黑病斑细如芝蔴，分布密聚)。(进口)巴斯夫产50%翠贝干悬浮剂。

⑥黑斑病(斑形不规则、斑色黑)。美国产70%科博；瑞士产30%爱苗乳油；美国产“可杀得2000”。

⑦锈病(叶端背呈现黄色沙点斑)。25%三唑酮可湿性粉剂、粉锈星可湿性粉剂。

5. 杀虫剂

①地面消毒防治蚯蚓、蛞蝓等。3%呋喃丹颗粒剂。它可杀灭飞虱、蓟马、蚜虫、线虫、粉蚧、蚯蚓、地老虎等害虫。

②地下根结线虫等用棚室泥地面消毒杀虫剂。1.8%阿维菌素；根虫净。

③杀灭介壳虫。40%速扑杀、介死净、介杀特、扑杀介、克必灵等，5%铁灭克颗粒剂。

④杀灭蓟马、蚜虫、白粉虱、螨类。凤雷激、氧化乐果、灭扫利、天罗地网等。

6. 创口保护剂(分株，修剪根叶的创口需要消毒保护)

多硫悬浮剂(灭病威)、福美胂。

第五节 种苗的引进与消毒

一、种苗的采集

1. 采集原则——选择性采集

尽管局部地区，野生兰花资源尚较丰富，但总的资源是有限的，尤其自改革开放以来，多次大规模毁灭性采挖下，离乡村10km的林野，已甚难见到兰花的芳踪。近些年，自发的远征队已把离乡村20~30km的林野，采集得所剩无几了，如果再不节制，见苗就采，甚至连偶见的三五厘米高的实生苗也不放过。这是吃尽子孙饭的不可饶恕之罪过。因此提倡选择性、少量采集，反对毁灭性采集。

选择性采集，主要是花期看花形和花色选采，非花期，只能选采线艺品、水晶艺品、型艺品(矮种奇叶品)和有可能开好花的赌草。

2. 采集时间

要看现花选种苗采集，自然是在春节前后。如果是只选采兰、水晶兰、矮种奇叶和赌草，不论何时都可采，但以“立冬”后，新株已基本发育成熟，采挖时，

对新株的影响较少，且立冬后，气温较低，植株相继进入冬眠，不影响其有效的营养生长期。同时，立冬蛇和昆虫已冬眠，上山采兰，可减少伤害，应该说，立冬后，上山采集兰苗是较合适的时间。

3. 采集兰苗应注意的几个事项

①遵守当地政府根据国家关于濒危植物资源保护法制定的兰花资源保护法。征得相关部门的同意，办理好限地、限时、限量采集证，并严格遵照执行。

②了解必经之路和山地的安全情况，如有无以前留下的，尚未排除的防止野兽蹧蹋庄稼的"活吊""陷井""铁夹"等不安全隐患，以及山地里有否会伤人的猛兽等情况。

③认真采挖，绝对不能蹧蹋资源。勿贪多滥采，看准后再采，采集时，切勿强拔，应最大限度地减少兰苗的损伤，以提高成活率，让兰花资源充分发挥作用。

④注意安全，长于危险地段的好兰苗，在没有足够的把握和防护措施时，切勿利欲熏心、铤而走险。吸烟者，入山后应慎重用火，以避免火烧山。

二、种苗的购买

1. 购苗宗旨

春剑兰的品种琳琅满目，该引进哪些品种呢？要根据自己的种养目的，投资量，培养场所，种养技术水平诸方面，权衡定夺，切忌盲目引进。

对于初学种养者，多只有从书刊上学来的有限书面常识，而缺乏实践经验，宜选养些普通品种，辅以少量中档品种一试，待摸索到莳养技艺后，再引种佳品为妥，以免万一种养不成功，而造成过大的损失。

对于以观赏为目的的养兰者和养兰场地有限的兰友，自然应以少而精为妙，注意选择富有特色的品种，切忌贪多求全，以免日后因场地容纳不下而带来的烦恼。

对于以经营为目的种养者，也忌贪多求全。应注重市场调查和具体品种的社会存圃量，在分期限量引进近期热销品种时，应注意富有特色品种的培养。只有这样，才能永葆经营的魅力。一旦兰市低迷，市价下跌。还有特色品种可以弥补其损失。

2. 买苗准则

①宁可略高于行情价买真品，也不贪便宜买水货(各种各样的冒牌货和可疑的来历不明的货)；

②宁可略高于行情价买健壮苗，也不贪便宜买老弱病苗；

3. 买苗方式

①向采兰农购买；②到兰圃选购；③花市地摊买；④向兰花店买；⑤拍卖会上买；⑥兰展会买；⑦向上门兰贩买；⑧网上买；⑨邮购；⑩请兰友让售等。

购买兰苗，最好是买者既识货，又知行情，如有欠缺，就需请行家参谋。此外，就是向讲信誉的兰主买，相对可靠些。

三、种苗的清杂

1. 扩剪病残叶

对于叶片有枯黄残叶的宜全叶剪除；有病斑的要扩剪一倍病斑的无斑叶片。因为致病菌早已侵染未现病斑的绿色组织，扩剪消毒后，可减少再现病斑。如是叶端剪除，应使剪后的叶端仍呈箭形，即叶端两侧缘向叶尖长斜状。

2. 清除枯朽病鞘

枯朽和染有病斑的叶鞘（叶甲）既不雅观，又是菌虫害的庇护所，必须彻底而干净地剔除。

3. 剪除病残老根

对于病根最好是整条根剪除，至少扩剪一段无显病态根，以免留有隐患。如果簇株根壮旺的，那些根龄很老的老根，也应剪除，以让位于正在生长的新根。对于仅有根皮、根芯而无根肉的“冇根”，原则上剪除，但对簇根很少的，只剔除其根皮、保留其根芯。因为“根芯”尚能起固定植株和仍有些许的运输水分养分的作用。

注意：①剪除病残叶根用的剪刀，每剪过一簇兰苗后，应放入盛有 50 倍 40% 福尔马林（甲醛）溶液的广口瓶内浸泡消毒 5～10 分钟，也可使用打火机火焰烫烧 3～4 次，以消毒；②兰株有不同病斑的，应分类堆放，以便对症用药消毒。

四、簇苗分株

对簇丛 4～6 株连体的簇株，可以分簇栽植。用双手的拇指与食指各掐住对峙的老假鳞茎，左扭 30 度后，再向右扭 30 度，然后向相反的方向撑开 45 度角许，再用消毒刀片或医用手术剪刀剪开假鳞茎基部的茎间连接体纤维组织。其创口可用创口涂布剂——40% 福美胂可湿性粉剂、四川国光农化有限公司出品的“兰花愈伤涂抹剂”、新鲜的卷烟灰等之一，涂抹创口，以阻止病菌入侵，防止病菌感染，促进创口愈合。

注意：①精品兰苗的叶、茎、根的创口，也该使用上述创口涂布剂消毒；②下山大簇兰苗和名品兰苗，掰拆成若干簇后，应用橡皮圈箍住，以便同盆栽植或

做上标记，免得日后有一丛开出好花来，而找不到其他同胞姐妹株而烦恼。

五、略晒兰根

略晒兰根的作用有如下 4 个方面：

①有助于激活生长因子。笔者多次对兰株进行有无略晒兰根的对比实验后发现：经略晒兰根的植株的长根力与发芽率比无晒根的强。浙江一兰友在《兰花市场报》上提及，采用了晒根处理的做法，确有效果。

②增益兰根和假鳞茎的健康。假鳞茎含有叶绿素，兰根也含有少量叶绿素(从裸露于盆外的兰根，经日光照射后呈绿色，可证实之)。可是兰根多无机会沐浴阳光，若能得到阳光的温馨，便获益匪浅。

③利于理顺兰根：通过略晒，兰根的含水量减少，根体变软，可大大减少在上盆栽植理顺、分布兰根时弄断根系的概率。

④可增强兰根对消毒剂、促根剂的吸收力：

晒根的具体做法：

将旧报纸铺于地面上，把兰苗散摊其上，并用遮光网或报纸等遮住叶片，只裸露假鳞茎和兰根。让阳光或照明灯泡光线照射，每 15 分钟翻动 1 次，力求全面受阳，晒至根皮变白有如手指纹样微皱为度。

六、种苗的消毒

①对于下山兰、驯化苗和批量传统兰苗，由于量大，只能选用 800 ~ 1000 倍液的广谱高效的 75% 百菌清与 30% 琥胶肥酸铜溶液，或 800 倍液 90% 乙磷铝与 50% 多菌灵，或 1000 倍液美产“可杀得 2000”溶液浸泡消毒 30 ~ 60 分钟后，捞起、晾干、待植。

②对中档及高档品种的消毒，为预防有些病菌、浸泡的一二种药剂奈何不了它而造成交叉感染，不宜采取浸泡消毒法，而应采取分排倒挂簇兰苗，或逐一手提，使用上述消毒剂或选用 1500 倍液瑞士产“适乐时”“阿米西达”“银法利”之一喷或淋湿全草，晾干后，再淋喷 1 ~ 3 次。

③对于某些有明显细菌病、炭疽病、白绢病、疫病、烂头病的植株。除了统一用药浸泡或喷淋外，待晾干后，最好再选用对应药剂(参考本章第四节肥料农药的准备)，再喷或淋湿全草 1 ~ 2 次，以力求全歼病菌。

第六章 春剑兰的栽植

兰苗的栽植是爱兰养兰的希望所在，是养兰的基础，是发展的前提。这个基础打得如何，将关系到养兰的成败。因此种养者必须根据自己的地理条件、经济条件和种养技艺来选择栽培方式，并把好栽植关。

第一节 栽培方式的选择

一、无土栽培

无土栽培，顾名思义，就是它的栽培基质不用土，而是采用砂石、植物体为植料。它包括"气培""水培""纯砂石植料栽培""纯植物植料栽培"和"砂石、植物植料混合栽培"等方式。它需要有现代化温室的条件和专业化的管理。

无土栽培是先进的栽培方式，国内大型的种植业(包括蔬菜等)都采用此栽培方式。它的主要优点在于：

①彻底地避免了土培疏水、透气性能差的弊端；

②有效地避免了土培易夹带病虫原的隐患；

③由于它的基质相对较轻(水培除外)，可减轻高层建筑的负荷；

④无土栽培既雅观又无污染，可获得进入高雅殿堂和居室的绿卡；

⑤无土栽培采取了控温控湿和合理用肥管理，发芽率高、生长快，增益明显；

⑥无土栽培管理先进，病虫害少，完整株多，苗的合格率高。

无土栽培的先进性是主要的，但也有其不足之处：一是由于它的植料为片块、颗粒状与兰根皮的接触少，夏易导热、冬易传寒。水肥的利用率较低，且无生物菌可分解肥料，对有机肥的利用率低，因而叶质薄，抗逆性、适应性较弱，花香也欠足；二是由于无土基质粗糙、保水、保肥性能低下，基质的温度和湿度易因立地生态条件的变化而迅速变化，需要及时调整，否则易出现生长不良。尽管尚有某些不足之处，但在专业化管理下，多可避免，仍然是先进的栽培方式。

1. 气培

气培是不需任何基质，用固定框架或塑料绳固定植株，让其吸取空气中的水

分与养料的一种适于工厂化栽培的栽培方式。

这种栽培方式，不仅适合于工厂化生产，还可用于室内假山水景附培，也可把假鳞茎固定于瓶口，让根系裸露瓶外周，用超声波雾化器保湿供肥，是一种别开生面的栽培方式，有一定的开发前景。

2. 水培

水培是将植株固定在盛有水的专用培养液中，定期向水中添加专用营养液的一种特殊的栽培法。此法管理省事，观赏面广，长势良好，堪为较好的新型栽培法。此法在广东韶关首先实验成功，但尚不够完善，正在攻关之中。浙江省兰溪市福兴村的王蕾先生，于2004年开始实验栽培，栽下3个月发现其发芽、长根正常，现已实验了十几批。报刊相继报道过。

3. 无土基质栽培

无土基质栽培：最初阶段，以帝王石(高岭土烧成)、或紫金石(如黄蜡石样的结实小石)混入30%的火烧黄土粒为基质栽培，效果不理想，后出现了几种改进型的配方：

①帝王石或紫金石加入20%的蛇木屑。

②帝王石或紫金石加入10%的蛇木屑、10%的专用发泡软体塑料碎片。

③帝王石或紫金石加入10%蛇木屑、10%树皮、5%水草屑。

④帝王石或紫金石加入10%蛇木屑、10%树皮或朽木屑、30%小仙土块或兰菌土小粒，或兰欣203高级营养小土粒。通过不断的改进，以此配方效果最佳。

4. 天然石料

天然小河卵石(如小指头大)和黄豆、绿豆大的河沙为植料，栽培下山苗，陈列于简易塑料大棚泥地面上管理，生长效果也不错。

5. 水草栽培

用水草为基质、兰株长根快，可是它保水性能太高，无法浇施肥料，只能在水草中撒些长效缓释颗粒肥。为增强其疏水性，应混入60%的砂石、木炭、树皮等粗植料。

二、有土栽培

有土栽培是完全依兰花野生时，长于地表土里的“喜土而畏厚”的生长习性模仿而成的，最原始的栽培方式。它沿袭至今，仍然是山村人和部分初学养兰者的基本栽培方式。

采用林野里、地表之黑色腐殖土为植料，便于就地取材，既经济简便，又可粗放管理，其生长效果也不错，所以能一直沿袭至今。

林间腐殖土，含有相当多的腐殖质，能满足兰株生长一年余所需的营养。土质不黏腻。栽培出的兰苗根旺株壮，适应性、抗逆性强，进化率较高，花也清香幽远。其最大的缺陷是团粒结构过细，经多次浇水后，疏水透气性能大减，易出现烂根。其次它夹带有一定量的菌虫害源。

目前针对林间腐殖土的两个主要弊端，采取如下改良措施，其效果不错。

1. 克服其团粒结构过细的办法

①用米筛筛去粉末状土(可作为栽培其他作物之用)保留米筛内的粗颗粒和树草根，经蒸汽灭菌虫后，作为栽培精品兰的基质，效果很好。

②把腐殖土曝晒干白后，添加入50%~60%的指头大的小河卵石、软木炭屑、腐朽木屑，树皮，经淋水退火气的火烧土、黄豆大的粗河沙等之二三类粗植料，栽培效果也很好。

③把腐殖土加工成颗粒土。主要的有成都华奕科技发展公司出品的"兰菌土"；成都齐心源生物科技有限公司出品的"兰欣203特效优质颗粒料"等。以中粗粒、细颗粒各半混合为好。

2. 克服夹带菌虫原的办法

经加工过的人造颗粒土，已经高温或超低温处理，已彻底杀灭菌虫。只要包装袋不损坏，便可以放心使用。对自采或成车买来的腐殖土，非常需要消毒处理：

①高温蒸汽消毒。使用医用器械消毒锅炉消毒，或高压电饭锅消毒、微波炉消毒等方法消毒。此法消毒最彻底，又无污染，为最好的消毒法。

②日光曝晒法。把腐殖土摊于水泥地板上，让日光曝干白。此法虽可杀灭大部分菌虫原，但不够彻底。

③药剂消毒法。通常选用高效广谱的50倍液40%福尔马林(甲醛)淋湿腐殖土，然后用塑料布盖严或塑料袋密封1周后，摊开挥发药味后使用。此法消毒也彻底，但有药剂残留，不很理想，只是权宜之计。也有选用1000倍根虫净与1000倍液40%五氯硝基苯、1000倍液50%多菌灵混合淋湿腐殖土，塑料布覆盖1周后，摊开让药剂挥发，1周后使用。药剂消毒腐殖土，有污染，也不那么彻底。

三、混合植料栽培

混合植料栽培，是把砂石类植料、土类植料、植物植料，依管理条件之不同，按不同的比例进行组合的植料栽培。它是利其利而避其弊，取长补短的科学组合。现依管理条件之不同，有不同的组合方式。

1. 现代化温室管理用

帝王石或植金石、日本石等石类植料50%；蛇木屑10%；树皮10%；人造颗粒土20%。可混入基质重量的0.2%~0.5%长效缓释颗粒肥为基肥。

此配方，既保持了无土栽培的优势，又大力地补足了由于无土基质保水、保肥性能低下和缺乏有机质的不足。

2. 简易棚室管理用

①腐殖土(过筛)粗粒50%；火烧土粒20%；树皮或朽木屑10%；兰菌土或兰欣营养土料之一20%(可加入植料总量的0.2%~0.5%缓释颗粒肥)。

②兰菌土或兰欣203高级营养土料之一40%；树皮或朽木屑20%；火烧土粒20%；帝王石或细河卵石20%(可加入植料总量的0.2%~0.5%缓释颗粒肥)。

上列2个配方，均以土类植料为主，但都是经改变了性状的土，已增加了它的疏水透气性能，又增加了营养成分，同时又考虑到简易棚室，冬季和早春无采温，而加入火烧土粒，以增进基质的热气，其栽培效果不错。

3. 塑料大棚管理用

①腐殖土60%；火烧土20%；木工刨花20%。

因塑料大棚多是驯化下山苗或常见传统苗。多为连盆运往外地出售。为减少盆的重量而加大了木工刨花的比例。还可以把粗河沙改为经杀菌、灭虫剂喷湿，塑料布盖严发酵后的谷皮。最不宜添加小河卵石，它不仅会增加盆重量，而且一旦脱盆、换盆，这些含石的旧基质难处理。

②沙滩上的小河卵石、或间以粗河沙80%；经药剂消毒、发酵过的谷皮20%。添加谷皮后，既增加了基质的保水、保肥性能，又增加了有机质和疏松度。栽培效果不错，但换盆后的基质处理比较麻烦。

第二节　植料的分级与酸碱度、含盐量的检测与纠正

基质是地生根兰花存身立命的根本。基质的结构与质地适宜与否，直接影响到兰株的生死存亡。植料的结构过细，虽会影响疏水、透气性能低下，在浇水偏多的情况下，可造成水渍害而烂根，但壮株还可顽强地生存与发展，不致于全部枯亡；而植料的酸碱度与含盐量不当，却完全有可能致使全部兰株夭折，即使是壮株也难逃厄运，只是时间的长短有别而已。近年来，非兰花产地的偏北少雨地区的兰友，常询问酸碱度与含盐量不当所出现的兰株中毒而枯死的问题。故特列一节叙述，以供参考。

一、植料的分级

这里所说的植料分级，是指依植料的颗粒大小而区分的，以便于让粗大的植料放于盆底，作为疏水透气的垫层；让中粗的植料放于盆的中层，以让兰根有个既宽松而又较能疏水透气的舒适环境中生存与发展；让较细颗粒的植料置于兰盆的上部，以发挥较细植料保湿保肥性能较强；以确保假鳞茎基部的兰根、叶芽、花芽的生长点及其幼嫩期，常有水分的滋润、肥料的营养。避免盆面基质干得过快，盆中层基质又未偏干，要浇水，又会增加处于盆中段的根群水的饱和量；不浇水，盆面基质已太干，幼根、叶芽、花芽的生长点及其幼嫩部分会因缺少水分滋润而僵化的矛盾出现。

为了让盆下部基质快些偏干而利于兰根伸展，又为了让盆上部基质不过快偏干。基本上能与盆中部基质的偏干相近似，能共同维持盆中上部基质能常有湿润状态而利兰花生长，而必须把植料进行大致的分级，并分层使用。即分为：如大拇指头大的为一级粗植料；黄豆绿豆大的为二级中粗植料（即用米筛筛过，米筛顶上的中粗植料）；以大米粒大的为三级细植料（即筛取中粗植料时，在米筛下面的较细植料，再用米筛轻筛一二下，取米筛顶上的为三级细植料，其米筛下的呈粉状的、不用于栽植佳品兰，但可用于栽植其他木本花卉）。

二、植料水溶液的酸碱度与纠正

1. 植料水溶液的酸碱度的概念

植物的根不可能吸收、利用植料（土壤），只能吸收植料（土壤）中由水溶解出的溶液，而这个溶液是偏酸性，还是偏碱性，或是既不偏酸也不偏碱的中性，这个偏酸或偏碱的程度被称为酸碱度。学术上称其为 pH 值，或称为氢离子浓度。土壤（基质）溶液中存在着氢离子和氢氧根离子，它们的相对数量决定着土壤的酸碱反应。当它们的浓度相等时，土壤呈中性反应，pH 值为 7.0。当氢氧根离子占优势时，表示土壤为碱性，pH 值 >7.0。反之，氢离子占优势时，土壤为酸性，pH 值 <7.0。

基质（土壤）酸碱度可分为 5 级：

①中性 pH6.5~7.5；

②酸性 pH5.0~6.5；

③强酸性 pH<5.0（即 5.0 以下）；

④碱性 pH7.5~8.5；

⑤强碱性 pH>8.5（即 8.5 以上）；

2. 植料水溶液的酸碱度对兰花生长的影响

兰花为典型的喜偏酸植物，最适宜酸度以5.2~5.8(即pH略大于5.0与略小于6.0之间)。在这种土壤环境中植株对各种元素的综合吸收利用率为最高，生长良好。如基质水溶液的pH值低于5.0时(即有过于偏酸)，会抑制植株根系对钙、镁、钼等元素的吸收，原有的根皮、根尖呈黑褐色(出现毒害，但其根肉——皮层组织，颜色暂未变)根体不能再伸长，叶尖出现枯焦，生长受阻。如果基质水溶液的pH值高于7.5时(即偏碱)，会抑制株根对铁、锰等元素的吸收利用，成熟的假鳞茎和老假鳞茎不再长新根，新芽株基的未发育成的假鳞茎基部，同样长不出根来，新芽株没有自己的根，叶子长不大，只能日趋走向死亡。全盆兰株出现生长受阻，叶片缺绿，日暂枯亡。

3. 基质水溶液的酸碱度的检测

选取一小茶杯需要检测的基质研成粉末状，装入碗或大杯子中，加入两小茶杯的雨水、雪水或饮用矿泉水、注射用水(最好事先对欲加入的水，先检测一下，它的pH值为5.0~6.0之间时，方可使用，如果不在此范围时，应先调整测试后，直到符合该标准时，方可用于加入待测基质粉末之中)，接着反复搅拌2~3分钟，让其澄清后，用广范试纸放入澄清液中，接着捞出试纸与比色板对照，便可获得它的pH值。有条件的，也可用pH值测试仪检测，更为方便、准确。

4. 基质水溶液偏酸或偏碱的纠正

基质水溶液的pH值低于5的为偏酸；可选用中性水(pH值7.0左右)溶解苛性钠(NaOH)或苛性钾(KOH)(这两种东西，化学试剂商店有售，也可请学校化学试验室的工作人员帮购)或草木灰溶液，淋透基质数小时后，再测定，看其是否合适，如不合要求，还要再淋透一二次。

基质水溶液偏碱的(pH值高于7.0的)，可选用偏酸水(pH值6.0以下)溶解盐酸(HCl)或柠檬酸、或硫酸亚铁($FeSO_4$)，或食用米醋，淋透基质，数小时后，再检测1次，如还不合适，再用上述溶液之一，再淋透，直至合适。

值得提出的是：酸碱度不合适的基质，虽经调整后使用，但较容易因浇水、施肥而变化，需要常检测(通常每季检测1次)，如有不合适，可及时调整之。

三、关于植料水溶液的含盐量与纠正

1. 植料水溶液含盐量的概念

硬水地区水中含有较高的钙、镁等矿物质，它的土壤也自然含有较高的钙、镁等矿物质。石灰岩地区，在雨水的作用下形成碳酸氢钙。碳酸氢钙可以溶于水，叫做重碳酸钙。同样，它的土壤也自然含有较高的钙、镁等矿物质。这些矿

物质在浇施的偏酸水和化肥溶液的中和作用下形成了盐类物质。

另一方面，土壤是有生物活性的，它也有代谢产物，加上浇水、施肥，植物不可能完全吸收，而积累下过量的盐类，这些土壤含盐量就较高。

2. 基质水溶液含盐量高的危害

基质水溶液含盐量（EC 值）过高，会形成反渗透压，将根系中储藏的水分置换出来，使根尖变褐，根的皮层组织（根肉）干瘪而成了空皮根。另方面含盐量过高的基质水溶液一旦置换了根的水分。这些含盐量高的溶液和其他有害物质，不能由根排出，只能随体液运行到叶片末端而被丢弃，叶尖便成了兰株排放废物的垃圾场。随着废物的不断增多，范围也就不断地扩大。叶片上，凡有堆积废物的地方，都会引起局部坏死，形成了点片状黑斑。这就是盐害引起的假黑斑病。当基质水溶液含盐量，不仅没有得到及时调整，而且还在提高时，将会导致植株中毒，数片叶同时枯黄凋落。这种现象，常首先发生在母株上。如能及时用软水冲洗，尚可避免扩展。

3. 基质水溶液含盐量的检测

纯水是不导电的。当往水中加入盐类后，水就开始导电。盐类物质是电解质，进入水中后，分离成两个部分，称为电离。一部分带正电的称为阳离子，另一部分带负电的称为阴离子；水中存在着正负电的离子，水就可以导电了。离子越多，导电就越容易。而这导电的容易程度被称为电导率。而这电导率的高低，既表示离子的多少，也表示盐类物质的多少，表示溶液的电解质的浓度。

由表示溶液电导率的数值，被称为 EC 值，而测量电导率的表计，就被称为 EC 测量计。它主要衡量溶液中可溶性盐浓度的高低。在种植业生产中是用来指示液体肥料（包括肥料稀释液）或基质（土壤）中的可溶性离子浓度指标。并不是表示溶液中某种养分浓度的高低。

需要检测时，取待测基质 1 份加入 2 份偏酸软水，充分搅拌均匀，静置约 15 分钟，用 EC 测量计，测量其上部澄清液，便可获得其电导率的数值（正常以 10～50μs/cm 为佳）。

对于没有 EC 测量计的，要获知基质水溶液的电导率，就暂无妙计，但对已经种植 3 个月以上的作物基质，便可凭经验目测之。凡是基质水溶液的电导率偏高，也就是基质溶液的含盐量过高，其基质盆内缘和假鳞茎下部，均可见有如乳白色或乳黄色的盐霜，兰盆疏水透气孔的外口，也结有盐霜。不过，如果是使用旧兰盆栽植的，看盆面内缘和孔口外缘的盐霜就有可能出现误差。应该先看老叶尖有否成段纯黑色焦斑，如有的话，再起苗检查根尖是否干瘪、变色，假鳞茎基部有否结盐霜。若有，便是基质浓液含盐量过高。

4. 基质溶液含盐过高的调整

首先要明确，基质含盐量过高比基质过酸过碱的危害更大，是致使兰株死亡的主要原因。基质溶液含盐量过高的调整办法，主要是使用大量的清洁偏酸软水冲洗之。就是用洁水将盐分溶解掉，再排去，再溶解，再排去，直到含盐量达到正常。对于佳品兰，还是更换新兰盆和用偏酸软水冲洗过的新植料重新栽植。但今后的施肥应牢记一个“淡”字，和间隔时间要长，以及施肥后要冲洗。无土栽培的，施肥后的第二天用偏酸软水冲洗之；混合植料栽培的，施肥后的第三天或第四天，用偏酸软水冲洗之；以土壤为主植料栽培的，施肥后的1周内，用偏酸软水冲洗，以避免肥害和盐害的发生。

第三节　关于栽兰基质要否添基肥的见解

栽兰基质要否添加基肥的问题，各地的习惯和各人的见解各异，笔者通过广泛调查，进行了多方面的实验观察后认为，此问题不宜搞一刀切，应具体情况，具体分析，具体对待。

一、野生兰花从何处获得肥料

野生兰多生长于林野阳坡，此处虽是腐殖土层深厚，但有众多的树草根群纵横交错，争夺腐殖质。兰根只好充分发挥其趋水性、趋肥性的本能，除了部分能穿过腐殖土层较深扎入腐殖土层下的黄土层，吸收沉积的腐殖质和矿质元素外，多数根群，四面开拔，无拘束地延伸，穿插于树草根网间吸取些许腐殖质等肥料。

如果说野生兰也有基肥的话，那就是堆铺于株基地表的不断增多的枯枝落叶、枯草和偶有的鸟虫粪便。这好比用无土植料为基质，上好盆，就在基质面上，撒上10余粒长效缓释颗粒肥一样，可以理解为天然基肥。

那么野生兰花，有没有追肥呢？应该说有。除了林间空气中的大量二氧化碳是它光合作用的重要原料之外，就是每次下雨时，地表流水为其送来它处的腐朽枯枝落叶的腐殖质和禽兽虫粪便的稀释液，只是其量甚微。也正因此，养成了兰喜肥而畏浊的生长习性。

二、前辈栽兰有否下基肥

笔者年少时，与家父一起给兰花换盆，只用林间腐殖土，便问，栽植农作物，多有下基肥，栽兰花，因何不下基肥？家父说，兰花野生时，没有基肥也长

得不错，另一方面兰花根为肉质，且少而短，不像蔬菜杂草的根，质硬而有丰富的根毛，其数量多得难以胜数。尚且蔬菜等作物，生长期短，生长迅速，栽下3天就长出许多新根，所以它需要下些基肥，才有望取得好收成。而兰花生长十分缓慢，根系特殊，需肥量少得很。腐殖土的肥分，基本可以满足其一二年的生长需求。只要一二年换一次土，没下基肥，也长得不错。不过，如能选用经曝晒消毒的牛粪、熟骨粉、芦苇草灰等，混入2%~3%为基肥，其生长效果肯定更佳。但是，如果比例太大，或没有消毒，肥害、病虫害均有可能发生。

通过周游各地访问调查和信访：前辈栽兰下基肥的少，也有因基肥下得不当而遭受挫折的；也有讲究下基肥的，能取得比没有下基肥更好的效果。

三、现代人栽兰下基肥的情况

观赏性栽培的，一般不求高产，同时也怕基肥下得不当而遭损不下基肥。但也有人，在盆面撒几粒长效缓释颗粒肥。

生产性栽培的，多有下基肥。驯化下山兰和栽植传统名兰的，多为有土栽培，常选用牛粪、熟骨粉、芦苇草炭、或沤制有机肥之肥渣、钙镁磷（商品肥）为基肥。凡牛粪有曝晒消毒的，基肥用量恰当的，生产效果不错。也有由于没有消毒，或基肥量过大，而适得其反的。

用无土植料或混合植料栽植名品、精品兰的，多数在盆面撒施几粒长效缓释颗粒肥；也有的，把长效缓释颗粒肥拌入基质中，或在上盆时，分二三次撒上数粒长效缓释颗粒肥。

四、怎样合理下基肥

1. 无土栽培的

因其保水、保肥性能低下，肥料稀释液一浇则流。在浇肥周期中，常处于无肥可吸收的饥饿状态。如能拌入1.5%的长效缓释颗粒肥（如日产“好康多”“多维奥绿肥”等之一。或在上盆过程中，分2~3次各撒上5~6粒。肯定是有益而无害的。

2. 无机植粒与有机粗植料混合为基质的

它的无机植料的保水、保肥性能低，但它的有机粗植料，也可能有天然或人工颗粒土在内，保肥的时间较长，且其本身尚可释放肥分。一般不需添基肥。尤其株根少而短、或残根多的，需肥量少，长时间肥量过丰，吸收利用不了，反而增加植株的负担。应待其服盆后，长出新根，长势渐旺时，再追施些长效缓释颗粒肥，以保障供给为好。

如是株根（指一个假鳞茎）有二条以上健康完整根的，它的需肥量就较大，在基质中拌入适量的基肥，有益而无害。

3. 以绿豆大以上腐殖土粒为主要基质的

它疏水、透气、保肥，性能均好，完全可以不下基肥。对于株根少，残根多的下山兰，弱小植株和一个小盆仅栽两株兰的，或是无根无叶的老假鳞茎，它的需肥量少。如是下基肥，不仅无益，甚至有害。当然对健康株根多，植株茁壮，且每个小盆栽有3~4株的，适当下些长效缓释颗粒肥，自然是如鱼得水。

4. 以水草（水苔）为主要基质的

由于水草近如脱脂棉花，它的保水性能比任何基质都强，尽管你添加了很多的粗糙植料后，它的保水性能仍然如故，只是减少了部分滞留水而已。因此以水草为基质的盆兰，难有浇施肥料稀释液的时机。故只能依靠长效缓释的基肥以供给兰珠的养分。所以凡以水草为主植料的，在上盆栽植过程中，应分二三次各撒上长效缓释颗粒肥7~8粒。

5. 以小河卵石粗沙为基质的

从表面上看，此沙石植料的疏水性能甚好，但实际上，棱形或方形的河沙，一经结合，相互贴得很紧。其保水性能却不比纯腐殖土差。而此类基质又不像腐殖土那样可提供养分，它的偏干周期又长，难有浇施肥料稀释液的时机，确有必要下些长效缓释颗粒肥为基肥。通常选用价廉的多维奥绿肥（长效缓释颗粒肥）。

6. 以腐殖土为主基质的

以山上挖回的，或整车买来的林野腐殖土，略加入木工刨花、腐熟谷皮等植物植料以增加疏水透气性的植料，富含养分，一般可满足兰株一年以上生长需求的养分。如两年之内有换盆的，不添加基肥，同样可以长好。但是，在pH值与盐含量（电导率）不超标的情况下，适当下些基肥，也是可行的。

五、常见的基肥

1. 长效缓释颗粒肥

它的颗粒如绿豆大，采用树脂包裹，每粒有8个以上微孔，基质偏湿时释放养分，偏干时，自动关闭微孔，暂停释放养分。肥效180天。它含铵态氮7.0、硝态氮7.0、水溶性磷酐12、水溶性氧化钾14。使用安全，不产生肥害、盐害，是当代较理想的基肥。盆内径10~12cm的，每次用18~25粒。

常见的种类有：美产魔肥、日产好康多、美产奥绿肥等。

2. 华奕牌兰菌土

它是将净化后千年乌木层土与解磷、解钾菌等菌群以及菌群营养载体和微量

兰花生根激动素，经科学配比成型后，使之成为一种缓释性营养土，有疏水透气、保湿、缓释营养之功效。能培养有益菌群，预防酸化、刺激生根点，促进兰株生根壮苗。既可作为基本植料，也可按20%~30%的比例作基肥。

3. 成都齐心源生物科技有限公司出品的“兰欣203特效优质颗粒料”

含有丰富的氮、磷、钾及镁、钼、铁、硼等多种元素和18种氨基酸、天然有机质、腐殖酸、有益微生物及酶类等多种营养物质。具有促长、壮根、壮苗、消除基质中的有害化学物质、抑制致病菌对兰花的侵害，增强抗逆性、抗病力、抗寒力，促进花香、色艳、花期延长等功效。是集营养、促长、抗病于一体的新型多功能的生物产品。具有疏水、透气，又能保水、保肥的缓释营养颗粒料。它的颗粒如黄豆大，遇水湿颗粒变略松软，粒面微绽如杨梅状，既有利于兰根伸展，又增加兰根与粒料的接触面。选用本品与其他植料3∶7混合均匀栽植，效果不错。是较理想的植料和基肥。

4. 熟骨粉

是采取家禽、家畜之骨头，软水浸泡1周以脱盐、晒干后，用明火堆燃透，即泼水，然后研成粉状。是很好的有机磷肥。是构成作物体内的核酸、核蛋白、磷脂和植素的重要物质成分。它是作物新陈代谢过程的调节剂，参与糖类、含氮化合物、脂肪等的代谢，对促进作物长根、发芽、生长发育、促花增香，增强抗寒力的作用。本品为常用高效的有机磷基肥，其混入量为1%~2%。

5. 钙镁磷

钙镁磷是商品无机矿物肥，多施用于水田作物。对于偏碱水土、基质含盐量偏高的水和基质不宜使用。至于偏酸水土、基质含盐量较低的，也不宜大量拌入。通常混入量为1%~2%。

6. 芦苇草炭

芦苇草为耕牛的主食草，它叶缘锯齿十分锐利，夏开芦花。用其鲜品堆燃，一旦燃透，立即淋水以阻止其灰化和略减碱性物质。它是有机钾肥，可调整偏酸水土、基质，抑制喜酸病菌（如白绢病）的繁衍为害。是有土栽兰习用的基肥和追肥之一。混入基质量为2%~3%。

至于禾本科作物、水稻、禾笋（茭白）、高粱、小米、玉米等秸秆叶、堆燃成灰与芦苇草炭同类，但由于它燃透后没有泼水，碱性物质全在，使用量要比芦苇草炭少1%。

7. 牛粪末

耕牛是草食家畜。绿色植物的幼嫩部分经牛口腔磨碎、胃皱襞的摩擦和反刍，已把含有较多的有机质和氮、磷、钾等多种养分的绿叶加工成半腐熟的绿

肥。在土壤微生物的作用下，产生碳酸和有机酸，可促进土壤中难溶性养分的溶解。它的大量有机质能促进土壤水稳性团粒结构的形成，起到改善土壤的理化性状，协调土壤水、肥、气、热状况的作用，有利土壤中盐分的冲洗。它不仅适合于偏酸水土、基质的基肥，也适合于偏碱水土、基质的基肥。牛粪末，虽为不错的基肥，但它夹带有较多的菌虫原，需经反复曝晒干白以消毒，最好是采用高温、高压蒸汽消毒或采用福尔马林药剂消毒后使用。其混入量约为5%。

至于以绿叶为主食的羊、马、蚕等粪末，与牛粪末同类。同样要经事先消毒。集中密封、腐熟的绿肥(树草叶)经消毒后，也可作为基肥。

第四节　簇株的布局与培植

种植任何一种作物，都要依其未来的长势和利于管理而考虑其株距、行距或套植。兰花为高雅的观赏植物，栽植时，不仅应考虑怎样布局，才有利其生长和便于管理，还要考虑如何布局，更具观赏价值。

一、兰盆的选配

1. 依株形叶态选盆

大体上是叶阔株高的配大盆；叶窄株矮和矮种兰配小盆。不过也需依簇株的根群壮弱而灵活掌握。对于虽属于叶阔株高的簇株，但其健康而完整的根系少，大盆容积大，浇下水肥、吸收利用不了，多滞留于盆内而易导致水肥害；另一方面盆大，基质多，根际间的温度常偏低而不利其发根而影响长势，还是配小盆为妙。相反，那些叶窄株不高的簇株，如是根系格外壮旺，小盆难以容纳的，也应该选大些兰盆栽植。即使是标准的矮种兰，如是簇株根甚为壮旺的，也应配上大些的盆。这样不仅有利其生存和发展，又可反衬矮种兰的不凡风采。

2. 从有利兰株生长选兰盆

从有利于兰株生长的角度看，通过多种对比发现，黑色软体营养杯栽兰效果不错。由于它为软体，根系易于挤开基质、拱松基质直至盆壁也不像硬体盆那样被压扁，根的伸展相对自如；由于它仅是盆底和近盆底周缘有疏水透气孔，盆上部基质偏干不过干，假鳞茎基部的根、叶芽、花芽的生长点和根的基部能保持湿润，盆内上下部基质、干温较一致，而有利其生长；又由于它盆壁薄、色泽黑、吸热导热快、散热也快。白天盆内温度较快升高，有利其蒸腾作用，运输作用。而夜间迅速降温，减缓吸吸作用而减少消耗，增加积累而有利它的生长与发展。

因此从有利兰株的生长角度，还是选用黑色软体营养杯为兰盆为好。此外它

还有质轻、壁薄易于套叠，便于运输，便于起苗翻盆等优点，且最经济。虽不够雅观，但可在需要移入室内陈列观赏时，套上高雅兰盆。请兰友不妨一试。

3. 从观赏角度选兰盆

这主要依花色和叶彩来考虑：观赏用的兰盆色泽应以能衬托花色和叶彩为主。如素心花、白色花和线艺兰、水晶艺兰，用黑色或茶色盆；红花用绿色盆；绿花、黄花用朱红盆；五彩花用白色盆，可能会有较好的衬托作用。

二、种苗在盆中的布局

讲求种苗在盆中的布局的目的，在于为新株多留些发展空间。

古人说，兰无三年叶。这不够确切。一般兰株的叶片寿命会有4年，管理周到的，也会有5年。不过3年以上的老株，仍然与相对年轻的植株连体而植的话，它所自制的养分除了维持本身生命活动之需外，还在一如既往支持下一代的生存与发展，故不再分蘖新芽。只有离体种植，方有可能分蘖新芽。但往往为了确保其子孙代能繁荣昌盛，而没有把它拆散，还让它世代同堂，呵护子孙。

至于二年株龄的植株，被称为当年新芽株的母株，它已于当年分蘖了1～2个新株。往往由于当年的新芽株之假鳞茎尚发育不够成熟，或尚不够坚实，也未敢掰拆散植，顶多是半离体连植。那么这个母株，翌年也多不再分蘖新芽。只有当年的新株，翌年可分蘖1～2个新芽株。据此，簇株上盆栽植时，必须讲究布局，为当年新株留有较大的发展空间。

1. 小盆栽一簇的布局

小盆指盆口径10～12cm的兰盆。这种小盆只宜栽一簇兰。为了给仔株留下足够的发展空间，常把仔株置于盆的中心处，而让母株与祖株靠近一侧盆缘，如图16-1(1)所示。

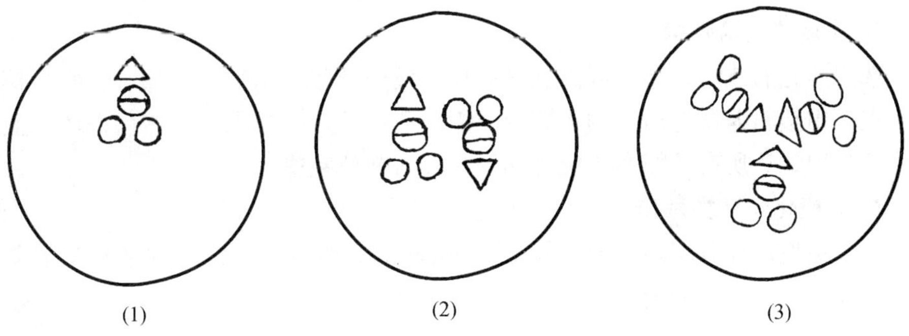

图6-1　兰株在盆中的布局示意

○：仔株　⊖：母株　△：祖株

2. 中盆栽两簇的布局

中大盆是指盆内口径在12～16cm 的兰盆。中盆多栽两簇兰，为了给仔株留有较大的发展空间，可采用相反摆向布局，如图16-1(2)所示。

3. 大盆栽三簇兰的布局

大盆是指盆内口径在18～21cm 左右的兰盆。此类兰盆常盆栽3簇兰。为了簇兰的新株有较充足的发展空间和更好地使簇兰有较多的机会沐浴阳光，通风透气之需求，也有的布局得更具艺术性，而采取三角布局，如图16-1(3)所示的。

三、残、弱苗的陪植

在爱兰养兰的实践中，常会遇到各种各样的衰老苗、病残苗、少根或无根苗、有佳品特征的实生苗(包括子母株连体的短根、少根之龙根苗)等弱苗。由于这些弱苗多为佳种或珍贵种。尽管它仅是一二株尚不起眼的弱小苗，也还是把它视为宝贝而单簇种植一盆。与珍品盆兰一起陈列管理，同样浇水，施用同样浓度、同样数量的肥药稀释液。正由于这些弱小苗的根少或无，对水肥药液的吸收利用率甚低，不仅基质不易偏干，而且肥药稀释液常滞留，短则一二月，长则半年，便出现水肥药害而枯亡。因此，选择驯化成熟的下山兰，3株以上连体成簇，簇完整健康根6条以上的苗壮苗与其同盆陪伴栽植，让壮苗为其减轻水肥药的压力、释放兰菌、扶持其生长、发育、复壮，这是栽培弱苗之成功秘诀。至于珍品的无叶假鳞茎，也可采用此法种植，其成功率较高。

第五节　兰苗的上盆栽植

一、气培栽植

1. 观赏性气培栽植

选用插花瓶或广口瓶，或大饮料瓶切割成广口瓶，用塑料小棒、竹签、筷子三四支，用塑料绳松扎后，插入瓶内，露出瓶口后，撑开成叉，然后把簇兰假鳞茎骑在叉中，让所有兰根布于瓶外四周，即告栽植完毕。

2. 规模化生产性栽培

在温室里设计分层培养架，按15～20cm 的间距设计固定兰株的框架。栽植时，把簇株固定于框架内。

二、水培栽植

水培专用盆是18cm×18cm 的无疏水孔的透明盆，标有盛水线(约9cm 高)，

并配有十字形的固定植株的框架(架高为15cm高)。栽植时，取出固定植株的框架，把植株放入十字形框架内，理顺根群后，放入盆中，便告栽植完毕。

三、有基质栽培

无土基质、混合基质、土类基质均属有基质栽培。它们的栽植方法基本相同，只不过是盆的大小有别、栽植的簇数不一而已。

1. 小盆栽植

盆内口径在10~12cm的小盆。一般只栽1簇兰苗。株叶较细的，也可栽2簇兰苗。

盆底占全盆高度约1/10(图6-2)，填入最粗大的粗植料，以利于疏水透气。为阻止或减少中粗和细植料堵塞盆底疏水透气垫层植料，可选用经清洗的、套水果用的泡沫塑料套网，铺上一层。接着放入种苗，左手扶住植株，让假鳞茎略低于盆面缘，理顺根系后，用右手逐步填入中粗植料，直至离盆面缘约3cm高后，轻抖盆体，以让中粗植料与兰根结合好。经抖动后，中粗植料离盆面缘，约有5cm高。如果兰株的假鳞茎上顶离盆面缘有3cm以上高度时，可用双手的拇指与食指相对捏住假鳞茎，轻轻、缓缓往上提至假鳞茎上顶略低于盆面缘，然后填入细植料至离盆面缘约2cm高，便告栽植完毕。

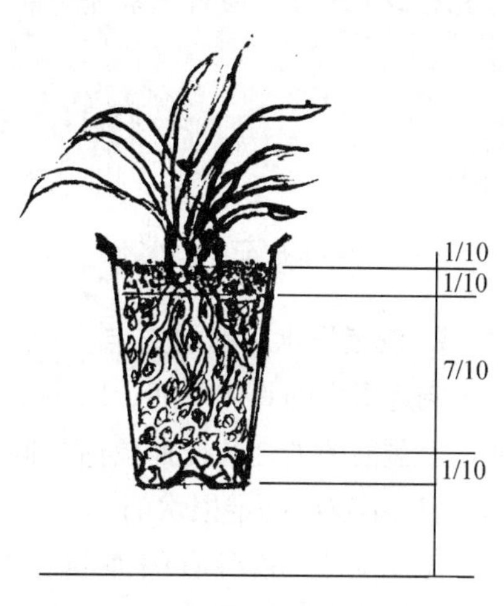

图6-2　小、中盆盆栽示意

2. 中盆栽植1~2簇兰

中大盆是指盆内口径12~16cm。其上盆工艺与小盆栽植相同，如是盆栽两簇兰的，左手扶两簇兰，其他操作程序一样。

3. 大盆栽植

大盆是指盆口内径为18cm×18cm、21cm×21cm的黑色软体塑料营养杯。这多用于栽植下山兰和传统兰苗。常是3簇同栽一盆。

盆底垫上盆高1/10的粗植料后，

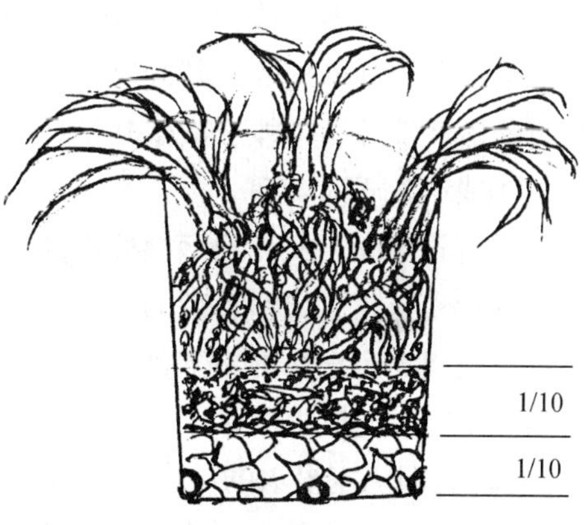

图6-3　大盆栽多簇兰示意

铺上 1 层泡沫塑料套网，再填盆高1/10的中粗植料。接着布入 3 簇兰苗、呈等距离三角状、斜靠于盆面缘，理顺根群后，在盆中心处填入中粗植料至簇兰假鳞茎基部后，用左手扶正其中一簇，再从簇侧填上中、粗植料，接着逐一扶正剩下两簇并充填中、粗植料，直至掩没簇兰假鳞茎。然后，轻轻抖动兰盆，以让基质与兰根结合好。此时，簇兰假鳞茎如已深埋，还可轻轻、缓缓往上提起，让假鳞茎上顶离盆面缘 1 ~ 2cm 高较合适。然后再充填中、粗植料或细植料，直至掩埋假鳞茎之 2/3 高度，便告上盆完毕。

第六节　浇定根水与促服盆

一、浇施定根水

1. 浇定根水时间的选定

浇定根水的具体时间，取决于气温、基质的干湿度、种苗根系创口之多寡和种苗上盆前的处理情况而灵活掌握。

(1) 不宜即浇定根水的

①气温低，夜晚有霜冻的，15∶00 以后浇水，会导致基质结冰，种苗遭冰害。凡无采温、防冻设施条件的，宜待翌日 9∶00 后，有自然光照(或灯光补照)、气温回升时，浇定根水。

②苗根创口多，基质未消毒的。由于创口未形成保护膜，浇水会促进基质病虫原活动而由创口入侵，缓二三日浇水为好。如要即浇，可选用广谱高效灭菌杀虫剂稀释液浇透。可达到一箭双雕之效。

③苗根创口多，或是脱水苗，栽植前已经过药剂点涂、或消毒液稀释液处理、或经促根剂处理的，其栽培基质又不太干燥的，宜缓浇定根水。如浇了，过早将药液清洗掉，可能会减低其作用。

④栽培基质尚湿润。

⑤苗壮根旺，又没经晒根处理的。

⑥计划密封、保湿管理的。

此类缓浇定根水的新上盆兰株，通常以 3 日后浇定根水较适宜。但此间可以叶面喷细雾以防叶片脱水。

(2) 宜即浇定根水的

①基质为无土基质，或很粗糙的混合植料，或是干燥的土类植料。

②株壮根旺，根创口极少，已经晒根处理，但无浸泡消毒的。

③起苗时间较长、根较干，又无经消毒处理，经不起扣水的种苗。

2. 定根水的水质

水质要求是偏酸无含矿物盐的软水。对于偏碱水地区，和用漂白粉等消毒剂处理的自来水，均应添加酸性物质以中和之，经测试 pH 值在 5.2～5.8 左右后，再经静置 12 小时以上，让其挥发消毒剂中的化学成分和沉淀钙镁盐类物质。然后取其上半部水用之。如图 6-4 所示。

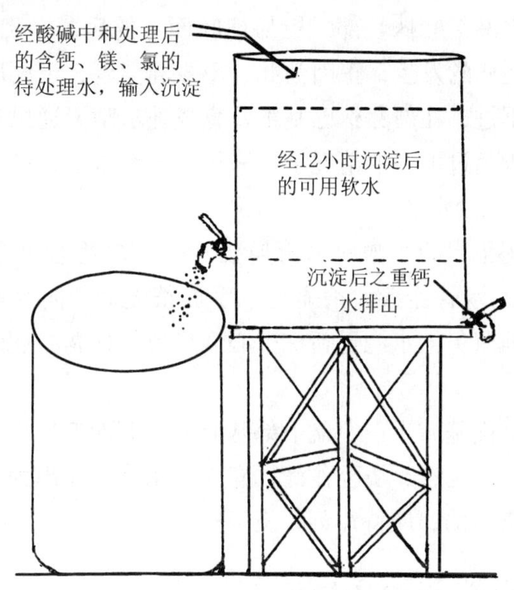

图 6-4　沉淀处理装置示意

在浇定根水时，是否可以使用稀薄的促根剂、生物菌肥或农药呢？

①种苗和基质均未消毒的，可使用农药稀释液作为定根水。

②种苗和基质均有消毒处理的，以暂不浇施促根剂、生物菌肥为好。因为种苗和基质的消毒剂尚在可发挥作用的周期内，它可能对促根剂和生物菌肥产生对抗而减效或产生副作用。

③种苗未经药物消毒，基质是用日光曝晒或蒸汽消毒的，可选用促根剂或生物菌肥稀释液当定根水浇。不过浓度要低，要浇透。

3. 浇定根水的方式

(1)浸盆给水法

浸盆给水法，就是把盆兰浸入水中，直至淹没盆面为度，以让盆内所有基质充分吸足水分。这种给水法，从表面上看，既能确保盆内基质吸足水分，又不致因浇水而冲散、冲走盆面基质，还可避免水浇至未发育成熟的株心部而溃烂新

株，似乎是个很好的浇水方式。然而该浇水法，不仅费时费事，又极易因同一桶水反复浸许多盆兰而扩散、传播菌虫原和病毒。同时也不利于把盆内基质中代谢物、残留物和盐碱物质排出。是个弊大于利的浇水方式，实不可取。

(2)淋浇给水法

淋浇给水法，既方便、迅速，又可清洗叶上的飞尘，看来是最省事而又利于兰的给水法，但也有较大的缺陷。如在兰株生长期，分蘖之叶芽展叶后，尚未发育成熟之时，水淋至叶株心部，极易把叶面上的病菌、飞尘随水流至新叶株心，淤积而引起腐烂病的发生，正因为此，不少养兰者，宁愿雇工从盆缘浇水而不采取淋浇给水。不过，在新芽株已基本发育成熟、晴天通风良好，以及喷农药防治病虫害后，尚未超过1周的情况下，采用淋浇给水法，尚属可行的。

(3)盆缘缓注给水法

通常，选用指粗的小塑料水管连接开关，在兰盆面缘缓缓灌注，或用50～70cm长的小塑料水管连接大茶壶嘴，手提茶壶柄，向兰盆面缘缓缓灌注。此给水法，可有效地避免把水浇至新株叶心而导致新株腐心病的发生，为最恰当的浇水法。

注意：除盆面基质干白，盆下部基质尚潮湿而追加少量水以湿润盆上部基质外，平时浇水，应浇透，浇至盆底孔有大量水哗哗流出为度。如盆基质疏水性能欠佳，一次难浇透的，应待片刻续浇1次。

二、促进新栽苗早日服盆

兰苗经过起苗、包装、运输、晒根、修剪、掰拆、消毒、上盆等程序的折腾，叶片、假鳞茎、根群等或多或少有些创口，需要护理。另方面兰苗所处的基质和生长环境也已改变，需要有适应、恢复的过程。如能适当地加强呵护，便可促进其尽早康复和适应新的生长环境而茁壮地生长。而这个促服盆的工作重点是适控温度、光照、水湿、营养。

1. 适控温度

△冬季休眠期气温宜控制在8～15℃，勿低于3℃，更不能低于0℃，以免雪上加霜。但也勿高于15℃(16℃为低生长适温)，以免干扰其正常休眠。

△春季气温回升前，仍按休眠期对待。自然气温回升至16℃以上时，按低生长适温(16～23℃)进行管理。但要密切注意气候突变，如有“倒春寒”来临，要及时做好保温、防冻工作。

对于冬春新上盆的盆兰，气温低，服盆慢，且有遭冰害的可能。因此，把浇好定根水的盆兰，陈列于泥地面(如地面不太干净，可先喷1次广谱、高效的灭

菌杀虫剂稀释液），然后用竹片或粗铁线搭拱架，其上蒙上塑料薄膜。夜间有零下低温的，应在拱架之外，再搭一层拱架，蒙上塑料薄膜。两层薄膜间有如热水瓶胆样，存有不流动的空气，避免了热的传导而增强保温防冻力。晴天10时后，可掀开薄膜透气降湿，傍晚再盖上。

△盛夏金秋上盆栽植的新盆兰，应注意降温。每当气温高于32℃时，应立即增加遮荫网密度、增强通风量，并在通道、墙壁喷水以增湿。

2. 适给光照

光照是作物光合作用、制取食物的能源。不仅正常生长的作物需要光照，新上盆的兰苗的服盆期，同样需要光照。如无光照便难以服盆。冬春季节，自然光仅是中午期间较强，可用50%密度的遮荫网，遮一层，其余时间，可以全光照管理。如无自然光照的，尽可能采用灯光补照。夏秋的晴天，骄阳似火应有85%的遮荫密度。但上午9:00前，可给全光照管理。

3. 适控水湿

冬春季上盆的，有塑料薄膜密封管理的，需每日都查看，如塑料薄膜里水滴太多，应掀开通风。如基质已较干时，应于上午9:00许浇水，或浇些低浓度的促根剂或叶面肥。如空气湿度很低（人的嘴唇易干裂就说明空气湿度太低），应在地面上洒水，或向叶面喷施1000倍液磷酸二氢钾稀释液。

夏秋上盆的，除了基质勿偏干太久外，就是要注意空气的湿度不低于70%～80%。

4. 适当给养

兰株刚上盆后，由于有一定的损伤和不够适应新的环境，好比人病后需要有一定的调养而有利早康复一样。所以不论是何时栽植的盆兰，都可每隔3～7天，根外施肥1次。可选用1000倍液“兰欣203特效优质营养液”、3000倍液天然芸苔素、3000倍液高利达、1500倍液“植物动力2003”、800倍液兰菌王、1500倍液日产千旺活力素、1500倍液日产花根旺、6000倍液喜硕、1000倍液磷酸二氢钾等叶面肥之一，交替喷施。如有病虫害发生，可加入灭菌杀虫剂。

栽后养护，要多长时间才算服盆呢？这要看苗的壮弱和健康程度，又要看栽后养护的周到与否。但最主要的因素是气温。当气温在23℃以上，30℃以下的，1个月左右，便长出新根，就算服盆。气温低于生长适温的冬春季，多数要待气温回升后的1个月许。总之，栽后，新根长至2cm长以上，便可算服盆。

第七章 春剑兰的管理

俗话说，三分种，七分管。种是基础，是希望的所在。而希望的实现，要靠长期而不间断地适当管理。如果稍有马虎和疏忽，都可能有所闪失。这并非危言耸听，而是每个养兰人都会有这样的体会的。

第一节 日常巡检，及时纠偏

对兰花的管理，贵在经常，切忌一曝十寒。真正爱兰养兰者，每于起床后，上班前后、饭后、临睡前，均会步入兰室赏兰、管兰，从不间断。现把日常巡检兰园的要点提示如下：

(1)查棚室温

超出30℃的，立即采用增加遮荫层次、洒水增湿、加强通风，以防高温害的发生。入夜后，棚室温仍然不降的，仍需继续降温，力求日夜温差最少有5℃以上。夏秋日夜温差，有10℃以上更好。

冬春，自然气温低，要及早做好保温或升温防冻工作。冬季休眠期，棚室温度以日温不超过16℃为宜，夜温不低于2～5℃。春暖后，日夜温差也应有6℃左右。

(2)查光照强度

夏秋晴天，上午9：00后，光照强，应拉上活动遮荫网，以防日灼害的发生。冬春晴天，上午10：00后，拉上活动遮荫网遮荫。生长期，兰棚室日光照时数少于3小时的，应采用反光板反射日照，或灯光补照。

(3)查空气湿度

冬眠期和春寒期间，空气的相对湿度应有40%～50%；春暖后，兰株进入营养生长期，空气的相对湿度，宜有60%～70%左右。夏秋是兰株的快速营养生长期，气温也很高，空气的相对湿度应保持75%～85%。高档线艺兰、水晶艺兰、图画斑艺兰、叶蝶艺兰，空气的相对湿度应保持80%～90%。不过傍晚应加强通风以降湿，力求夜间棚室的空气相对湿度保持在50%～60%。

(4)查通风量

如有狂风，宜及时关闭门窗，以防新株被吹折，老株造成机械性损伤。兰棚

室宜保持空气能对流自如，兰叶常有微微晃动；棚室空气不浊闷；盆内基质很潮湿和浇施水肥后，宜加强通风；气温不低的早晨也应尽早打开门窗，加强通风，以驱赶棚室内的浊气。以让兰株有个清爽的生长空间，也可减少病虫害的发生。

(5)查兰苗长势

兰苗欠油绿、叶形短而小，宜检查根群情况，仔细分析致因，及时采取措施补救之；兰叶软弱不支，有倒伏现象，是过多施用促长剂所致，宜适量浇喷磷酸二氢钾以补救之；兰芽月余不见伸长展叶，是盆面基质的湿度不够和氮素欠缺，应及时纠正之；新株叶比母株叶小，是根系不发达或不健康，或肥料不足，宜检查根系，对应纠偏。

(6)查病虫情

检查兰株要仔细认真，不能走马观花式，一走而过。要仔细检查盆面假鳞茎、叶柄、叶背和叶尖。发现有问题的，也要有所选择地查根群情况。一旦发现有病虫害迹象，尽快防治之。

(7)查安全隐患

主要是查兰架、棚架的牢固情况。对于有智能化设施的，更应定期检查其运转性能，免得一旦运转失灵，造成难以挽回的损失。除此之外，就是常查防盗设施，定期更换电池，以确保设施运转正常。

(8)查品种异化迹象

发现有线艺、水晶艺、图画斑艺、叶蝶艺的期待品，应及时归类管理。发现有佳品花蕾、应特别注意防病虫害，以确保花蕾正常开放。

第二节　浇水施肥

一、浇水

俗话说："养兰一点通，浇水三年功。"这就是说，养兰并不太复杂，一说就明白，但要合理浇水，就不那么简单，需要有较长时间的摸索和不断总结经验，方能得心应手。这是因为，兰花是多年生的草本植物，生长缓慢。其肉质根不仅不容易长出，而且极易因浇水不当而溃烂。因此有不少相关知识需要探索，才能逐步做到合理浇水。

1. 水质

兰花需要偏酸、无含钙、镁等矿物盐和氯等化学消毒剂的软水。

用漂白粉(含 Cl_2)作为自来水的消毒剂的，其氯对兰花生长有碍，但经贮放

12～24 小时后，其氯可以挥发(有阳光晒，则更佳)，其杂质可以沉淀。

含钙、镁等矿物盐和用酸性物质中和水中的碱所形成的盐，比中性水和偏碱水对兰花的危害更大，是致兰株于死地的重要致因之一。

通常都认为：长江以南的多雨水地区，水质偏酸，一般没有什么矿物盐类物质，可以放心用于浇兰。其实不然，长江以南的多雨水地区，也有的由于工业废气等污染，而常下酸雨，致使水质偏酸；也有的是来自石灰岩地域之水，它含有不少的钙等盐类物质。如有 EC 测量计(测含盐导电率的小仪器)，应当测定。如无此工具，可从烧开水时壶里是否容易结水碱来判断。水碱多的 EC 值就高，矿物质较多。

至于长江以北地区，常年雨水偏少，其地下水多为含钙、镁等盐类物质的偏碱水。

不论是来自何方的偏酸或偏碱，且含有较多的钙、镁等盐类物质的水。都应先测定其酸碱度(pH 值)，然后，用酸或碱性物质混入中和，使其 pH 值处于 5.2～5.8 左右后，输入"沉淀处理装置桶(图 6-4)沉淀 12～24 小时后，取其上层水使用之。

(1)可直接用于浇兰的天然水

①用水槽或水池储存雪而化成的雪水。

②用水槽或水池储存雨水。通常，楼房都有好几个漏雨管，刚下雨时不承接，约过 5～10 分钟，漏雨管下来的水清澈透明时，用水桶承接，集中于水池里储存。以上储存的雪水、雨水的 pH 值为 6.2～6.4，含盐导电率为 14～180μs/cm，矿化度为 21mg/L 左右。完全符合用于浇兰的标准。值得注意的是，雪水、雨水在储存过程中，要避免日光直晒，以防水中长青苔。

(2)经处理可用于浇兰的水

现在家庭或社区都使用半透膜或其他方法处理饮用水。经家庭净水器或社区统一净化管道供给住户的处理水，pH 值在 6.4，含盐导电率 23～99μs/cm，矿化度 13.5～78.3，完全可用于浇兰。

(3)产兰区的小溪水、泉水、井水

产兰区也有不少的地方的地质结构属于石灰岩结构，水中溶解了大量的钙、镁等矿物离子，使得该地区水的 pH 值、含盐电导率和矿化度都偏高，而不宜用于浇水。

当然，产兰区里也有不少地方的地质结构不是石灰岩，或者已远离石灰岩地区(距石灰岩山脉 20～40km 以上)，这样的水，多数是可用于浇兰的，但为了保险起见，还是先测定一下酸碱度(pH 值)和含盐导电率(EC 值)为好。

2. 水温

种花要求浇下之水的温度与盆内基质的温度相近似。温差过大，会干扰植株的生理平衡。为了确保浇用之水温能与盆兰基质的温度相近似，可以在兰棚室里设置储水桶或储水池。这样，就不致于有较大的温差。如果没在兰棚室里设置储水桶或池，就要选定水温与基质温较相近的时间浇水。如冬春天以太阳升起许久，约上午10：00~11：00时，浇水为好。夏秋天，以早晨9：00前为好。下午16：00以后浇水也可以。只是浇水后要加强通风，吹干株基和尚未完全发育成熟的植株及花芽，以防水滴滞留而影响其健康。

夏秋季节，火炉地区和部分高温地区，无土栽培兰花的，中午有需要浇水怎么办。用棚室储水池里的水和井水都可以。但不宜使用露天水塔、水管的水浇兰。因为这种水被太阳晒得发烫。此外也不宜用冰水给兰株降温。因为骤冷和骤热都会干扰兰株的生理平衡。

3. 如何判定盆兰需要浇水

无土栽培的和完全为粗糙的植料混合栽培的，水一浇即流走，基质变干快，其浇水的原则是“宁湿勿干”，即使没有偏干，就浇水，也不成问题。而有土栽培和含土植料、水草等植料栽培的，由于这些植料的保水性能强，在不偏干的情况下再浇水，就很有可能由于过多的水滞留于基质中而导致水渍害烂根。要想大略知道这些保水性能强的基质是否该浇水，可以试用下列5种方法测报之。

(1)称重法

上盆完毕，未浇定根水前，称一下盆兰重量，作好记录，以作为今后需要浇水的依据。不过，这个重量，会因盆里兰根增多、增长、兰芽展叶等因素而有增加。因此，在营养生长期，每隔2个月左右，应重新核定一次盆兰的重量，以作测报的依据。

(2)翻检法

翻检法，并非把盆兰倒出基质检查，而是倒出备查盆检查。那就是在栽植佳兰时，选用同质地、同规格的盆，栽植数量相近的普通兰草，或禾本科植物，与佳品兰陈列一起，一同管理。当需要了解盆兰基质的干、湿度时，便可随时翻盆察看，验毕又重新栽上，放回原位。这是最直观、也是较准确的测报法。不过应尽可能选植同种类、同规格、同数量的普通兰草。其干湿度才会比较准确些。

这种翻检法，虽然准确性较高，但比较麻烦。不过，也不必常常翻检。在同一个季节里，气候变化不大的情况下，其基质干燥的时间，一般不会有很大的差别。翻检几次后，便会掌握其规律，总结出观测经验来的。

(3)叩盆法

叩盆法是用指头叩击兰盆周缘，其音浊，说明盆内基质，尚未偏干；如是音清脆，便是基质已偏干，需要尽快浇水。

(4)植物测报法

选用同质地、同规格的兰盆，也选用同样的植料，盆栽植 2~3 株，叶形狭长，叶质薄嫩的草本植物。如水稻苗、油菜苗、萝卜苗等，与其一同陈列，同样管理。当其叶片有轻度萎蔫迹象，便提示基质偏干，需要尽快浇水。

(5)盖水草测报法

选用新鲜的水草(用于兰根保湿的苔藓植物)薄盖兰盆面(墨兰、建兰可以厚盖，其他类兰花宜疏盖，且要略离株基)并让水草沿盆周缘垂下。每当盆面水草有微干，盆周缘垂挂的水草干燥，则提示无土(硬植料)基质已偏干，需要尽快浇水。有土基质，3 天内应浇水。

总而言之，盆兰隔几天浇 1 次水，基本上无法想当然而划定。因为它受季节、气候、室内外温度、光照、风力、风向、盆具质地、规格、植料的保水性能、株叶的长势、生长环境的空气相对湿度诸方面的影响。所以，养兰者，应试用上述测报法测报得参考数据，再据实际情况灵活掌握之。

4. 浇水量

古人认为："浇则浇透，勿浇半截水。"此说，该如何理解呢？前半句强调要浇透，后半句是强调不要浇半截水，又是补充强调一定要浇透。其实要浇得都湿透，也并非一次性浇下大量水，就可全湿透全盆里的基质。因为无土基质和混合粗植料，水一浇则流，仅是朝上一面有经水一淋，朝下一面，仍然是干的。只有，过片刻，续浇 1 次，才有望上层的植料往下再渗透一些，才勉强算是浇透。至于有土基质，往往由于团粒结构过细，多次浇水后，常有不同程度的板结，浇下的水，无法全下渗透，约近半量是从盆面缘漫溢出盆外的，也需要待片刻，续浇 1 次，方可勉强算全浇透。真正的浇透，要在半小时之内，浇 2 次。每次都要浇到盆底孔，有水哗哗直流。

兰花浇水，因何要浇透呢？也就是说浇透水有何意义呢？

首先是浇透水，盆内所有的基质全湿透，方能保证，伸展至每个旮旯的根群，都能得到水分的滋润。更主要的是，只有真正浇透，才有可能把滞留在基质里的污浊物(①基质里未冲洗干净的原有含钙、镁等盐类物质；②浇施酸性或碱性水肥药液的残留物和化学中和反应形成的盐类物质；③基质，尤其是含土基质，在微生物作用下，所产生的代谢物；④根系的新陈代谢物)冲洗出盆外，给兰根创造一个无残留污染的清爽生长环境。为养好兰花的重要一环。

5. 补水

"补水"是指浇下的水，处于兰盆上部的已消耗殆尽，没及时补充，有碍兰

株生长，尤其是新芽株的发育。因此需要补充少量水分，而名曰补水。

这个“补水”其实际，是与传统所说的“半截水”相近似。因为“半截水”是指未浇透全盆基质，仅浇湿上半部，或过半基质。而这个“补水”的浇量，约为平时浇水量之三分之一许。

至于传统提出：“浇则浇透，勿浇半截水”，而现在提出“补水”，不是与其“倒行逆施”了吗？非也！传统“勿浇半截水”是强调浇水要浇透。是针对对基质干全了，要尽快浇水，要求要彻底浇透，让盆内所有基质和根群，均有水分滋润。并非指任何情况和任何时间，都不宜浇些许水、半截水。这也和人饿了，要吃饱，只吃了半饱，不能满足发育之需要一个道理。也不防其间吃点点心，及口并不渴时，品品茶一样。因此，可以在盆上部基质偏干时，补充些许水和冬春基质虽已偏干，但恐其浇透水后，导致基质结冰而遭冻害，只好浇些许水，以济补给兰株维持生命之燃眉之急。

二、施肥

1. 施肥总则

(1)切记“兰喜肥而畏浊”

兰花野生时，林野中有丰富的腐殖质，这些腐殖质好比长效缓释肥，可以长期、稳定地供给兰株营养。因此，只有腐殖质丰富的肥沃土壤上开出的兰花才香。但因它的根是肉质根，所有肉质根植物都忌施浓肥，因施了浓肥的基质中溶液浓度会比兰根中的溶液浓度高，会将根中的水分倒吸出来，兰株不但得不到养分，还会因缺水而引起一系列症状。如不及时解救，就会枯死。另方面，要知道，兰花是喜偏酸性的植物。因此，用肥必须牢牢记住：“酸”和“淡”两个字。首先是不用偏碱性肥料(包括不用含氯的氯化钾复合肥)，也不宜使用偏碱、含钙、镁等盐类物质的硬水稀释肥料。

沤制有机液肥，宜稀释 150 ~ 250 倍以上。撒施有机颗粒肥，每次宜控制在盆基质重量的 0.05%~0.1%。

商品有机液肥、生物菌液肥宜稀释 1000 ~ 2000 倍。商品化学肥料容易导致肥害，更应淡施，其稀释浓度应在 1200 ~ 2500 倍。如是采取淡肥勤施的管理方法，其稀释浓度宜在 4000 ~ 6000 倍。长效缓释颗粒肥也不宜多施，应按说明使用。一般以盆口径 1 cm，施 1 粒最安全。但不能超过 1.5 粒/盆径 1 cm。

(2)勿频施

施肥勿频施，就是施肥的间隔时间勿过短。根施的，以每隔 20 日左右施 1 次为宜。如要采取薄肥勤施的话，可以每隔 10 天左右施 1 次(必须基质有偏干

时，方可施)，但其稀释的浓度要翻倍(即正常稀释浓度为1000倍液，薄肥勤施要稀释2000倍液以上)。根外喷施的，通常以每隔7天喷施1次。其稀释浓度应严格依叶面肥的说明，勿随意提高浓度。如要采取薄肥勤施的，可每隔3日进行1次。但其稀释浓度要翻倍(即原1000倍，改为2000倍)。

至于施肥的间隔时间为何要那样长，浓度又那样淡，道理和"喜肥和而勿浊"是一样的。主要是由于兰花生长缓慢，一般成熟的植株，年仅分蘖一个新株，极少有年分蘖2株的，而它的株叶，也只能一次长成，以后又不能再长。因此，它每天的需肥量甚少。如是基质里的肥分尚未被吸收利用完，又再添肥。客观上，增高了基质的肥分浓度，即使老根一时不被渍烂，那刚冒出的根生长点和嫩根，也会被肥渍黑而腐烂。即使添肥后，基质里的肥分浓度，尚未达到渍烂根群的程度，兰根吸收了高浓度的肥料，利用不了，只好随体液运行到末端而被丢弃，那么叶尖就成了排放废物的垃圾场。堆积废物的叶尖，在废物的毒害下，产生了局部坏死，就形成了亮黑点斑，这就是假黑点斑病，也称生理病斑。

那么叶面喷肥较频繁，浓度随意些，应该不会像根施一样，随体液运行而导致叶端假黑点斑病吧?

叶面喷肥过频、浓度过大，虽然不会直接导致根叶产生生理病害，但浓度过大，在空气湿度低、气温高、光照强的情况下，肥料稀释液中的水分迅速蒸发，会导致肥液凝结成微小栓，致使叶面气孔不能通畅自如，而产生生理障碍，出现株叶形态异化。

(3)勿给佳兰开小灶

"兰喜培植而畏娇纵"这是著名的古代兰花园艺家箪溪子先生总结出的"兰花生长习性"中的第12条。他告诫我们，普通兰、佳品兰、稀珍品兰都是兰，都有观赏价值。要以平常心对待每一簇兰，不要娇纵佳品兰、稀珍品兰。如是爱之过切、急功近利，采用拔苗助长之术，常给佳品兰、稀珍品兰，加工添肥，势必适得其反，弄巧成拙。这样的事例屡见不鲜。提请爱兰养兰者，勿重蹈覆辙。

2. 施肥细则

(1)依兰花的类别而施肥

①狭叶兰、线艺兰、水晶艺兰、图画斑艺兰、病弱苗、少根苗，都应比阔叶兰、茁壮苗施肥的浓度要淡些，间隔时间要长些。

②无根(少根)兰苗，只能保持基质略有湿润，不必施肥。基质偏干了，可用600倍液"兰菌王"等促根剂。

③下山驯化苗，在未长出新根前勿施肥，需要浇水时，可用600倍液"兰菌王"，或其他促根剂。也可浇施1次1500倍液磷酸二氢钾。

④线艺兰期待品和初现线艺的兰苗，用肥要比固定线艺品淡些，间隔时间也应更长些。

⑤线艺兰、水晶艺兰、图画斑艺兰，不能单独施用尿素等纯氮肥和高氮型肥料，也不能喷施含镁、锰元素的肥料，以防线艺退化。

(2)依气候特点而施肥

①阴雨天勿施肥。因阴雨天，空气湿度大，水分不易蒸发，施肥后，增大了湿度，不利于兰株的健康。同时，阴雨天，气温相对较低，也无光照，根部不易吸收肥料，施肥后，增加了基质的肥料浓度，易导致肥害。

②光照强的中午勿施肥。因光照强的中午，基质温度高，水温也高。施肥有碍根系健康。

③气温高于32℃时勿施肥。因为此时水分蒸发过快，残留的肥料浓度高，有碍兰株的健康。

④气温低于15℃时勿施肥。因为此时兰株处于半休眠状态，不吸收肥料。施肥后，会使肥分囤积，有碍兰株的健康生长。

(3)依兰株的生长发育阶段而施肥

①分蘖(发芽)期，可施用高氮型肥料加多种微量元素，或细胞激动素、催芽剂等。即施用“催芽肥”。

②花原基形成期(叶芽伸出盆面约2cm长许，便有个近月许的缓长生根期，此期便是花原基形成期)，当施“促花芽肥”。

③叶芽伸长、展叶发育期，当施高氮型肥料，或氮磷钾平衡肥。最好少用化肥，选用沤制有机液肥。叶面喷施光合作用促进剂“高利达”。此期主要施用助长肥。

④休眠前期(即秋末和初冬)当停施氮肥而施能提高抗寒力的磷钾肥，如上海产的高纯度的磷酸二氢钾。

(4)依基质质地而施肥

①以水草(苔藓植物)为基质的，因其保水性能极强，很少有干燥的时候，如果浇施肥料稀释液，易产生水渍害。除了偶有偏干时，浇施肥料稀释液外，应以施用长效缓释颗粒肥为主。

②以土类植料为主基质的，刚上盆的第一年，基质中所含的肥分，已基本上能满足兰株生长之所需，不要急功近利，频频施肥，只宜偶施些“促根肥”。

③以沙石类等硬植料为基质的，因其保水保肥性能甚差，宜采取把肥料按标定的稀释倍数再扩大1倍，每隔10日许浇施1次。

④基质太干燥时勿施肥，应先浇透水，待基质略偏干时，才施肥为宜。因为

基质太干燥，其根群也十分干燥，骤施肥易伤根。这犹如人饥渴时，急于吃饭易“噎食”一样。

⑤基质太湿时勿施肥，应待基质偏干时才施肥。

(5)依培养管理方式而施肥

气培的，宜采用喷施方式给肥；水培的，宜定期更换培养水并添加专用营养液；有土(含颗粒土、沙石、树皮等粗植料混合)栽培的，多施沤制有机肥，效果较好，当然也可结合施用硫酸钾或硝酸钾复合肥；纯无土栽培的，宜以施化肥为主，如美国产无土栽培专用肥“维果1号”(N20－P10－K20，水溶性磷、镁)；温室栽培的，不宜施用铵态氮，应施用硝态氮和螯合态微量元素。

(6)施肥方式宜讲究

①浇则浇透。如蜻蜓点水般，略浇一些，仅是部分根系能得到肥液的滋养。处于盆缘和盆下部的兰根，始终得不到肥料的营养，栽培效果必然欠佳。宜如浇水般把全盆基质都浇透。

②勿浇至叶鞘和株心部，尤其是新芽株刚展叶和新株叶尚未发育成熟时，更不应浇至新株叶心部，以防肥液和肥料残渣滞留在叶心部，而滋生病害。

(7)浇肥后宜择时浇水冲洗

兰“喜肥而畏浊”。这个“浊”，既指肥料浓度偏高，也指肥料残渣和肥料间相互作用的形成物、肥料与基质相互作用的形成物，根和基质的代谢物以及水中的(含盐物)等污浊物。这些污浊物滞留在兰盆中，有害而无益，必须择时浇水冲洗之。凡含有土类植料的盆兰，应于浇水后的2~5日内、盆上部基质偏干时，浇透水，以冲洗之；凡是无土类粗植料栽培的，应于浇肥后的翌日或第三日，浇透水冲洗之。

(8)生物菌肥勿与农药同施

需要浇施杀虫灭菌剂以防治病虫害的，宜单独浇施，与肥料混施，可能会降低防治效果。

生物菌肥更不宜与农药同施。因为杀虫灭菌剂对生物菌也会有一定程度的抑制或杀灭的作用。一般应于浇施农药后的7~10天，浇施生物菌肥。浇施生物菌肥后要有近月的时间，让其发挥作用。此后，如有必要浇农药时，方合适浇农药。

(9)选用液体叶面肥为佳

因为粉剂等固定肥料作叶面肥，常有不全溶解的肥料残渣黏附叶片正反面，既影响雅观，又会堵塞叶孔而影响叶片呼吸。

第三节 兰株缺乏营养元素的鉴别与纠正

一、缺氮

当兰株氮元素供给不足时，新叶比老叶短狭而质薄；新芽分蘖迟而少、芽瘦长慢；叶色青黄而少光泽；花莛细而短，排铃疏，朵数少，花的各个器官发育不良。

可选用600~800倍液美产高氮型"高乐"，或1000倍液美产"维果5号"，或美产"花多多"10号浇喷。也可选用2000倍液尿素喷施(尿素只能喷1次，喷多次会导致疯长)，周1次，续3次。

二、缺磷

当兰株磷元素供给不足时，细胞的形成受阻，幼芽和根系的生长也受到抑制，生长迟缓，植株弱小，叶缘微反卷。

可选用2%的过磷酸钙浸出澄清液；或800倍液上海产磷酸二氢钾；或1000倍液"花宝3号"；或1000倍液美产"花多多15号"；或1000倍液美产"维果3号"之一，每隔10天许浇施1次，续2次；每隔7天喷施1次，续3~4次。

三、缺钾

当兰株钾元素供给不足时，表现为老叶的叶缘和叶尖开始黄化，进而转为褐色。接着新叶也逐渐呈现上述迹象。此外，叶的中脉和侧脉偏细、叶质柔软，易弯垂倒伏。如遇光照偏强，或气温偏低时，新叶常呈现微脱水状褶皱而缺少光泽。可选用800倍上海产磷酸二氢钾喷施，周1次，续3次。

四、缺镁

当兰株镁元素供给不足时，老株叶先开始发黄，继而中叶叶尖和叶缘略现黄色，且微向叶面卷曲(俗称铜锣缘)。

可选用0.1%~0.2%(1g肥溶于1kg水为0.1%)的硫酸镁溶液喷施，每隔7日喷施1次，续2~3次。请注意，线艺兰不宜多喷镁元素溶液，多喷了，会导致线艺的退化。实在需要使用时，可与1000倍液磷酸二氢钾混合，喷施1次，不宜多喷。

五、缺锰

当兰株锰元素供给不足时，养兰场所虽有适当遮荫，但叶片上还出现如日灼样的淡灰白色斑块，其斑中又有斑互见。叶片干瘪、失绿、少光泽。其花蕾也迟迟不发育。通常是中性、石灰性基质和沙质壤土，较易出现缺锰症状。

可选用0.2%硫酸锰溶液喷施叶片，每隔3~5天喷施1次，续3~5次。不过也应注意锰元素能催化叶绿素合成，线艺兰喷施后，有可能导致叶艺褪化。实在需要使用时，可与1000倍液磷酸二氢钾混合，喷施1次。不宜多喷。

六、缺钙

当兰株钙元素供给不足时，表现为叶尖呈钩形(品种固有特征除外)，芽尖常枯死，叶尖与叶缘常有坏死等病症。偏酸土壤，或只施偏酸化肥的，较易出现缺钙症状。

可选用1%(1g石灰粉溶于1000g水)石灰粉溶液浇根1次；或撒施熟骨粉1次；或选用0.2%过磷酸钙浸出澄清液喷施，每周喷1次，续喷2~3次。

七、缺铁

当兰株铁元素供给不足时，叶片的基部或端部易出现淡橘黄色的不规则片状斑，或乳白色散在性点斑块(线艺虎斑品种除外)；中部叶脉、叶尖、叶缘也易出现焦褐斑坏死。

可选用1%硫酸亚铁溶液浇施1次，并周喷施1次，续3~5次。

八、缺锌

当兰株锌元素供给不足时，底部叶片中段呈现纯锈样斑，并逐渐向叶基和叶尖扩展。另外，新株的叶柄环也明显比老株低，花朵与花朵之间的距离也明显缩短。

可选用0.1%硫酸锌溶液喷施叶片，每隔3~5天喷施1次，续3~5次。

九、缺硼

当兰株硼元素供给不足时，幼叶基部易受伤，叶柄环处极脆，常易被碰断落；开花率低，莛花朵数明显减少。花朵小，花蕾发育缓慢，花开无神，花期缩短；新根生长慢而少，根尖易枯死。

可选用0.3%硼砂或硼酸溶液浇施1次，或喷施3~5次。

十、缺铜

当兰株铜元素供给不足时，叶尖易失绿并逐渐转为灰白色，并向全叶扩展，直至全株营养生长停滞。另外，有的叶片，易出现白色斑点，叶片易卷曲变形。

可选用0.02%~0.05%（1g 铜元素溶于 5kg 水为 0.02%；溶于 2kg 水为 0.05%）的硫酸铜溶液喷施，每隔7天喷1次，续2~3次。

十一、缺钼

当兰株钼元素供给不足时，虽未曾使用过矮化激素，但新株却明显比老株矮化，老叶失绿，以致枯黄、萎蔫、坏死。

可选用0.1%钼酸铵溶液，或钼元素喷施，每隔3~5天喷施1次，续3~4次以上。

第四节　春剑兰的季节性管理要点

一、春季管理要点

1. 防“倒春寒”

春季自然气温逐渐回升，但仍然是春寒料峭，甚至时有强寒流袭来的“倒春寒”。如无留意天气预报，及时做好防冻工作，仍然会惨遭冻害。正因此，古代的兰花园艺家们，才会提出“春不出”（春季时有倒春寒，盆兰不要移出保温室外管理，以免惨遭冻害）的告诫。事实上，天有不测风云，“倒春寒”，不仅北方有，南方同样会有，甚至连我国南大门的广州地区，也会偶有，不能大意。总之，不管它有没有倒春寒，养兰人，常留意天气预报，持续做好防冻的准备工作，一有寒流袭来，防冻措施随时跟上，便可避免冻害的发生。

2. 护花

护花的主要目的在于力求花能正常开放，且要让花开的品相好。其主要的工作是给养和防治病虫害。当花莛明显拔高直至小排铃期间，留意中长期天气预报，在未来三五天内，如无强寒流袭来的话，可选用1200倍液上海产高纯度的磷酸二氢钾浇施1次。给节制供水以防冻的盆兰和花芽，施1次足量的补水追肥。以让花芽正常发育，也有利其花后分蘖叶芽。如果天不从人愿。在此期间，气温不稳定，基质中供肥水量就要少些，或改为叶面喷施。

由于气温逐渐回升，菌虫害也相继蠢蠢欲动。蚜虫、蓟马等害虫，常叮咬花

莛、花蕾，使花莛干瘪，花蕾残缺、畸形、瘪放；菌病害可致使花朵产生花腐病。因此应选用广谱高效的杀虫灭菌剂稀释液全面喷施防治。为了避免农药残渣给兰株叶片、花朵留下药斑而影响雅观，应尽可能选择水剂药剂。

另方面，花蕾大排铃起，便不宜浇水，以防水分过丰，花瓣、唇瓣、萼片伸长、移位，自花蕾含苞待放起，也不宜喷雾，以防花苞产生水渍害和花态变形。

3. 催花

为让花期与兰展和展销时间相吻合，需要催花或延花。另方面，对于从未见花的新品种，也希望早日开花，以便选种后，早剪除花莛，既可减少株体的消耗，又可早催芽，提高生产效益。由此看来催花是有必要的。其主要措施有三。

①增光增湿。春季光照和煦，可以掀开遮光网，让兰株沐浴全光照，并在太阳升起之前和下山之后，各用灯光补照 1.0～1.5 小时，阴雨天同样用灯光补照，同时把空气的相对湿度调控在 60%～70%。通过增强光照强度，延长光照时数，把短日照的兰花变为长日照花卉的措施，可以促进花芽加快发育、提前开花。

②依需增温。对于花莛已伸长，花蕾也已伸出苞壳的，把白天的温度调高到 15～20℃，夜间气温不低于 10℃，约 5～7 天，便可开花；若把白天的温度调控于 15℃以下，约要 8～9 天方能开花。

对于花莛尚未伸长的，把日间气温调高到 20～25℃、夜间气温不低于 10℃，其花期可提前 22～25 天。但是对于花蕾甚小，仍然处于盆面的，尚未届临快速发育期的迟花品种，不宜采用高温和激素强行催花，以防反作用而致花蕾僵化。

③激素催花。可选用 2000 倍液以上的赤霉素（九二〇），用矿泉水瓶剪去上下底，套住花莛，然后用手提喷雾器对准瓶内，向花莛略喷施一下。不能对全盆兰株喷施，以防引起植株营养生长高度活跃而抑制花蕾发育而枯萎。也可用干净的新毛笔蘸“九二〇”稀释液，逐一涂抹花莛、花柄（子房）和花蕾基部。但要注意，勿把药液涂抹至假鳞茎，更不能让药液滴入根际，以防引起植株营养生长高度活跃而抑制花蕾发育而出现僵花和翌年新株疯长。

通过激素处理的花蕾，多可在三五天内开放，如尚不能如愿，可于 5 日后，再处理 1 次。但仅限处理 2 次。以防适得其反。

4. 延花

①推迟春化期。冬季休眠期，气温调控在 10℃以上，待到离计划花期前 45 天，把气温调低到 8℃左右，夜间 2℃左右，管理 21 天许后，再把气温逐步调高至 15～25℃。

②激素处理延花。当花莛未见明显伸长时喷施 1 次 0.0005%（即 1g 药剂加水 200kg 溶解）的 2，4-D。如无明显见到花莛发育延缓，可于花蕾小排铃时，再喷

施1次，可以推延花期1.5个月。如在预计花期前12~15天，未见花莛伸长，花蕾发育，可选用0.002%（即1g药剂加水50 kg溶解）赤霉素（九二〇）溶液喷施或涂抹花莛、花柄、花蕾基部1次，以解除推延花期，如未见花蕾明显发育膨大，可于5日后，再用九二〇稀释液处理1次。为了确保预期目的的实现。在预计花期前的12~15天，可参考"催花"措施调控处理之。

5. 及时清除残花

对于非留种和展销的莛花，见花后，都应及时剪除，集中处理，以减少兰株的无谓消耗。对于个别未及时剪除而掉落的残花，也应及时清除收集处理，以避免诱发病虫害。

6. 及时追肥

兰株开花犹如妇人分娩，消耗颇大，需要施"坐月肥"。春剑兰花后，正逢叶芽的分蘖期需要高氮肥。为了使叶芽分蘖多而肥硕，还是暂不施高氮肥而选用氮磷钾三要素平衡肥为妥。鉴此，选用硫酸钾复合肥（无土栽培的可选用1000倍液美产"花多多8号"、或美产"维果1号"）与沤制有机肥混合1500倍液浇施1次，20天后可续浇1次。除了浇施，叶面也应选用2500倍液光合作用促进剂"高利达"、1000倍液"植物动力2003"、1500倍液"花宝4号"、500倍液"兰菌王"、1500倍液"兰欣203特效优质促芽剂"、2000倍液成都齐心源生物科技有限公司出品的"兰欣203精品促芽剂"、500倍液美产"翠筠B－1活力素"（开根发芽）等叶面肥之一，每隔5天交替喷施1次。

7. 增光增温

春季气温不高，光照强度弱且常是阴雨天，鉴此，应降低遮光密度，或掀开遮光网，让兰株沐浴全光照，如是阴雨天，也应灯光补照。有升温条件的，也可把气温逐步调高至30℃以下。

8. 及时防治病虫害

随着气温的逐渐回升，各种菌虫害也蠢蠢欲动，为害兰株。应常检查测报菌虫情，及时选用广谱高效的杀虫灭菌药剂，全面而周到地喷施防治，如已发现有菌虫为害的，要每天施药1次，续2~3次，方能彻底干净地防治。具体该选用何种药剂，请参阅本书第九章春剑兰的病虫害防治，或参阅拙作《养兰千问》"病虫害防治篇"。

9. 诱促花原基形成

由于采用了一系列的促芽措施，也许叶芽发得不少。这样营养生长高度活跃，必然抑制了生殖生长而不能开花。真有无心插柳柳成行，有心栽花花不开的遗憾。如有必要让兰株于明春现花送芳，就要从叶芽伸出基面时，开始诱促之，

否则多难开花。

叶芽伸出基质面，长至2~3cm高时，便有个近月许的缓长生根期。此期其母株只传递给子芽生根信息，不供营养生长养分，以逼其逐渐自立。而母株的生殖生长相对活跃，正形成“花原基”(分化花芽的胚)。但是如果母株发的叶芽较多，出于爱子之心，除了传递给叶芽的生根信息之外，还要供给少量养分以维持叶芽的生命。叶芽多了，供给付出就多，也就难分身从事生殖生长。所以，叶芽多的，多不可能开花。但如有适时诱促，大多还可形成“花原基”，分化花芽，应期开花。其诱促措施有二。

①小抑营养生长。当叶芽伸出基质面约2cm长时，选用500~800倍液“比久”(B_9)喷施1次，略为抑制或延缓营养生长，而为生殖生长让路，同时也有利叶芽的长根和新株叶的短阔厚。

②施用生殖生长诱导剂。即在施用“比久”后的第5天，选用上海产高纯度的磷酸二氢钾与硼砂($Na_2B_4O_7 \cdot 10H_2O$)或硼酸(H_3BO_3)1200倍液(先用半量水稀释硼元素，然后加入磷酸二氢钾，最后加足所需水量拌溶)也可选用500倍液美产“翠筠B-3活力素(开花肥)喷浇并举，1周后，再喷浇1次。

二、夏季管理要点

夏季，昼长夜短，赤日炎炎，时有雷阵雨，是个高温高湿的季节。也正是兰株的旺长期。母株分蘖的叶芽，相继伸长、展叶、发育；“花原基”分化花芽。由于气候高温高湿、给菌虫害创造了高速繁衍危害的条件，往往只要短短的2~3天许，便可致使兰园里的盆兰，死伤狼藉。因此，夏季养兰的工作重点是、适供水肥，遮阳降温，保湿通风，防治菌虫。

1. 适供水肥

①适时浇水。所谓适时，就是每当培兰基质偏干时，及时供水。如何获知盆兰基质偏干呢？这就要参考本章第二节中介绍的“称重法”“翻检法”“叩盆法”“植物测报法”“盖水草测报法”等查检法，去发现盆兰基质的干湿状况而决定浇水。

总之，兰花浇水的原则是无土栽培和以颗粒土、树皮、沙石等粗糙植料混合为基质栽培的，浇水原则是“宁湿勿干”。即使基质没有偏干，又浇水，也不成问题。对于有土栽培和含土类植料较多的，保水性能强的基质栽培的，浇水原则是“宁干勿湿”。因为此类基质尽管已偏干，但基质里尚充满着水湿气，而这种“水湿气”，被称为“气化水”，正是最适合兰根吸收的水状态，也正好可使根能发挥其固有的趋水性的本能，往盆下部找水而自然延伸根体，达到根系发达的目的。因此说，此类基质偏干三五天，并不会影响兰株的正常生长。

不过，对待任何问题，都应是适可而止，不要从这个极端走向另一个极端。有土和含土植料栽培的，虽可偏干数日，但也不宜偏干过久。为了避免偏干过久和解决兰盆上部基质已偏干，而兰盆下部基质仍偏湿的矛盾，应适时采取"补水"的办法解决之。即追浇平时盆浇水量的1/3许，以调和上干下湿的矛盾。

对于无土栽料和混合粗植料的盆兰，虽是可以"宁湿勿干"。但并非浇水越经常，越多越好。也应根据气候和兰盆基质的干湿情况而决定是否浇水。如大晴天，光照强，气温高，为了给盆兰降温，即使盆里基质未偏干，也可浇水。如果不是为了降温之需，就不要机械地理解"宁湿勿干"，而频频给盆兰浇水。因此说，除了降温需要之外，也应检查盆内基质的干湿情况而决定是否浇水。

②适当施肥。所谓的适当施肥，是要参考本书本章第二节所提到的"施肥总则"与"施肥细则"进行施肥。切记，肥质偏酸、浓度宜淡、间隔时间宜长。每次施肥后，用无土植料与混合粗植料栽培的，二三天内，浇水冲掉；用土类植料和含土粗植料混合栽培的，待基质略偏干时(约周许)也应用水冲洗之。值得一提的是，上盆不久的盆兰，由于根系创口尚未结痂，不宜施肥，以防肥料渍烂根系创口而烂根，要待有新根长出2cm许(这可印证根系创口基本结痂)方可施肥。

夏季是兰花的旺长期，可选施高氮型肥料，如：美产高氮型"高乐"、美产"花多多10号"、美产"维果5号"等与沤制有机液肥混合，1500~2000倍液浇施。无土植料和无土粗植料栽培的，每15天施1次；有土植料和有土混合植料栽培的25~30天浇施1次，则足矣。

叶面喷施，一般1周1次，如把原说明的稀释倍数，扩大1倍(原1000倍，改为2000倍)可以3~4天喷1次。

效果较显著的叶面肥有：500倍液四川成都华奕科技发展公司出品"兰菌王"、"兰博士"；500倍液成都思源生态园林开发中心出品的"兰欣203特效优质营养液"；3000倍液美产"维果复合微肥"(无土栽培的尤为需用)等。

2. 遮阳降温

夏季骄阳似火，气温高得似蒸笼。如无提高遮阴网密度，兰叶易遭日灼害；30℃以上高温无迫降，兰花的营养生长将被逼停滞，无形中损失了可贵的生长期。由是古代兰花园艺家提出了"夏不日"的告诫。

通常夏季的遮荫密度要有75%~80%，高档线艺兰要有85%~90%。但要随光照强度而增减。早上9：00前可以全光照，阴晴天有50%~60%的遮荫密度即可。阴天和缺少光照的场所，白天尽可能用灯光补照。

降温的措施主要有：加强遮荫、增高空气湿度和加强通风。

3. 保湿通风

对于水泥地板的保湿，可在兰架下的四周用砖头围堰，铺上塑料薄膜，充填

沙子 5cm 厚以上，淋透水；对泥地面的，可常向地面淋水或设置水面。也可在养兰场所的墙壁悬挂湿棉毯，还可在各个盆面薄铺水草喷湿。

保湿和通风并不完全矛盾，应该是既对立又统一。水分的蒸腾主要靠光照与温度的作用，但风也有很大的推动水分蒸腾的作用。如果没有通风，湿度过高了，叶鞘易黑腐，花开易变形，病虫害也易高速繁衍为害；没有通风，空气便污浊、沉闷，有碍兰株的健康生长；没有通风，兰室内的二氧化碳得不到补充，无法满足兰株光合作用之需求。养兰场所的面面通风，固然需要，但也不是风越大越好，而只需有徐徐的和风，使兰叶能有微微的晃动即足矣！风太大了，不仅会使兰叶相互磨擦而造成机械性的损伤，更会使幼嫩的新叶基，由于过度摆动摇晃而有不同程度的张离假鳞茎，而导致新株心在偶有水渍的情况下腐烂。因此，为了降温而加强通风的，宜在兰室顶部和兰架下的不同方向分别设置进风扇和排气扇，而不宜用高档电扇对着兰叶吹。

4. 防治菌虫害

夏季高温、高湿，几乎所有的菌虫害都处于高速繁衍期。其常见的虫害有介壳虫、蓟马、短须螨、线虫、蛞蝓、蜗牛和苍蝇、蚊子、蟑螂等。细菌病害主要是欧氏菌属。真菌病害有白绢病、炭疽病、黑腐病、黑斑病和疫病。病毒病害也在大肆扩染。具体的诊断与防治，请参考本书第九章春剑兰病虫害防治篇。

值得一提的是虫害不仅直接危害兰株，也义务传播各种病害和病毒病害。因此，在每次施药时，都应加入杀虫剂。

三、秋季管理要点

赤日炎炎似火烧，野田禾稻半枯焦。这正是金秋酷热、高燥气候的写照。到了晚秋，天气逐渐转凉，时有飕飕秋风扫落叶。这酷热、多风、高燥的气候对于还处于营养生长旺盛期的兰花有较大的影响。据此，古代兰花园艺家便提出了“秋不干”的告诫。基质干燥和空气干燥既影响了新株叶的继续发育，积蓄养分，膨大假鳞茎、壮旺根群；也影响了秋叶芽的分蘖发育和当年花芽的发育。同时，由于仍是高温，软腐病、茎腐病、炭疽病和晚秋锈色沙斑病以及介壳虫、短须螨等病虫害，都在猖獗肆虐。因此奉劝大家，不要以为，湿冷的霉雨春季和高温、高湿的夏季已过，可以松一口气，而疏于管理。而应继续降温、保湿，适供水肥，防治病虫。

1. 降温保湿

孟秋和仲秋，光照强度比盛夏更强，因此有“秋老虎”之称。尤其是 11：00 至 15：00，光照最强，气温最高，连狗都不断地张口伸舌喘气。在这个时间段，

应及时增加遮光密度、喷水增湿，开启进风扇和排气扇。

2. 适供水肥

当盆面基质偏干时，宜于上午 9：00 前进行一次补水，即向盆面浇施平时浇水量之1/3 许。经两次补水后，发现盆面基质偏干时，其盆下部基质多也已偏干，应浇透水。

由于孟秋和仲秋仍然是兰株营养生长的旺盛期，用肥仍可如夏季一样，使用高氮型复合肥和沤制有机肥。到晚秋，光照趋弱，气温转凉，当年春芽稍趋向成熟，花芽出土时。宜停用高氮肥，而改用有利株叶成熟、厚硬，假鳞茎膨大厚实，花芽肥硕的高磷型、高钾型肥料各 1 次。如1200 倍液上海产高纯度的磷酸二氢钾、1000 倍液美产"花多多 3 号"、1500 倍液美产"维果 6 号"、1000 倍液美产高钾型"高乐"等。叶面喷施，也应以 1500 倍液磷酸二氢钾、花宝 3 号为主。

3. 防治菌虫害

由于秋季的强光照、高气温和为降温而增湿。在这高温、高湿的条件下，菌虫害高速繁衍为害的势头猛于夏季。除了介壳虫、短须螨等害虫仍在繁衍危害和义务传播细菌、真菌病害和病毒病害外，还有多于冬季成灾的沙斑病(锈病)也在晚秋开始露头。其中最为严重的病害是细菌性软腐病和真菌性茎腐病和以尖镰孢菌引起的枯萎病(烂头病)。其具体的诊断与防治措施请参阅本书第九章春剑兰主要病虫害的防治。

四、冬季管理要点

农历的九月下旬，内陆冬季风已经形成，光照趋弱，气温逐步下降，北方已开始下雪。但长江以南和北方偏南地区，在初冬十月，仅是早晚偏凉，日间与晚秋相近似，故有十月小阳春之美称。秋天分蘖的叶芽仍在继续生长，要在十一月的"大雪"才开始进入冬寒。因此，十月小阳春，是兰花生长的第二个春天。病虫害在"小阳春"里，还在为害。尤其是锈病来势最凶。鉴此，冬季的管理要点，主要是防冻和防菌虫害。

1. 把握小阳春

十月小阳春，兰花的营养生长如春季样在缓缓地进行。我们应促进其发育得更加成熟，株叶根更加坚硬壮实而有较强的抗冻力，和为翌春开花、发芽、长根打下物质基础。

①扣水增光。适当推迟浇水时间。无土粗植料栽培的，推迟 1 ~ 2 天浇水，有土和含土基质的，推迟 3 ~ 4 天浇水。除中午阳光过强，给予 90% 遮荫密度的遮荫网遮荫外，其他时间，均宜让其全光照。

②停氮追磷钾。不论是浇施，还是喷施，均不宜用含氮的肥料，只用磷酸二氢钾浇喷。

③夜不封闭保温。十月小阳春，夜间和凌晨气温虽较低，有的地区，也许还有薄霜。但不要紧，正好给兰株以适应冬寒的锻炼的机会。此段时间，不必过早密封防冻，尽可于夜间敞开门窗，让其领略初寒。

2. 防治病虫害

除了在十月小阳春期间，应重点选用600～800倍液"粉锈星"等能防治锈斑病的药剂连续喷施2～3次外，就是要选用能抑制"冰核细菌"的2000倍液农用链霉素喷施，7天后续喷1次。冻害不仅仅是低温造成，其中有"冰核细菌"在起催化冻害的作用。喷施链霉素可以抑制冰核细菌而起到明显减轻冻害的作用。

约于农历十一月下旬，选用50%硫磺胶悬剂（农资商店有售）与多菌灵混合（每50g硫磺胶悬剂混入25g多菌灵，拌匀）稀释400倍喷施1次。既可杀灭或抑制多种真菌病害和红蜘蛛、叶螨、锈壁虱、蚧壳虫等虫害，以让兰花安然越冬；尚可大大地减少翌年的菌虫害发生。

3. 保温防冻

野生春剑兰能耐受零度低温，在长江流域能露天栽培，在0℃左右能安全越冬。可是一经人工引种栽培，生长环境变优了，又在肥料、农药、激素和类似激素样物质的刺激下，其耐寒力已大为下降。大约只能耐受2～4℃的低温，不能忍耐骤然而至的"凌霜"（厚霜）。这"凌霜"一旦直接侵入发育不完全成熟的新株心和花苞及盆面地表层，不仅新株和花苞被冻死，连假鳞茎基部的发芽点也将冻坏。严重的，根群和老株全被冻死。

保温防冻，千万不能大意。历史上没有低温、冻害发生的地区，也有可能遇到偶然的低温冻害发生。如冬暖的广州，也会有几年一次霜冻发生。下面分别介绍各种栽培管理方式的防冻要点。

①家庭观赏栽培的防冻。少量几盆的，寒冻来临，移入暖室，并设置水盆或水托盘保持空气湿度，便可安全越冬。不过当气温略有回升，或有太阳时，移出避北风处沐浴阳光、呼吸新鲜空气一小段时间，自然更好。

对于气温低于－2℃，而又无暖气的居室，可把盆兰置于桌子下面，然后用塑料薄膜盖严。气温太低的，还可在塑料薄膜上再盖旧棉毯。如要求陈列美观的，可根据盆兰数量，自行设计框架罩，框内缘用双面胶布黏贴一层塑料薄膜，框外缘也贴一层塑料薄膜（厚薄膜好），这样一个框架罩就有两层塑料薄膜，其层与层之间就藏有不流动空气，可避免热量的传导而提高保温效果。把此框架罩住盆兰，里面挂支温度计，农历十一月下旬或十二月为春化阶段，温度5～8℃、三周后，可让温度升高。

②简易兰棚和无加温设施的冷兰室的防冻。此类冷棚室，在棚室内再架设小拱架并盖上厚的塑料薄膜，可抵御－2℃左右的低温。棚室顶加盖厚的草帘、也

可增加保温防冻力。如有 -2℃以下的低温的，可在棚室内，离兰叶约1m高处，多处悬挂40W普通照明灯泡以增温。也可在兰架下，设电热棒升温。但不能在棚室内用明火（煤炭、木炭生火），只能在棚室外烧火煮水，把水蒸气引进室内升温（可用高压饭锅煮水，把蒸汽输入室内的金属管道，绕几周后，排出室外）。

不论采用哪种加温措施，棚室内必须设置几个水盆以增湿。

如遇光照强、气温升高时，应开启门窗通风换气。

③现代化温室的防冻。只要输入信息恰当即可。要注意的是别把空调机的出风口对准兰株。可对准兰架下，或出风口朝上，另设小电扇把热风吹散。

4. 适量供水

水是兰株的命脉，离开了水，其生命就不存在。兰株在冬季休眠期，只是新陈代谢活动大大减缓，并没有停止。如人在睡眠时，心脏还在有节律地跳动、呼吸系统还在不停地吐故纳新，消化系统也并无停止，只是这些生理活动减缓而已。兰花植株在冬冷休眠期，只是营养生长大大减缓，并无停止，而生殖生长却在照常进行，这些生命活动都需要一定的水分支持。如果让兰株完全干透，必将脱水而枯。因此有“干冻”远比“湿冻”严重得多之说。干冻是几乎没有生命力可抵御冬寒，兰根只剩一层皮的“冇根”，就是曾遭遇干冻的一种表现。“湿冻”是指培兰基质有水分，能维持生命活动之所需，尚还有生命力可抵御寒冻。当然对无升温防冻条件的，基质水分过丰，会导致基质结冰。因此提出“冬不湿”，是指基质水分不宜过丰，即不能太湿，并非不能有水分滋润。并不是说，“冬要干”或“冬要干透”。

对于具备采温防冻条件的，不存在基质结冰的可能，当盆兰基质偏干，需要浇水时，仍可照样浇透水；对于不具采温条件，仅是具有保温措施的盆兰，基质湿度过大，一旦有超常的低温到来，基质会结冰，会导致严重冻害发生，只好在基质偏干时，如平时的“补水”一样，浇下平时浇水量的1/3或1/4，以补充其生命活动之急，过些时候再补水。

5. 增光保湿

上面谈过，兰株休眠，只是营养生长大大减缓，并无完全停止；而它的生殖生长，却相对活跃。因此在冬季休眠期，同样需要有阳光沐浴，利用阳光这个光合作用的能源自制养分，维持生命活动的付出和供给花蕾的发育，以及供给叶芽的分化。如此说来，兰株冬季仍然需要光照。冬季的光照一般不强，完全可以全光照，仅在有些地区，冬季中午的阳光较强，人未戴斗笠在强光下也会冒汗的时候，应给50%密度的遮荫网遮荫，待光强较弱，便应撤去遮荫网。养兰场所多日无光照的，最好在白天用灯光补照。

除了需要光照外，也需要有一定的空气湿度。无采温、防冻的养兰场所，空气湿度要保持不低于50%，有采温、防冻设施的养兰场所，空气湿度可保持于60%~70%。

第八章 春剑兰的繁殖

兰花的繁殖，可分为有性繁殖和无性繁殖两大类。春剑兰的繁殖自然也一样。有性繁殖是用种子萌发而获得许多新个体——实生苗，所以又被称为种子繁殖。而无性繁殖是分离营养体(分株)，或利用外殖体的细胞培养而获得大量的新个体，因而又被称为营养体繁殖。

第一节　春剑兰的有性繁殖

有性繁殖即是利用种子，经播种而萌发出新苗的方法来繁殖后代的，是花卉和农作物最常见的繁殖方法，简便易行，可以大量繁殖。育新奇品种，因此堪称为一举多得的一种繁殖方法。特别是它可以通过多元杂交的手段，以加快自然选择的变异进程，为人们奉献出更奇特、更丰富的美之享受。因而，有性繁殖，已被越来越多的有识之士所青睐。

有性繁殖虽是一举多得的繁殖法，但也有其相当大的局限性。那就是有性繁殖的幼苗其遗传性状会出现分离，即和母株不一样，呈现父株或祖株的性状。甚至因为基因突变，出现新的性状。同时，由于兰花的种子异常细小，又不具备可供种子萌发和幼苗生长的营养物质——胚乳，给种子繁殖带来了巨大的困难，以致发苗率甚低。此难题有待于进一步攻关。

一、杂交育种

春剑兰的育种，除了最简单易行，而又有实效的杂交育种之外，还有诱变育种、植株细胞育种、太空育种、多倍体育种、单倍体育种等。由于后5种育种法、需要有相当的技术条件和先进的设备条件，不易采用。有此意向者，应查阅相关的专业书籍并向相关专家咨询。本书仅介绍杂交育种的方法。

兰科植物在种间和一些相似属间都有较强的杂交亲和性。它不仅可以保持双亲或多亲的优良性状，又可以集合种属间的优秀特点，异化成更优秀的性状，而且经杂交育成的后代，均具有长势健壮，抗逆性强等优势。不过其杂交育成的后代，多不能再作为杂交的亲本，故必须注意育好原来的杂交亲本，才能不断地培育新佳种。

1. 优选亲本

(1)要依创育目的优选亲本

①要创育出株形叶态优雅、花葶出架、花色优美的佳种，就应该格外重视优选具有这些方面优势的植株为母本。因为叶态、葶高、花色多倾向于母本。

②要创育出早花佳种和花形佳种，就应格外认真优选具有该方面优势的植株为父本。因为早花和花形的遗传多倾向于父本。

③要创育出花气香醇的佳种，就选择花香均好的父本和母本。因为花香是取决于父母本双方的基因遗传。单方好的、要经多次杂交，方能有逐步增强。

(2)优选遗传特性特强的植株为亲本

①优选遗传性特强的母本。由于种子是靠母本养育出来的。因此杂交育成的新种多倾向于母本，由是要格外重视优选遗传基因强的母本。这也与兰界热衷于云集真正下山的良种相吻合。通常认为：野生原种的遗传性远比久经驯化栽培的种苗强。当地的野生种苗比外地的野生种苗强、传统厚度种比杂交种强。

②优选遗传性特强的父本。从杂交育种的实践发现，父本的遗传性常由于近亲育成而减弱。这里所指的近亲是指同一个培育场中的分生苗，或由本兰场传播出去的由同一母株经无性繁殖方法分生出的种苗。因此，要选择遗传性强的父本，应从远地的野生兰中，选择远缘父本为佳。

③在非花期选种时，要全面审视。不仅要从株形叶态上审视，而且要从叶质、叶鞘、假鳞茎、芽形、芽色等方面审视，同时还应注意根形等特征。

④认真记录相关信息。以为今后研究和继续选择佳种，留下参考信息。如选出地址隶属何主山脉之小山的哪一侧。有可能的话应记下它所处的经纬度、海拔高度、气候概况、山形地貌、共生何类兰、伴生植物、选采者、选采时间、路线等。

⑤育壮母本是提高母本遗传力的关键。因为母本多为自家栽培的，有育壮的条件。而育壮母本的关键在于养壮根系，而养好根的基础在基质，根本在管理。值得一提的是，要适当增强光照量和常施有机肥。

2. 人工授粉

(1)搜集父本花药

由于可供杂交用的父本其花期多难与母本花期相一致。所以需及时搜集父本花药并妥善保存备用。此外，有条件的，应尽可能在父本植株花蕾排铃期间，选用广谱、高效的杀虫灭菌剂稀释液全面喷施1次，以防花药有污染。

当父本花朵初绽时，用经消毒过的镊子，把其中最硕大、花形特征最典型的花药取下，用洁净白纸承接花药(一张白纸只能承接同一葶上的花药)后，尽快

倒入经过严密消毒的玻璃瓶里，密封好。标上父本名称和收取花药日期的防水标签。为了彻底避免标签字迹模糊，可把盛有花药的小瓶，套入经消毒过的大瓶里，然后尽快放入冰壶中，随着移入冰箱贮藏。保鲜期可达半年之久。

(2)剔除母本花药

母本植株，除了平时及时防治病虫害外，在花蕾小排铃时，要再1次喷施杀虫灭菌剂，以杜绝病虫害的侵扰。翌日，用事先准备的，经75%酒精浸泡或经蒸汽消毒过的双层医用沙布套袋，把整个花莛套住，并略扎紧套袋的下口。以防昆虫等外界因素影响创育质量。

当母本花绽开时，先用消毒剪刀剪除遮掩合蕊柱的部分中萼片与花瓣，以免影响授粉时的操作。继而用经消毒的镊子剔除母本合蕊柱上的花药。

(3)授粉

在剔除母本合蕊柱头上的花药后，应尽快将父本花药蘸至母本蕊柱顶端之柱头蕊腔处，以便让蕊腔分泌出的黏液，粘住父本花药。然后罩上新的，经消毒过的双层医用沙布套袋，并略扎好下口，以防昆虫再行传粉干扰。

授粉工序完毕后，应用大型的防水标签，标明父本、母本的花形、花色、花期和授粉日期，并编上号码，同时，还应及时做好记录，并注明该号杂交盆兰陈列的具体位置，以便日后寻找。

3. 授粉后的母本兰株的管理要点

①将母本盆兰置于温暖、清爽并有散射自然光照的环境里管理。

②基质保持相对湿润，切勿过分偏干，以确保母本植株能得到足够的水分滋养，以满足授粉蕊柱发育之需。

③在授粉花朵尚未完全凋谢之前，喷施水肥药之前，应先用干净的塑料套袋套住授粉花莛(操作要细心，慎防碰撞授粉蕊柱柱头)以防水、药液渗入授粉蕊柱上的花药腔，引起腐烂而失败。

④授粉后，在子房尚未明显膨大时，不施用任何肥料，以防株体营养生长过度活跃而抑制生殖生长而导致坐果失败。

4. 果期管理要点

①当蒴果一旦结成，应尽快剪除弱小蒴果，只选留处于花莛顶部的粗壮蒴果，以促进种籽饱满，提高发芽率。

②果期用肥，应少氮多磷钾，不施高氮型肥料。通常每隔半月浇施1次1000倍液美产“花宝3号”，或1200倍液上海产高纯度的磷酸二氢钾。也可浇施沤制的有机肥液。

每周可喷施1次1200倍液磷酸二氢钾，每月喷施1次德国产“植物动力

2003”以促进种子饱满。

5. 蒴果的采收

蒴果结成后，约需经一年余的发育，待其果色日渐由青绿转青黄，这就是表明蒴果已发育成熟，可以采收了。采收前，应用75%酒精棉球消毒蒴果、果柄和刀具。待干后，再消毒，续3次。然后用消毒剪刀，剪下蒴果，放入经消毒过的玻璃瓶里，密封后，置于干燥、阴凉处保存，以备翌年春末或夏初播种。

二、播种育苗

春剑兰种子的播种，与所有地生根兰花一样，可分为有菌播种育苗和无菌播种育苗两种播种方式。

1. 有菌播种

有菌播种法，指在自然环境中播种。虽是简单易行，但成功率甚低。不过，如能采用专用盆播种，精心管理，也会有一定的成功率，有兴趣者，尽可一试。

(1)在母本盆面播种

虽然母本盆面有兰菌，种子有机会获得兰菌的帮助而提高萌芽率，但母本盆面会因浇施水肥药而把兰花种子冲出盆外，致使种子失去了萌芽的条件而浪费掉。可利用塑料饮料瓶剪成长条状，固定于盆缘，以提高盆缘高度，阻止兰花种子被水冲出盆外。

其具体播种程序：把水草(苔藓植物)经800倍液广谱高效杀虫灭菌剂稀释液浸泡60分钟后，捞出，并冲洗去农药残留物。拧干后，切成1cm长的碎屑，用1500倍液医用阿司匹林溶液喷湿后，薄摊于母盆面(约0.5~1.0cm厚)，然后把种子匀撒其上。

为了提高种子的萌发率，可参考无菌播种的种子消毒法，事先对种子进行消毒，效果会好些。

(2)专用盆具播种

1)播种前准备工作

①备好盆具。以软体黑色塑料盆俗称营养杯为最好。

②备好基质。以明火烧成的软木炭为垫盆底作为疏水透气层(约3cm厚)为最佳。砂石植料作垫层较次。用林野黑色腐殖土混入40%的火烧土，筛去粉末状土，留下米粒大的小土粒，经高压饭锅蒸汽消毒冷却后，充填于盆垫层之上至盆高度之三分之二许。浇透600倍液的精品“兰菌王”稀释液。

③播种。最好参考无菌播种的种子消毒法，事先对种子进行消毒处理。把种子匀撒于基质面上。

④覆盖种子。选用经事先消毒处理过的水草屑，覆盖种子约1cm厚，即告播种完毕。

⑤近密封种盆。选用不锈钢丝或竹片在种盆缘架设约40cm高的小拱架，然后用洗洁精清洗过的黑色塑料袋倒套种盆，并扎紧下口。接着在塑料袋四周，各刺1~2个米粒大的小孔，以让种盆能微透气。

⑥播后管理。把近密封好的种盆置于有散射光照(2000勒克斯)处管理，注意防低温、霜冻，也防高温、闷热。尽可能保持有18~26℃的适温和60%~70%左右的相对空气湿度。

每隔半月，揭开塑料套袋，检查基质干湿度1次。如偏干，可喷洒水分以湿透基质。每隔3个月，可选用1200倍液德国产“植物动力2003”稀释液淋洒透1次，以提高萌芽率。

当种子出芽后，如基质偏干，可选用600倍液精品“兰菌王”，或1000倍液美产“花宝5号”淋洒。并加强通风，吹干新芽心积水，以防烂芽。也应继续近密封管理。

当子芽长至5cm高许时，应揭去塑料袋炼苗。注意防治病虫害和适当叶面施肥(500倍液美产“翠筠B-1活力素”有很好的开根发芽活力)。

当子芽长至10cm高时，便可移植。

2. 无菌播种

无菌播种育苗，指在完全消毒、灭菌的环境中播种。虽然出苗率较高，但它要有近如组织培养的设备与技术。不过也不是高不可攀的。近几年来，各地均有人试用此法育苗，都获得一定的成效。

(1)必要的设备

无菌工作室、工作台、播种操作箱、试管、广口玻璃瓶、高压锅或微波炉等。

(2)用具的消毒

①工作室、工作台、播种操作箱应用75%酒精棉球消毒3遍后，打开紫外线灯，照射、消毒30分钟以上。

②广口玻璃瓶、试管、吸管、脱脂棉塞等都应用洁水煮沸30分钟、或高压锅蒸汽消毒。待冷却后，移入操作箱内备用。注射器、粗针头可选用一次性医用注射器。

(3)种子的消毒

种子，通常有2种消毒法。

①双氧水消毒法。用医用3%双氧水(H_2O_2)浸泡种子30分钟。

②漂白粉消毒法。用新鲜而干净的漂白粉10g溶解于140mL的蒸馏水中，过滤去渣。然后，将种子浸泡于漂白粉溶液内30分钟。如果种子不下沉，无法浸没种子时，可在漂白粉溶液中加入数滴95%的医用酒精，其种子便可自然下沉。

不论采用哪种消毒法，只要消毒时间(30分钟)一到，便要在无菌操作箱里，用过滤纸滤出种子；并用蒸馏水拌洗、换水3次。最后滤出种子，暂存于无菌操作箱里待播。

(4)培养基的成分

适合于兰花种子萌芽用的培养基有数十种。现选摘最为适用的2种如下(见表8-1，8-2)。

表8-1 Knudson So1，N培养基

成　分	含量(克)
硝酸钙[$Ca(NO_3)_2 \cdot 4H_2O$]	1
硫酸铵[$(NH_4)_2SO_4$]	0.5
硫酸镁($MgSO_4 \cdot 7H_2O$)	0.25
磷酸二氢钾(KH_2PO_4)	0.025
硫酸亚铁($FeSO_4 \cdot 7H_2O$)	0.05
琼脂	15
蔗糖	20
蒸馏水(加至)	1000 mL
酸碱度(pH)	5.1

摘自吴应祥著《中国兰花》1994年6月第2版，第2次印刷本。

表8-2 Knudson改良型培养基

成　分	含量
硝酸钙[$Ca(NO_3)_2 \cdot 4H_2O$]	1 g
磷酸二氢钾 KH_2PO_4	250 mg
硫酸镁 $MgSO_4 \cdot 7H_2O$	250 mg
硫酸铵[$(NH_4)_2SO_4$]	500 mg
硫酸亚铁 $FeSO_4 \cdot 7H_2O$	25 mg
硫酸锰 $MnSO_4 \cdot 4H_2O$	7.5 mg
硼酸 H_3BO_3	1.0 mg
烟酸	0.1 mg
核黄素	0.1 mg
吡哆醇氯化氢	0.1 mg
硫胺素氯化氢	0.1 mg
抗坏血酸	0.1 mg

续表

成　分	含量
精氨酸	5 mg
天门冬酰胺	5 mg
蔗糖	30 g
琼脂	17 g
蒸馏水(加至)	1000 mL
酸碱度(pH)	5.3

摘自陈心启等著《中国兰花全书》2000 年 10 月第 2 版，第一次印刷。

(5)培养基的配制

装培养基的瓶子和试管，经蒸汽消毒后，移进无菌操作箱里备用。用些许蒸馏水，分别稀释各种成分后，混合搅拌，添足蒸馏水量，再搅拌均匀，分装于各个培养瓶或试管里。要注意，每个容器中，只能装 2～3cm 深度的培养基。然后用经消毒过的长形医用脱脂棉塞塞紧。

(6)培养基的消毒

把瓶或试管装的培养基，放入蒸汽消毒锅内，或微波炉内，消毒 30 分钟后，待稍凉时，取出移入无菌操作箱里，以备播种。

(7)播种

当培养基冷却凝固后，便可在无菌操作箱里，把经消毒过的兰花种子撒入培养基中，量要少，撒要均匀，不要让种子埋入培养基里。接着把瓶塞塞好。然后用洗洁精清洗过，又用 75% 医用酒精棉花球消毒三次的塑料薄膜封住瓶口，并用小松紧带扎紧。最后挂上标有名称、号码、播种日期等防水标签后，移入经紫外线消毒 30 分钟的培养室里培养。

(8)播后管理

培养箱或培养室的温度应保持在 20～24℃，冬季不低于 20℃，空气相对湿度应保持在 70%，光照要保持在 2000～3000 勒克斯。

经常检查，如发现有受污染，培养基变色种瓶和种试管，应立即清除。一般经 3～12 个的培养就可以萌芽。其萌芽时间的长短，因兰花的种类和具体品种而异。种子膨胀时呈淡黄色，逐渐转变为黄绿色，最后呈绿色。

种子萌芽时，先生根，后长叶。待到每株幼苗长有 3 条根以上，芽叶长成团时，应移植于培养箱中，再次培养。

(9)上盆栽植

当幼苗长至 10cm 高时，便可以移植于盆里培养。

培养基质为腐殖土、泥炭土(经测定无含氯化钾和矿物盐的好)、木炭粉、

火烧红土、细沙、水草屑各等分拌匀，经高压蒸汽消毒后使用。

幼苗从培养基中取出时，苗根会有培养基粘附，可用1000倍液甲基托布速溶液冲洗干净后上盆。然后移入无菌培养室培养。

室温保持20～24℃，冬季不低于20℃，湿度保持在70%，光照保持2000～3000勒克斯，基质不偏干不浇水。每天用冷开水喷细水雾1～2次。2周后，可选用6000倍液“喜硕”，1500倍液“花宝1号”500倍液美产“翠筠B－1活力素”、600倍液精品“兰菌王”、600倍液“兰欣203精品营养液”等之一，每3日，交替喷施1次。

应经常检查，如发现有病虫害，应及时施药防治。待幼苗长出新根后，长势茁壮时，便会分蘖叶芽，最好待新芽长至10cm高时，进行再次移植。

第二节　春剑兰的无性繁殖

春剑兰的无性繁殖也和其他地生根兰花一样，是利用植株营养体分离的方法来繁殖的，故又称为营养体繁殖。它包括传统的分株繁殖和组织培养两种繁殖方式。

组织培养繁殖法不仅是目前最为先进的繁殖方法，而且又是繁殖量最大的繁殖法，但它需要有较高的专业技术条件和较先进的设备，暂还不能被广泛采用。有意搞组织培养繁殖者，应找专业书籍参考，并联系相关部门进行专业培训。本书仅对传统的分株繁殖和无叶假鳞茎的再利用，作一下介绍。

一、分株繁殖

分株繁殖是把已生长成多株连体的成丛簇兰，以两代以上连体为单位，进行掰离另植，以达到增殖目的的繁殖法。此繁殖法，虽然繁殖速度慢，但具有操作简单、成活率高、增株快、易于复壮、开花快，尚可确保品种的遗传特性等优点，因此，自古至今，仍为最普遍应用的最基本繁殖法。

1. 分株繁殖的条件

通常，兰苗上盆培养两年以上，兰株已长满盆。兰盆再也容纳不下再发展的新株，于是就择时进行脱盆分株繁殖。不少人，为了提高发芽率，增加品种株数，对于每盆或每簇已有4株以上连体的簇兰，掰折成2簇种植。有的还把2株连体的小簇兰，进行半离体逼芽；有的干脆掰拆成单株散植。实践证明，拆散单植，确实能提高分蘖力，但易出弱小株，复壮开花也不易。除了根群壮旺的特壮苗之外，还是勿拆单散植为好。

一般以母子株连体为单位栽植为稳妥，如果母子株中的子株的假鳞茎已发育长成与母株假鳞茎，差不多一样大的，提示子株已发育成熟，其根系也很壮旺的，还可把母子株掰拆成半离体又相依连的母子株栽植，其分蘖力，肯定比母子株全连体栽植的高。

2. 分株的时间

应该说，只要操作恰当，管理周到，一年中的任何一天，都可以进行分株。不过酷热天分株，较易导致创口腐烂而影响成活率；冰冻天分株，也易过早地干扰兰株休眠，还会因浇施定根水而导致基质冰冻而冻枯。如果在酷热天分株时，创口能用药剂消毒保护，又能把温度控制在30℃以下，也不致于出问题。冰冻天分株的，只要有保温防冻，气温保持在5℃左右，也不会出现冻害而枯死。

通常有3个较为合适的分株时间段。

(1)早冬分株

早冬是指农历10月的“立冬”前后，也就是“十月小阳春”的时间。此时间段光照和熙，气温尚未明显下降。当年分蘖的新芽株多已发育成熟，分株后，又有一段适于兰株生长服盆(适应新的生长环境)的时间。既不会影响兰株的休眠和度春化，又不会过多地伤害花芽。尚且由于此时分株上盆，有利服盆，可明显地提高翌春的发壮芽率和出壮苗。因此说，此时间段，是最合适的分株时间段。

(2)花后分株

花后分株，可不用担心因分株而伤及花蕾，多数也未有叶芽会致伤，是权宜的分株时间段。不过此时气温低，不具升温、防冻条件的养兰场所，易因分株上盆浇定极水而导致基质冰冻而产生冻害。另方面，由于比“小阳春”分株的迟了，气温低，不易服盆，发壮率和复壮力较次些。

(3)春暖分株

春暖是指“清明”前后，自然气温明显回升。但有的地区，也可能会有“倒春寒”的短期低温冰冻发生。此时间分株上盆，可以促使休眠的兰株，提早苏醒，早日进入营养生长，分蘖叶芽。不过此时间段分株，除了还要做好保温防冻工作外，对已有带小叶芽的兰簇，分株时，要格外小心操作。此时间段分株的最大不足是，新分株上盆的兰株，尚未服盆就分蘖叶芽，其叶芽较弱，长势也较缓慢些。

总而言之，还是以早冬或晚秋时间段分株，既不会过多地伤及花苞，又能让兰株有个服盆时间，也不会因分株而冻枯，更主要的是翌春能多分蘖壮芽、出壮苗、出花苞。堪为较合适的分株繁殖的时间段。

3. 分株的方法与程序

(1)脱盆起苗

对于已长满盆的盆兰，脱盆起苗也不甚容易。如果强行拔出，不是拔断部分植株，就是拔断的根系太多。这样，对今后的生长不利。古人曾毫不吝惜地敲坏兰盆取苗。不过这种做法，除非不得已而为之。

通常可侧放盆兰，用手拍打盆外壁四周，让盆内基质相继掉出，也可挖掉盆沿的部分基质后，边拍打盆外壁边用力抖动兰苗。如果还不能顺利脱盆，可选择处于盆沿的最小簇兰苗，挑去株基的大部分基质，继续拍打盆外壁，以倒出更多的基质后，挖拔出这一小簇兰苗。突破了一点，其他的就比较容易脱盆啦!

如是黑色软体塑料盆(营养杯)，只要略挤压兰盆外周，盆内基质一松动，很快便可倒出盆兰。

(2)晾晒兰根

刚脱盆的兰株根上，常粘附有不少培养基质。以往多集中用水冲洗。可是集中冲洗，极易扩染病虫害，尤其是扩染病毒病害。故现建议免去集中冲洗这道工艺，而采取晾晒株根，这样依附于株根上的培兰基质，便会自然掉去的。

通过略晒兰根，处于根体中的少量叶绿素，也能享受到难有的沐浴阳光的温馨而促动营养生长的活跃而增强分蘖能力。还可通过晒根而增强根体对消毒药剂的吸收能力而增强了消毒效果。

至于如何晒根、清杂分株、消毒种苗、上盆栽植和浇施定根水，以及栽后管理等工艺，已在本书的第六章中介绍过不再赘述。

二、利用无叶假鳞茎繁殖

凡是还鲜绿，或绿中泛青黄的无叶假鳞茎，都有几个潜伏的发芽点。只要能为其创造分蘖的条件，都有可能分蘖新芽，并发育成新的植株。现简介两种既简单易行，又富有实效的无叶假鳞茎繁殖法。

首先是处理无叶假鳞茎。剔除假鳞茎上的残存叶柄、枯朽叶鞘(叶甲)和老残根(也可把所有的根剪除，以便扦插)。继而把它放入600~800倍液的“天罗地网”(杀虫剂)与“甲基托布津的混合稀释液中浸泡30分钟后捞出，晾干。翌日早晨，把这些无叶假鳞茎摊于地板上，沐浴自然光照3小时以上(每隔30分钟翻动1次，以力求均匀受阳)。待冷却后，再放入具有促根催芽作用的600倍液“兰菌王”或美产500倍液“翠筠B-1活力素”，或其他促根催芽剂中稀释液浸泡60~90分钟后，捞出待种。

(注意：各个品种，应分别存放、摊晾。浸泡时，用沙布扎包紧，并挂上防水标签，以防混杂)

1. 专用盆培育

专用盆培育，适合于数量少的品种，以防品种混淆。

选用黑色软体塑料盆（俗称营养杯），盆底垫上软木炭、泡沫塑料碎块、粗河沙、小河卵石等之一，约 2～3cm 厚，为疏水透气垫层；其上选用林野腐殖土 60%，粗河沙 40% 拌匀为基质，填至盆高的 2/3 许；其上再撒入 1cm 厚的含砂多的黄土。然后，把处理过的无叶假鳞茎均匀插入，略露假鳞茎顶部即可。然后浇透促根催芽剂稀释液为定根水。最好用竹片或铁丝在盆缘架设小拱架，并倒扣上黑色塑料袋、扎紧下口。其倒扣的塑料袋四周各刺 1～2 个米粒大的小孔洞，以利略透气。接着把其移入有散射光照的环境管理。每月揭去塑料袋检查干湿度。基质偏干可浇水，但绝不宜浇肥。酷寒天，要保温防冻。32℃以上要注意降温。出芽后，可拆除密封，周喷叶面肥 1 次，月施淡淡稀薄肥 1 次。待新芽假鳞茎发育接近成熟时，也可以移植。

2. 畦地培育

①选好畦地，彻底清除旧畦土，并在地面上淋透 600 倍液甲基托布津溶液，以灭菌。待地面干燥后，撒上“呋喃丹颗粒剂”（每平方米撒 3～5g 药剂），或撒上茶油渣饼碎以杀灭地下害虫。

②在原畦地的四周，用旧木板或竹片围堰 10cm 高许。

③在围堰中，填入 2cm 厚的粗河沙，以作疏水透气层，尚可阻止蚯蚓上窜危害。

④在粗河沙面上，填入经暴晒干白的腐殖土 5cm 厚左右。

⑤在腐殖土面上，填入含沙量较大的黄泥土 3cm 厚，摊平。

⑥把处理过的无叶假鳞茎分品种、分段落，按 4cm×4cm 的行距，逐一插入黄泥土中，只微露假鳞茎顶部。注意，各个品种应插上防水标签。

⑦选用 600 倍液“兰菌王”，或 500 倍液美产“翠筠 B－1 活力素”或其他促根催芽剂稀释液，彻底淋透。

⑧在培养畦周围，用竹片架设小拱架，然后盖塑料薄膜，其周围用泥土把塑料薄膜压实，使之成为密封状态。如光照太强，宜用遮荫网遮荫。冰冻天，可在塑料薄膜上再架设略高些的小拱架，再盖一层塑料薄膜，其上再盖厚厚的稻草帘，以增强保温力。

如此培育，到翌年春暖，多数可以分蘖出叶芽。出芽后，如母假鳞茎未长根，不宜浇肥，只可喷叶面肥药，待新芽长根 2cm 长后，方可月施淡淡的平衡型叶面肥，或沤制有机肥。待新芽的假鳞茎发育成熟后，便可移植。

第九章 病虫害的防治

春剑兰等兰花。在人工繁育、组织培养、温室栽培下和肥料、农药、类激素等物质的刺激下，其野生的抗逆性锐减；随着兰科植物国际交流的增多，病虫害、病毒病害的范围和危害性都在不断地增加，它们之间的交叉、综合感染，让人防不胜防，甚至连控制也不易。因此，本章将介绍在国际范围中常见的，危害较为严重的国兰病虫害的防治，以供参考。

第一节　主要虫害的辨识与防治

有些人认为，危害兰花的虫害不多，即使有，既易发现，也易扑灭。于是不重视防，只待虫害多了，才喷一下杀虫药。其实，这种理解是不全面的。事实上，危害兰花的虫害并不少，有的不仅不易发现，甚至也不易扑灭。更令人震惊的是，绝大部分危害兰花的病害和病毒病害，都是虫害义务传播的，因此说，防治了虫害的发生，也等于控制了大部分病害和病毒病害的发生。这一箭双雕、一举两得的事，何乐而不为呢？

一、介壳虫

介壳虫是大家所熟悉的一类害虫。它是个庞大的家族，约有800余种。常危害兰花的多达几十种。其中危害最大的有糠片蚧、黄糖蚧、球盔蚧、红螨蚧、兰圆蚧、兰蛎蚧、国兰蛎蚧、蜘蛛抱蛋并盾蚧、中华突眼蛎蚧、褐圆盾蚧等。

介壳虫的繁殖力甚强，一年可繁殖多代。卵孵化为若虫，经过短时间爬行，即形成介壳，营固定生活，汲取株叶汁液，并排泄含有甜味的黏液，诱发烟霉病。

各种的介壳虫的年繁殖代数、越冬方式、产卵期、若虫孵化期等有所差异。通常每只越冬雌成虫于4月底(有的是1月底)产卵200～300粒，多数于5～10月的各月若虫孵化，自母壳下爬出活动，危害株叶、汲取汁液、传播菌病、排泄甜味黏液、诱发烟霉病。数日后营固定生活，形成蜡壳，通常的杀虫剂多无法渗透至壳内，给扑灭带来了困难。因此，自5月中旬起至11中旬，每月中旬的若虫孵化期，都应选用具有杀卵功能的杀虫剂，喷施叶背和株基1次。

如果介壳虫已成灾的、受害严重的盆兰，不仅叶背、叶柄、叶鞘、假鳞茎、基质、兰盆外围都聚集有介壳虫。必须用药剂稀释液浸盆并对兰架和场地全面淋药，方能彻底歼灭。

防治显效药剂有1500倍液40%速扑杀、1500~2000倍液介死净、1500倍液介杀特、扑杀介、克必灵等具有杀卵功能的杀虫剂。为了提高药剂的杀灭力，可于药剂稀释时，加入具有极强渗透力的150~200倍液的食用白米醋。

二、白粉虱

常见的白粉虱有4种，最常见兰花的是黑刺粉虱。它的体长仅1mm，为淡黄色，翅面覆盖白色蜡粉，仅刺吸口器为黑色而为名。它们在群聚为害时，常呈近似静止状态。因此，常被误为“白粉病”。其实，当您静观时间较长时，便会觉察出它们的动感而准确辨认。

黑刺粉虱，它寄生隐蔽，一年可繁殖多代。在高温、高湿条件下，短时间内，便可形成宠大的群体。只要旬月无施药扑灭，便可致使兰园里的盆兰，死伤狼藉，惨不忍睹。

黑刺粉虱的成虫在嫩叶背汲取汁液的同时，还分泌黏味物质，招引蚂蚁，诱发烟霉病等，危害较大。有些人，没仔细观察而把它误为白粉病，喷施甲基托布津等广谱高效杀菌剂后，其群体还在增大。来电咨询后，改用杀虫剂，方见被歼灭。

防治药剂有：2000倍液25%溴氰菊酯乳油、2000倍液克虫必、2000倍液天罗地网、3000倍液千红可湿性粉剂等。

三、蓟马

常危害兰花的蓟马有6种以上。蓟马的若虫无翅，成虫比若虫体较大，也较长，体形由长珠形转尖底葫芦形，又多了两对翅膀。成虫褐色体长仅1~1.5mm，3对脚、2对翅膀、1对触角。蓟马多对叶芽、花芽、花朵等幼嫩部分为害。尤其是对嫩叶的近叶柄处为害最多。它通过口器刮破幼叶表皮组织汲取汁液，留下近似小梅花形的透明白色扩散斑(常被误为病毒病害斑)，既会影响叶片的发育，引起花朵早衰、早凋谢或花香大减，也会诱发菌病害和病毒病害。

施药防治的火候是，在叶芽或花芽将露出基质面时施药1次以预防；在叶芽、花芽伸长期，每7~15天施药1次，以扑灭之。

防治药剂有：2000倍液“天罗地网”、1500倍液氧化乐果乳油、风雷激、800~1200倍液“杀毕净乳油”等。

四、蚜虫

常危害兰花的蚜虫有尾蚜属、棉蚜属和桃蚜属等几个属类。

蚜虫体小如跳蚤，浅褐色。常成群结队、密密麻麻云集于叶芽、嫩叶、花芽、花莛、花蕾、花朵等处，用口器汲取汁液，致使被害部位出现褐色斑、缺损、畸形。由于蚜虫的排泄物蜜露常覆盖于受害部位，既影响光合作用，又易招引霉菌、诱发黑霉病，传播病毒，危害不小。

防治药剂有：2000 倍液“天罗地网”、800～1200 倍液杀毕净、3000 倍液千红可湿性粉剂、1500 倍液氧化乐果乳油等。

五、螨类

常危害兰花的螨类害虫有红蜘蛛属、苔螨属、细丝螨属和短丝螨属等。

螨类害虫，虽形近小蜘蛛，但并非蜘蛛。它以其锐利的口针刺吸株叶汁液，释放毒素，破坏株体生理机能的平衡，影响植株发育。其中尤以细丝螨和短丝螨多寄生于假鳞茎基部，缠丝并刺吸刚长出的嫩根和刚分蘖嫩芽的汁液，致使新根、新芽发育受阻而畸形直至缓缓枯死，是兰花的大敌。

每当新芽生长异常缓慢时，应挑开基质认真而细致地检查，一经发现有蛛丝和小虫，便要立即施药防治(要注意喷注株基)。

其显效防治药剂有：1500～2000 倍液杀毕净、1500～2000 倍液风雷激、4000 倍液扫灭利、1000 倍液氧化乐果、1000 倍液三氯杀螨醇、1000～1500 倍液克虫必等。

六、地下害虫

危害兰花的地下害虫主要有致使兰根结瘤，致残叶与花的线虫；夜食幼芽、嫩叶的地老虎、蜗牛、蛞蝓；蚕食根皮、根尖的蚯蚓和常在盆中筑巢并传播病害的蚂蚁等。

防治地下害虫(包括土传害虫)的最根本、最实效的办法，就是对养兰场地和植兰基质进行消毒处理。

1. 培养基质的消毒

通常用日光反复暴晒基质至干白，以灭虫。也可选用 500～600 倍液甲基异柳磷乳油、2000 倍液 80% 溴氧丙烷乳油、1000 倍液根虫净等之一，淋透基质，并用塑料薄膜盖严，让其熏蒸 3～5 天后，揭去薄膜，摊散翻动基质，以让药物挥发、分解，3～5 天后，便可使用。

2. 场地消毒

可向场地撒施3%呋喃丹颗粒剂，每亩撒施1.5kg药剂，盆撒施0.1g药剂（注意：本品对人畜有剧毒，应严格做好防护工作）。

七、卫生害虫

卫生害虫中的蟑螂，除了常在盆周、株叶间游窜，飞舞，而义务传播菌病害外，还会从盆孔钻入，蚕食根尖。至于苍蝇、蚊子，虽没直接侵袭兰株，但也在义务传播菌病害，且其粪便污染兰叶后，很快就出现黑斑。所以，卫生害虫对兰株叶的危害，也不能熟视无睹。

对卫生害虫，除了做好环境卫生工作，清除苍蝇、蚊子的滋生地外，应使用纱窗网挂于门窗上，以阻止其入内，同时选用“灭害灵”喷施兰架下和通道，以及棚室外环境。但不能使用“灭害灵”直接喷施兰株叶，以避免药害。

第二节　非侵染性病害的防治

非侵染性病害，是指不是受虫害、细菌、真菌、类菌体、病毒、类病毒的侵染而致病的病害，而是由于生态条件欠佳和管理不当所导致的生理病害。

常见的生理病害有：日灼害、缺光害、水渍害、干旱害、高温害、酷冻害、肥害、激素害、药害、酸害、盐碱害等等。

在这些生理病害中，以水渍害、肥害、酷冻害和盐碱害的发生率最高，损失也最严重，而被划归为兰花四大生理病害。其他的生理病害，虽发生率不高，但也不是甚少发生；一旦发生，损失也挺大的，也是大意不得。现逐一简介如下：

一、水渍害

由于初涉兰门者，对兰花“喜润而畏湿”的生长习性的理解不够全面。误把“喜润”理解为喜常有水滋润，而常浇水，致使养兰基质，常为湿漉漉，致使兰花根系因透气不够而腐烂。根烂了，株叶失去了后勤补给线，必然从叶尖往下干焦直至全株枯亡。因此初养者，兰株死于浇水过多的十有八九。

也有的大田简易大棚养兰者，也有因地势低洼，四周的溢洪沟不够大，在大雨暴雨时，排洪不畅，致使圃地积水时间过长，或长时间圃地过分潮湿，造成水渍而烂根的。

其实，对“喜润而畏湿”的“润”是指有些许水分，能维持生理活动之需即可。“湿”是指湿漉漉，有水可渗滴之意。对此条生长习性的理解有疑问时，只要看

一看其相邻的“喜干而畏燥”就一目了然了。

那么，具体该如何恰当地供水的问题，已在本书的第七章第二节中谈及，在此不再赘述。

二、肥害

兰花肥害表现为，烂根和假黑斑病，严重的可产生萎蔫、死苗。

造成肥害的原因有三：

①没有真正理解，兰花“喜肥而畏浊”。蔬菜等作物，生长快，需肥量自然就多，三五天就可浇1次肥。兰花喜淡淡的长效肥，有如富含腐殖质的林土中所含的养分一样。这样的肥有利于兰花的肉质根吸收。而如果施一般农作物用的肥，除需稀释外，其施肥的时间间隔也需拉长，大约为30天左右。

②急功近利的思想在作怪。每个养兰者，都盼望所养之兰，早服盆，早增苗，多效益，早开花，早闻香。在这种爱兰心的统领下，往往出现多施肥的行动。

③没有认真地学习探索。对兰花的生长习性的理解也不全面，既少参考养兰资料，也少向养兰能手取经，又很少实验对比探索，往往想当然施肥，既已下基肥，又撒缓释长效肥，还频频浇施液肥，怎么不产生肥害呢？

如何合理地给兰花施肥，在本书的第七章第二节，已有介绍，在此不再赘述。

三、酷冻害

通常，有酷冻地区的兰友，在冬季和早春都会及时而扎实地做好防冻工作。对于冬暖地区和偶有低温地区的部分养兰者，会存在侥幸心理而没有及时做好防冻工作。曾经受过冻害的损失的兰友，多会认真防患于未然。

四、盐碱害

兰花属于典型的喜酸植物，也是嫌多钙的植物。北方少雨地区的偏碱土，以及不论南北方源自石灰岩地区的重钙水和土，都要经过改良处理后，方能用于养兰。否则，老根生长受阻，新根不长，叶片缺绿，出现干尖、假黑斑等病态，直至死亡。这盐碱害，不仅北方较多见，南方许多有石灰岩的地区，也会出现盐碱害。所以说，养兰的基质与水，都应事先检测，如是偏碱和偏多钙，应事先改良处理后，方能使用。如已发生盐碱害的，应起苗，用偏酸软水洗净，略晒根后用软水浸泡共浸泡1小时，换水3次以脱盐。晾干后，再用无含盐碱的基质栽植。

然后用软水稀释食用白米醋、植物动力2003、翠筠B－1活力素等交替喷浇，以救治之。

五、日灼害

日灼害是指没有使用遮荫物适当遮挡光强所致的叶片灼伤。日灼害，表面上看，仅是叶片失绿转黄，叶弯曲向阳处被灼伤。实际上，由于兰花是喜阴性植物，光照过强，伴有高温，会使兰株滞育而丧失有限的营养生长期而影响发展。这要重在防护，不要亡羊补牢。

六、缺光害

万物生长靠太阳。兰花虽为喜阴性植物，但并不是不需要自然光照，因为也和所有的植物一样，需要太阳光这个光合作用的能源，以自制食物，方能维持生命和发展。有些人采取高密度遮光养兰，从表面上看，叶片高，叶色浓绿。实际上，这种高密度遮光所养之兰，根少而长，假鳞茎也小而长，叶长而薄。由于它的光合作用少，自制食物也就少，能勉强维持生存就不错啦！根本谈不上积累，因此它的抗逆性低，发展慢。他人引种，成活率也不高。

有些人，长时间把盆兰置于室内观赏，又无灯光补照，兰株无法自制食物，生命危在旦夕，必须尽快给予散射自然光照下管理，以救其燃眉之急。

七、干旱害

兰花有假鳞茎且有肉质根，可以储备些许水；其叶面有较厚的角质层，下陷的气孔又在叶背，水分的散发较慢，因此它比较能耐旱。但它也有个局限，而不能长时间缺水。就连秋季也不能过于偏干。基质太干燥了，株叶里所储备的水分将倒流回根部而造成脱水而枯亡。

干旱害。如是发现得早，可喷水雾，或反复浇林几次少量水以纠正之。脱水严重的植株，起苗后，不宜马上用水浸泡，因为兰根干得快，吸取水分也快，过快了就撑破干根皮而影响救活率。而应采用喷湿全株，待干了再喷，反复多次以纠正之。

八、高温害

兰喜日而畏暑，它的高生长适温为28～30℃，最多不宜超过31℃。超过了，就被逼进入滞育状态，而无端地丧失了有限的营养生长期。如果气温高于37℃以上，又无及时降温，便出现萎蔫，甚至死苗。

兰花的高温害，通常不易发生，但也不能大意。在高温季节和升温防冻时，也有因管理人员外出后，偶然停电，或智能化管理系统出故障而导致高温的发生。

受害不严重的，通过降温、通自然风后，喷浇1500倍液氨基酸，或植物动力2003，或4000倍液千旺活力素等，或可日渐恢复生机；受害严重的，多无法救活。

九、激素害

有些人过浓、过多施用哆效唑、矮壮素等以矮化植株而出现黑根、焦尖，叶长黑疔；有的过浓、过多施用赤霉素(九二〇)，以催芽促长，致使叶柄软弱不支而倒伏等。

施用激素时，浓度要低，次数要少，以喷为主，尽量不浇施。要浇施，浓度要再降低，且只能浇1次。

施用矮壮素而出现的激素害，可用赤霉素加磷酸二氢钾，喷浇以纠治；施用赤霉素而出现的疯长、倒伏，可喷浇磷酸二氢钾以纠治。其实，赤霉素与磷酸二氢钾混施，便可避免激素害的发生。

十、药害

农药害，甚少发生。发生药害的原因有四：一为施用假药；二为混合不当；三为任意提高浓度；四为高温季节的晌午施药。

喷施农药而致害的，可侧置盆兰，用水冲洗干净，然后喷施植物动力等叶面肥以促进康复；浇施农药致害的，要脱盆、洗净，用水浸根后，用新基质重植，尔后选用植物动力2003、高利达等喷洗，以促进康复。

十一、酸害

兰花虽为典型性的喜酸植物，但也不是越酸越好，而是喜pH5.2至6. 0左右。如是长期施用pH小于5.0的强酸水，和单施酸性化肥，也会出现兰根变浅褐色等生长受阻的现象。

如果发现有生长缓慢，就应测定基质的酸碱度，如是pH小于5.0的，也应更换基质，浇施生物菌肥，沤制有机肥，或略撒施芦苇草炭，或浇施草木灰浸出液(3000~4000倍液)1次，以纠治。

第三节　侵染性菌病害的辨识和防治

一、细菌性病害的辨识与防治

细菌是看不见、摸不着的微小生物体。它无所不在、无孔不入。它既可通过植物、人的手、工具等的接触而扩染，也可随水肥的流动、昆虫栖息、爬行、飞舞、叮咬等方式而扩染、寄生、危害。细菌可在植株、盆具、基质、环境等随处寄生。细菌在生物体上寄生、产生毒素，引起腐烂，使组织死亡，或堵塞和破坏维管束，形成肿瘤。受细菌侵染而致的病斑常呈水渍状(湿漉漉的)，近嗅有腐败的恶臭味，为认定细菌性病害的重要依据。

据相关资料载，能危害植物的细菌约有200余种。常危害兰花的细菌，主要有欧氏菌属和假单胞菌属。常见的兰花细菌性病害有：细菌性褐斑病、细菌性软腐病、细菌性叶腐病、细菌性褐斑病、细菌性花腐病等。

可用于防治细菌性病害的药剂有：

①3000倍液农用链霉素(农用的好)；

②1500倍液高锰酸钾；

③3000倍液90%新植霉素；

④200~400倍液医用氯霉素针剂；

⑤3000倍液克菌先锋。；

⑥5000倍液德国产“好力克”。

二、真菌性病害的辨识与防治

据相关资料载，危害兰花的真菌病害有30余个属100余种。对于国内最常见的兰花真菌性病害有十几种。笔者已在多本拙作中，从多个角度提及。本书不再赘述，仅筛选最多见、危害又最大，防治又较难的炭疽病、白绢病、疫病、锈病(沙斑病)、黑星病和枯萎病(烂头病)等5种病害，作一简述。

1. 兰花炭疽病(Orchid Anthracnose)

病原　为盘长孢状刺盘孢(*Collectotrichum gloeosporiodes*)和环带刺盘孢(*Collectotrichum cictum*)

病征　叶片受炭疽病菌侵染初期，呈水渍状浅褐色的小脓疮，继而扩展为圆形、椭圆形，或数厘米长的不规则大斑。斑体略凹陷。病斑中心呈灰褐色或灰白色，常夹有褐色轮纹。斑周缘黑褐色，黑褐色周缘外又见橘红色晕圈。病斑后期

转为褐色，斑面着生许多小黑点，因而又被称为黑斑病。

预防药剂有　700～800 倍液美国产 70% 科博可湿性粉剂；400～500 倍液日本产 70% 甲基托布津可湿性粉剂；500～600 倍液国产 80% 代森锰锌可湿性粉剂；500 倍液退菌特可湿性粉剂等。

显效治疗药剂

①1500 倍液德国产 50%“施保功”可湿性粉剂；

②1000 倍液德国产咪鲜胺锰盐(液体)；

③600 倍液加拿大产 81%“除清”可湿性粉剂；

④400～600 倍液 30%“爱苗”乳油；

⑤3000 倍液巴斯夫有限公司产 50%“翠贝”干悬浮剂；

⑥200 倍液医用氯霉素针剂。

2. 兰花白绢病(Orchid Southern Blight)

白绢病又称基腐病(*Orchid Basal Rot*)

病原　为整齐小核菌(*Sclerotium rolfsii*)

病征　白绢病是因植株基部受病原侵染后，病灶后期会出现白色绢状物而得名。受病原侵染的假鳞茎基部，早期仅出现淡褐色水渍状病斑。翌日便出现褐色腐烂斑，再过 1～2 天，腐烂病灶就会出现白色绢状物，接着，在白色绢状物上，又形成许多如油菜子大的颗粒，即菌核。

白绢病的病原虽然是主要破坏假鳞茎基部，也会进一步侵染幼叶和根。受害的假鳞茎，其叶片也会逐渐往上萎黄而枯亡。

白绢病发病迅速，今日发现病灶，翌日病灶腐烂，叶基泛黄，第三日即告株叶萎黄而枯。养兰者，于春暖时，就应备好相应的显效救治药物，及时预防、及时救治、全面消毒，方可有效控制蔓延。

预防措施　据白绢病原以基质的酸碱度 pH5. 3 以下，发病严重，4～5 月开始侵染，6～8 月为发病的高峰期的特点。于 4 月初应测定一下基质的酸碱度，如 pH 在 5. 3 以下的，可向盆兰的基质表面撒施 3～5g 的芦苇草炭，以调整基质的酸碱度，限制病原的繁衍条件。也可于 4 月初全面浇施 1 次 800～1000 倍液 40% 五氯硝基苯粉剂，或 500 倍液 17% 井岗霉素，以预防发病。

救治措施　当发现有兰株假鳞茎呈现黄色或淡褐色水渍状的病征，即选用 50～100 倍液医用氯霉素针剂稀释液淋透全盆(包括株基、假鳞茎)1 次，翌日上午再向病灶淋洒上述药剂稀释液 1 次，多可保全未感染的植株。为扩大保险系数，可把染病盆兰，脱盆起苗，剔除病株及相邻未现病征的一相连植株集中烧毁。对于未现病征的植株，洗净，摊于阳光下翻晒假鳞茎、根和叶柄 30～60 分

钟(如无自然光照，可用40~60W的普通照明灯泡，离植株1m许照射之)然后浸入100~200倍液医用氯霉素针剂稀释液中，泡60分钟后，捞出晾干，用新盆、新基质重新上盆栽植。并日喷200倍液氯霉素1次，续3次。

注意，原陈列病兰的场地应用石灰粉厚撒一层以消毒，兰架和邻近盆兰，应用200倍液氯霉素全面喷施1~2次，以防治之。

3. 兰花疫病(Orchid Phytophore)

疫病为疫霉病的简称。由于它的病灶后期转为褐黑色，又被称为黑腐病。

病原　棕榈疫霉(*Phytophthora palmivora*)、恶疫霉(*Phytophthora cactorun*)。

疫病为世界性兰花主要病害之一，是由疫霉菌的侵染寄生所致。该病菌可随水、风、基质、昆虫传播。在高温、多雨、高湿的条件下发病最为迅速和严重。

病征　它的病征可因被侵染的品种和生态条件的不同而异。全株多个部位均可出现病征，其典型症状如下：

①叶缘青腐。多从叶端部叶缘显现病征，也有从叶中部和基部叶缘出现病征。病灶为不规则的条块斑，如手捻搓过样的褶皱，色如刚炒熟的青菜样青绿而湿润。随后，其斑色由青绿逐渐转为褐黑色，连同病斑上部组织一同干枯。

②黑头。假鳞茎受疫霉菌侵染后，茎色由青绿变黄，最后转为黑色而腐烂。同时累及病株的叶柄和根系，致使全株死亡。

③烂甲。叶鞘被疫霉菌侵染后，甲色出现青霉而后转为褐腐，干枯后，鞘尖呈黑褐色，鞘基呈墨黑色，鞘中段呈浅褐色。如无治疗，将会扩染其他部位，并扩大蔓延。

④腐心。疫霉菌从新芽株基部入侵，使中心叶呈轻度脱水状，叶下部像手揉搓过样之青腐，尔后转为褐腐。其病斑与绿色部分的分界线为青黄色。

对于疫霉病的防治，主要在于对基质、盆具和种苗的消毒。一旦发现有黑头、烂甲、腐心的盆兰，应立即脱盆起苗、晾晒茎根、药液浸泡全株60分钟消毒后，捞出晾干，用新盆、新基质重植。之后每隔2日喷药1次，续2~3次，以巩固疗效。

如果仅是叶缘青腐的，可每隔8小时喷药1次，续3~5次，如能浇药1次，防治效果更佳。

预防药剂　200倍液50%福美双、500倍液80%代森锰锌、700倍液75%百菌清琥铜。此外，还有灭菌丹、克菌丹、百菌清、双效灵、叶枯灵、抗霉菌素120、多抗霉素等也有一定的防治效果。

浸泡消毒药剂　600倍液50%甲霜铜可湿性粉剂(10%甲霜灵+40%琥胶肥酸铜)，800倍液81%除清可湿性粉剂。

显效防治药剂 800 倍液 90% 疫霜灵（三乙磷酸铝、乙磷铝）。此药为治疗疫霉病的首选显效药剂，不少厂家，取材于它并添加某些成分而制成防治疫霉病药剂。疗效固然显著，但喷浇施 1 次，便会出现叶片少亮绿而略现青黄，需经叶面肥的帮助，方能逐渐转亮绿。因此正告大家，别任意提高浓度，也不要连续施用，如有需要继续用药防治疫霉病的，宜与其他药剂交替轮用。

4. 锈病（Orchid Rust）

病原 鞘锈菌属（*Coleosporium*）、驼孢锈菌属（*Hemilleia*）、孢锈菌属（*Sphenospora*）、夏孢锈菌属（*Uredo*）、单孢锈菌属（*Uromyces*）等锈菌属中的一些种。

病征 孢锈菌于秋末冬初，昼暖夜凉的时间段，开始从叶端背面入侵，出现浅褐色较密的沙粒大斑。如无翻检叶端背，不易觉察。二三日后，斑体形成略凸起的小疮，即锈菌孢子发育，再过二三日，锈菌孢子发育成熟，崩裂，随风飘扬，四处散播。

鞘锈菌属，也在秋末冬初，从鞘端、叶柄、假鳞茎入侵。也是二三日后出现小的凸起小孢，内含有黄、橙、黑色粉状孢子。

锈病菌虽不会致使植株死亡，但也会引起植株长势趋弱。就那密密麻麻的锈斑，也够令人生畏。

锈病，也称沙斑病。由于该病斑早期斑色浅，没有翻检叶端背，仅从叶面检视，不甚容易发觉，待到叶面可见沙锈斑时，锈菌孢子已发育成熟、崩裂、随风飘扬、四处扩染，给防治带来了困难。尽管你大量剪除病残叶片、集中烧毁，并喷药防治，也难控制病情。通常需要 3 年左右的时间，剔除病叶，多次喷浇药剂，方可基本控制病情。

防治锈病（沙斑病）的根本在于对种苗、基质、盆具、场地进行全面的施药消毒和秋末冬初及时全面施药防治。如果错过了秋末和冬初的两次施药，在十月小阳春前后，便会再次出现沙斑病灾。

防治药剂

①1500 倍液 20% 铲锈除粉可湿性粉剂；

②1500 倍液 15% 粉锈灵可湿性粉剂；

③500 倍液 80% 代森锰锌可湿性粉剂；

④400 倍液 20% 萎锈宁可湿地粉剂；

⑤150～200 倍液，50% 硫磺胶悬剂喷施或与上述 4 种药剂之一混合喷施、效果更佳。

5. 枯萎病（萎凋病、烂头病）

病原：尖镰孢菌（*Fusarium oxysporum*）；卡特兰尖镰孢菌（*Fusarium oxysporum*

f. *cattleyae*)

此外，可能有哇镰孢霉、立枯丝核菌、猝倒病菌、冠腐病菌、心腐病菌、疫霉菌和细菌中的欧氏菌属等病原交叉或重叠侵染。

兰花的枯萎病(烂头病)发病迅速，扩染快，极易酿成特大灾害。目前尚无特效药剂可救治，因此被比作兰花“非典”病。近几年，我国东南部热带和亚热带等地区以及内陆各地，曾有多起枯萎病的重灾发生。有的兰场因遭该病而死亡的兰苗，高达40%，个别的死苗率高达90%。有的人，与“烂头病”斗争了七八年，多次把病苗送往相关部门检测：发现多为镰刀菌致病；有的还有多种真菌和细菌交叉或重叠侵染。至今仍未找到对应的显效治疗药剂。

余曾把各地兰友送来病苗标本与当地兰友引种疫区的兰苗而扩染成灾的病苗，对比观察，并参照相关资料进行分析，分组试验救治，总算有所初悟，现分述如下，以供参考。

病征

枯萎病(烂头病)的早期症状是叶的中大部仍有脱水样失神，但早晚症状减轻；植株的底部叶片自叶柄环向上逐渐黄化，轻碰，便自叶柄环处断落。翌日，自叶基往上的叶片脱水样失神日趋严重，病叶增多，并自叶基向上黄化。继而假鳞茎基部变褐色，呈水渍状，其表面长有不少白色或浅褐红色霉状物，根体部分或全部变褐色，假鳞茎基部发黑，茎表面萎缩状，叶柄与叶片萎黄、叶基部比叶端部的黄色深，短则2~3天，长则5~7天，最长的半日许全株或整簇兰苗告亡。如是在初现病征时，有浇水或施肥，则发病更快，死得也更快。

纵切假鳞茎和根镜检，可发现其维管束变褐色，有阻塞状。

发生规律 病菌的菌丝体和菌核在土壤里越冬，能在土壤中存活多年。因此，土壤是该病的扩染源。另外，病株残体里的病菌也能通过流水、农具、人畜等渠道广泛传播。已入侵寄生而尚未发病的植株，还是一个直接而迅速的传染源。

据有关资料记载，尖镰孢在土壤温度23~32℃活跃侵染。气温30℃，土壤pH值8.9时，最易扩散侵染。其他病原在气温18~26℃，pH值3.8~6.9时，也会侵染。当它遇到合适寄主时，病菌就会从根、茎的小创口处入侵，进入维管束的导管内繁殖和扩染。

防治措施

1)对培养基质、场地、花盆和用具消毒

可选用下列药剂稀释液之一，淋洒场地、墙壁、兰架、通道，并扩大淋洒兰棚外围2m宽的场地，隔天再淋1次，力求彻底消毒。

①600倍液广州金农科技开发有限公司(广东省增城市新塘镇)产，71%爱力杀可湿性粉剂。

②1500倍液50%氯溴异氰尿酸。

③1500倍液德国产“施保功”。

④800倍液40%五氯硝基苯与700倍液70%甲基托布津混合液。

2)对接触过病株的手的消毒

①用上述杀菌剂稀释液之一浸泡30秒钟进行直接灭菌，继而用清水冲洗后，再用洗餐具用的洗洁精洗手。

②先用清水冲洗，再用10%漂白粉溶液或20%新洁尔灭(医用)洗手，最后，再用清水冲洗之。

③先用清水冲洗，擦干后，再用75%酒精棉花球擦洗之，待干后再擦之，如此反复3次以上，便会达到消毒目的。

3)对种苗进行消毒

种苗有可能是直接的带菌者，不论是病株同盆栽植的种苗，还是刚从其他地区引进的种苗，都应该消毒。为了使株体能对消毒药液有较强的吸收能力，以增强消毒效果，必须采取在浸泡消毒前，先对种苗用阳光(或灯光)晒30~60分钟，以根皮略显干白为度。并在每千克药剂稀释液中，添入5g以上食用白米醋，以增强药剂的渗透力。

浸泡消毒药剂以600倍液71%“爱力杀”，或1000倍液瑞士产“适乐时”或“银法利”为佳。全株浸泡60分钟后，捞出、晾干、待植。

4)用新盆、新基质栽植

用“爱力杀”“适乐时”之一的稀释液当定根水浇透。对于有该病菌侵染可疑的种苗，当基质偏干时，应再用上述药剂稀释液之一浇施1次，每3天喷施1次，连续3次以上。

5)对于整个兰园的预防

在营养生长期，可选用上述药剂，交替全面喷施或浇喷1次。

6. 黑星病

病原 待查。

病征 叶芽伸长、初展叶时，整个新芽梢出现密集小黑点斑。斑色黑褐色，斑形近圆、斑大如半粒黑芝麻大，偶有几粒略大些的小圆点，斑点四周没有异色晕圈，斑点的分布密度如芝麻饼样，很少有绿叶成分可见。依其斑色黑褐、斑细中偶见较大的，斑外围没有异色晕圈，颇似晴天夜空之星星状，而名为黑星病。

发生规律 多在“清明”前后，气温明显回升、叶芽分蘖时，开始扩大侵染。

盛夏高温时潜伏。因此，在“清明”前1周许，应及时浇喷药液预防。

预防药剂

①600倍液80%代森锰锌可湿性粉剂；

②500倍液50%“福美双”可湿性粉剂；

③600倍液75%“百菌清”可湿性粉剂；

④1000倍液70%甲基托布津可性粉剂；

⑤600倍液50%“多菌灵”可湿性粉剂；

⑥600倍液78%“科搏”可湿性粉剂。

选用上述药剂之一浇施1次，全面喷施1次，隔7天换药再喷施1次。

显效治疗药剂

①3000倍液巴斯夫产50%“翠贝”干悬浮剂；

②1500倍液德国产50%“施保功”可湿性粉剂；

③2000倍液30%“爱苗”乳油。

治疗黑星病的显效药剂，有上述3种，但以“翠贝”为首选。如果不方便买到该药剂，只好选用“施保功”“爱苗”或其他药剂。病情初发时用药，效果较好。但都要浇施1次，并每天喷施1次，续3次，便可控制病情。

如果老苗染有黑星病的，在起苗分株换盆时，应先翻晒植株半小时许，然后选用显效治疗药剂稀释液，浸泡全株60~90分钟后，捞出晾干上盆。对于栽植病苗的盆具、基质，不宜重新使用。养兰场所，也应用预防药剂淋洒2次，以消毒。

第四节　病毒病害的辨识与防治

由于病毒病害(VIRVS)危害兰花所出现的病征为透明状、不规划的长条形斑纹，略似中药材“杜仲”折断后，用力拉而出现的长条形密集丝状体，故俗称为“拉丝病”。又由于该病害，尚未找到根治的办法，因而被比作兰花的“艾滋病”“癌病”。笔者通过多年的实践探索，于20世纪90年代末期，找到了简易而又富有实效的治疗药剂，现附述如下。

一、危害兰花的主要病毒原

国内对病毒感染兰花的报道不多，据柯南靖先生于1989年统计，感染兰花的病毒原，已命名的就有18种之多，到目前已超过了20种。其中最常见的有：国兰花叶病毒(*Cymbidium mosaic virus*)、国兰环斑病毒(*Cymbidium ringspot virus*)、

兰花小斑病毒(*Orchid flck virus*)等。

二、兰花病毒病害的识别

对于病征尚不很典型和疑有病毒潜伏的兰株，肉眼是无法辨认的，需要借助高倍电子显微镜来检测。通常多不具备此检查条件，只能用肉眼观察辨别病征比较典型的病株。其观测方法是：把兰株提到视平线上，对着有较强的亮光进行透视。如是叶片上的花斑体薄而呈半透明状，其斑缘又似有微扩散样，斑体的周边不整齐，尚且斑体的邻近组织有不甚明显的略失油绿，又有轻度脱水样的微褶皱。斑体邻近的叶缘又有向叶背皱卷，便为典型的病毒病害征状。对于似有流水状的变薄透明斑和环状变薄透明斑，虽其邻近叶缘未见有明显的萎缩与后卷，或其斑体的邻近绿区，也尚未见褶皱状略失油亮的，是病毒病害的早期征状，也应视为染有病毒的病株。

三、兰花病毒病害的扩染方式

兰花病毒病害的主要扩染方式有三。

1. 类似遗传性传播

已被病毒侵染的病株，其病毒随着维管束输送到兰株各个部位及与其连体的植株。虽经掰折分离，但它早已夹带有病毒。它所分蘖出的叶芽不仅会显现病毒征，而且同样具有传染性。不过，有些带病毒的兰株，可能是具有较强的抗体，或受某种药剂的抑制，暂不具备扩染的条件，仍处于潜伏阶段。因此，当年分蘖的芽梢并不显现病毒征，而待到翌年或第三年，有了扩染的条件时，才分裂扩染，显现病毒征。这就出现了类似遗传潜伏、隔代扩染的现象。

根据病毒病害具有类似遗传潜伏的特点，对于经过一定治疗的病株，虽已不见有病毒征，尚且它所分蘖出的新芽梢也无带病毒征的，不能视为已治愈，只能说，已有近期控制。如果是，经治疗后，病毒征已隐褪，又经过近年的不断巩固治疗，连续3年分蘖的新芽梢，全无显现病毒征的，可视为基本治愈的病株。至于是否已被彻底治愈呢？还要送往相关的检疫部门鉴定，方能定论。

2. 动物传播

各种昆虫(包括虫害、卫生害虫)和动物刺吸、咬食带病毒的植株时，沾有带病毒的汁液，又到尚未被病毒侵染的兰株上去活动或为害。这就义务地传播了病毒。

3. 接触性传播

在起苗、冲洗、浸泡、掰拆、修剪、外界力挤压、摩擦和管理、品赏中的误

伤、装运、翻检等活动，都会造成明显或不明显的误伤；被污染的场地、兰架、盆具、基质、手等带有病毒，接触兰株创口，或暂未接触创口，一经喷施水肥药。这些尚未从创口入侵而暂停留在株叶上的病毒，将会随水分、雾露、湿气的流动而进入创口，入侵寄生，繁衍为害。

四、兰花病毒病的治疗

总体说，兰花的病毒病害，尚未找到能根治的药剂。

笔者，于20世纪90年代，经反复对比实验发现，中药材煮出液，为最有治疗效果，但尚未送往相关部门鉴定。只能说，有近期控制病毒之功，还未证实有彻底根治之效。至于商品抗病毒药剂甚多，经几年的分组对比实验治疗，几乎无见有疗效的。因此，奉劝大家勿引种病毒苗。对于不慎误买的病毒苗和自家兰场偶有出现的病毒苗，不论其品种如何高档，都应及时集中销毁。其盆具、基质深埋处理。其陈列病毒的场地和邻近盆兰，也应使用板兰根煮出液稀释液，反复淋洒3次以上，以消毒之。

现将笔者探索发现的中药材制剂治疗兰花病毒病害的方法介绍如下。

1. 中药抗病毒剂的制取

选取中药材“板兰根”250g，略加捣碎后，放入2500g偏酸软水浸泡4小时以上。

把上述中药材和浸泡水、倒入高压饭锅内，加热40分钟，待稍凉后，滤出药渣，再加入同样数量的软水，在高压饭锅内，加热40分钟，待稍凉后，滤出药渣，再煮一遍。最后把三次煮出药液混合而为“板兰根原液”。

2. 治疗施药方法

①浇施。每周浇施150倍液“板兰根原液”，1次，连续4次为一疗程。

②喷液。每天喷施1次150倍液“板兰根原液”，连续喷施3天后，改为每3天喷施1次，连续喷施9次，为1个疗程（注意喷叶背）。

③涂抹病毒斑（斑面、斑背）

每日用医用棉签蘸“板兰根原液”涂抹病毒斑体双面，30日为一疗程。

通常病情较轻的，经治疗一个疗程后，病斑淡化或消失，病重的，需继续治2~3疗程，直至病斑完全消失为止。

3. 巩固治疗方法

对于经治疗病毒斑已完全消失的病株，都应进行巩固治疗。每周喷施1次，每月浇施1次，连续治疗6~12个月为度。

通常，通过不间断的治疗，除已坏死的病毒斑不能复原外，绝大多数的病毒

病斑多可恢复至无病毒斑的叶片一样可爱。如能坚持巩固治疗，以后所分蘖的新芽梢，多不再显现病毒征。

第五节 提高兰花病虫害防治效果的举措

对于兰花病虫害的防治，历来都和农作物、经济作物的保护一样，提倡“防重于治”。可是由于种种原因所致，往往是，防既不力，治又不当。自然就成了“防不胜防，治又治不了”的尴尬局面。对此，大家都在不懈地探索良策。现把笔者多年实验探索的初悟。书之以供参考。

一、增强防治意识是灵魂

坚决纠正轻视病虫害危险思想，彻底丢掉主观臆断、等待观望、幻想无事的侥幸心理，立足于防、讲求科学防治，是提高防治效果的灵魂。

二、育壮植株是基础

因为滥种失管，或种管失当，即使能成活，也多为弱苗。其抗逆性自然就差，吸收、输送药剂的能力也就较低。只有精细种植，科学管理，养旺根群，多施有机肥，育壮植株，才有较强的免疫力和吸收、输送药剂以达病所的能力，充分发挥杀灭作用，以提高防治效果。因此，育壮植株是提高防治效果的基础。

三、严把消毒关是关键

从许多种养兰花的实践发现，绝大多数危害兰花的菌虫原，都可能是种苗、基质、盆具、场地和操作之手夹带而来的。这些菌虫原，每当时值高温、高湿气候，便大肆繁衍，泛滥成灾，让你措手不及。尽管多次施药，也难以控制灾情。重视严把消毒关的，与无把消毒关和粗略消毒的，简直是大相径庭。因此说，严把消毒关，是提高防治效果的关键。

四、定期防治是根本

绝大部分的农药都会因受到阳光的照射而失去稳定性或分解，也会因受到温度、湿度和风力等作用而挥发，因此大部分农药的残效期为7天。也就是说，施药后的7天，尚有一定的杀灭和保护作用。过了7天内，便无此作用。于是，书刊都说，要每周施药防治1次。规模化的兰场和专业性较强的养兰者，几乎都有如此定期施药防治菌虫害的。只有这样，才能确保兰株的相对平安。

至于近似自然式培育和以施有机肥为主的分散陈列的观赏性养兰。他的种苗抗逆性较强，生态也较优越，可以每旬或半月一施药防治。

五、讲究防治方法是不可或缺的防治策略

1. 适用“保护神”，可阻止病原的入侵

据科学家研究发现，医用解热镇痛剂的阿司匹林(乙酰水杨酸)，能作用于植物的遗传基因，生成多种与植物抗病有关的蛋白质，以阻止病原物的入侵、扩散，并杀死或抑制其生长，从而起到高效的保护作用，而被誉为植物健康的保护神。

阿司匹林还能有效地保护植物叶片的水分不易散失，从而满足其生长、开花、结果之需求，具有类似于健壮素、增产灵之功效。

建议于春、夏、秋三季各喷施1次1500~2000倍液(即1g药剂加水1500~2000g。先用少量酒精反复拌溶后，加足所需水量)阿司匹林稀释液，喷施叶面、叶背。在施用叶面肥时，多选用“磷酸二氢钾”“植物动力2003”植物光合作用促进剂“高利达”等相对有利于提高植株的抗逆性和增强株体的吸收、输导功能，以增强药效的发挥。这是提高防治效果的重要策略之一。

2. 辨准病虫情，对症下药，方能事半功倍

加强“植保”常识的学习，多阅读相关书报，常对比观察病虫情，虚心向行家求教，以逐步增长辨识病虫情的常识，进而不厌其烦地反复筛选对症主治药剂，力求有的放矢，方能达到事半功倍的效果。

3. 精确用药，方能有好的防治效果

①准确计算药剂的稀释浓度。通常，经销农药的营业员或一般使用农药的，多以药剂的重量乘以说明的稀释倍数。其实这是不对的，应该是药剂的有效成分(百分之几)乘以稀释倍数。

②注意药剂混合的可行性。各种农药的有效成分，都有其独自的化学结构与化学性质。如与某一其他类别农药混合，将会改变其化学性质，干扰或破坏其化学结构，而产生另外一种物质，或影响其有效成分的发挥，或产生药害，或丧失原有的作用。仅有极个别药剂，经混用后，可以增效。

药剂的混合不能大意。混合前，要细读产品说明书或参考农药书。有疑问的，就别随意混用，以免酿成不可挽回的损失，或无为的浪费。最好是事先向农技部门咨询。

另外，药剂混合时，应先分别用1~2kg偏酸软水稀释后，再混合，然后添足水。以免在高浓度的情况下混合而改变药剂的性能，导致异常情况的发生。

③遵照用药的注意事项，以防意外事故发生。不少药剂都明确指出，不宜与某类药剂混合，或与某类药剂交替施用的间隔时限，或与某类药剂混合易产生药害等，都应严格遵照。如有不明确之处，应查对农药书或向农艺师咨询。

4. 喷药要全面周到，不留“死角”

不论是植株的某一个部位，还是养兰环境的某个旮旯，凡是药剂未能涉及的，不仅是不能全歼菌虫，而且菌虫会在药剂气味的熏蒸作用下，受到耐药性、抗药性的锻炼而形成大量的抗药性种群，给今后的防治带来难以克服的困难。因此，喷施药剂稀释液时，要力求全面、周到，不留死角。

喷施时，喷枪应伸入各纵行、横行的盆面处，先把喷嘴朝下喷施盆面基质和株基，后把喷嘴朝上喷施叶背，边喷施边把喷枪往叶丛面提起，以翻动相互交搭遮掩之叶片，然后喷枪伸入兰架背面，喷嘴朝上，喷兰盆外周壁和盆外底，再把喷嘴朝下，喷施兰架场地，最后喷施棚室壁和通道。只有如此喷施，才算全面喷及，不留死角，一举歼灭之。

5. 久雨放晴和暴风雨之后，要突击施药

暴风雨常夹带来许多菌虫害。它在空气湿度大、气温高的条件下，高速繁衍为害。应不拘泥于施药周期，突击喷施广谱、高效的灭菌杀虫剂。如果待到施药周期，将会增加损失和扑灭难度。

6. 发现菌虫害，宜一鼓作气，穷追猛打，力求全歼

医生给人和动物治病，需要日多次给药，而且还有个疗程。给植物治病，如是每周施药1次，不仅不足以杀灭危害植物生命的菌虫，而且会给没直接接触到药剂的菌虫，创造了个耐药、抗药性的锻炼机会。因此，每当发现菌虫害蜂起为患，宜每大施药1次，续2～3次。只有这样，一鼓作气，不让菌虫有喘息的机会，一举歼灭，方能有效地控制灾情。

7. 在药液中添加增效剂，可增强杀灭效果

增效剂可提高药剂的溶解度，均匀度和黏着度，尚可增强渗透力，以引药直达菌虫体，以增强杀灭效果。商品农药增效剂为“BBU”。如当地不便买到，可在每15kg的药剂稀释液中，添加入50～100g食用白米醋（碱性农药不宜添加），也有近似的效果。

8. 病虫情较重的，宜浇喷并举

喷药，药剂只能涉及基质面以上的株叶表面；浇药，药剂才能涉及潜伏于基质、假鳞茎、根系里的菌虫害。在某种程度上，喷药好比外治，浇药如同口服，相当于内治。内外夹攻，才能有较高的杀灭效果。况且，喷药，不一定能喷及所有株叶的正反面和叶鞘。假鳞茎基部和根系，就更不可能喷及了。而浇药，除了

能让药剂涉及叶鞘、假鳞茎和根系外，尚能涉及兰盆和所有基质。尚且，浇施药剂后，可通过根系的吸收、运行输送至株体各部，以让菌虫中毒而亡。

9. 药后给养，促进康复

不论是喷药，还是浇药，都会给兰株带来一些副作用。或干扰株体生理平衡，或抑制营养生长力。这也如人，病后需要适当调养一样。因此，多次喷药后，应选用1200倍液德国产“植物动力2003”，或2000倍液“高利达”等叶面肥喷施1~2次。浇药后的周许，应选用含有有益生物菌的有机肥，如600倍液“兰菌王”、6000倍液“喜硕”、3000倍液“千旺活力素”、1500倍液“兰欣203特效优质营养液”，或沤制有机肥之一，浇施1次，以分解农药残余，改良基质质量，激活根系活力，促进植株新陈代谢，提高生长力。

10. 由于兰花是高雅的观赏植物，常被移入厅堂、书房、卧室观赏，有的还把兰花朵和根作为药用或食用。鉴此，建议使用生物农药或低毒、低残留的环保型农药为妥。

附录：赞颂春剑兰诗词选摘

野兰颂（七律）韩荣光

云笔镇龙多野兰，风刀雨箭态悠然。
沿溪扎系临杨柳，依岭舒茎近杜鹃。
剑拔长空缘展叶，蕾开微雨自垂环。
仙姬播下瑶台种，香压群芳气不凡。
本书作者注：野兰，此处应是指野生春剑兰。

春剑（七律）杜周华

二月春寒冷襟胸，巴山春剑露华浓。
碧衣饰着仙娥态，粉面娇羞玉女容。
缕缕春风窗外过，馨馨馥郁满堂融。
普天诚赞王香贵，洞府神仙也赞同。

兰趣（古风）何茂森

一

仲春采兰进山中，寒雾袭背汗浸胸。
理草扶枝寻香迹，刨藓拔苔觅芳踪。
看叶认花眼实践，辨筋认晕心用功。
喜得春剑数十丛，皇天不负我情钟。

二

葱绿剑兰四五苗，风姿秀逸韵味高。
寻来土盆轻清洗，觅得瓦片仔细敲。
粒粒垒根通清气，细籽覆面利水浇。
温湿适度勤消毒，业精于勤乃绝招。

三

几排盆兰坐院中，万物生死盛衰同。
风和日丽年年有，冷暖炎凉岁岁重。
勤意呵护身犹壮，精心管理体更雄。
辛劳惜兰终有报，千枝繁花别样红。

四

邀友赏兰启柴扉，待客桌前茶几杯。
春风拂面靥笑脸，幽香沁人袭心扉。
叶似贵妃醉华池，花如昭君香秭归。
天生圣物传我辈，一株一丛一诗碑。

五

天生穷山恶水间，卢风宿露态自然。
根扎深土根如玉，叶拽山风叶似环。
雨露滋润速速长，日蒸温燥迟迟眠。
幽香灵性酬天地，香祖美誉数千年。

如梦令·兰　何茂森

春雨寒流风骤，细柳摇摇依旧。辛夷自含羞，怂恿剑兰开透。开透，香透，满目叶肥花瘦。

江城子·蕙　何茂森

园中蕙剑百千行。出巴山，不寻常。质朴文静，雅秀笑苍茫。阵阵清香蹒跚过，蜂蝶绕，舞忙忙。

骤来春雨湿东墙。小栅旁，蕙安祥。经雨历风，潇洒满琳琅。痴志报吾栽育意，香更远，漫庭堂。

春剑赞　许东生

株挺姿秀展雄风，花多瓣阔娇女容。
俏不争春气节高，胜似瑶台仙花种。

题许东生《中国春剑兰名品赏培》

澳门诗人：冯刚毅

坐镇西南气象雄，插天群剑列青锋。
不期脱颖今朝出，从此兰坛起蛰龙。

养兰歌

何茂森，按《国兰新潮》改编

立春春剑花见苞，盆土微润没干焦。
若需润水讲技巧，只沿盆边慢慢浇。
雨水春雨湿东墙，春剑花笋已长长。
此时湿润赛甘露，略干不浇也无妨。
惊蛰天气渐渐暖，兰株群根切忌干。
春剑花苞多开放，及时润水花坦然。
春分一过花渐凋，滋润盆土催新苗。
如若粗心浇涝湿，新芽闷死土中焦。
清明时节雨纷纷，观天看土莫粗心。
盆土干燥即补水，分株之时莫伤根。
谷雨正值分盆期，国兰群根要保湿。
勤沐阳光催新芽，选优认芽好时机。
立夏午时正艳阳，辰卯移兰受阳光。
有机薄肥月两次，雨露滋润兰苗壮。
小满幼芽嘴如雀，幼根生长易饥渴。
施肥透水看长势，浓肥伤根芽脱落。
芒种天气暖转热，定期浇水莫间歇。
药物灭菌苗和土，防虫治病保绿叶。
夏至时节阵雨到，看天观雨要记牢。
短暂大雨尚能耐，绵雨最易闷死苗。
大暑烈日似火熏，兰草正需要遮荫。
日灼土干蒸死苗，叶艺缺残更痛心。
小暑气温日胜日，幼苗伸长成株时。
淡肥旬浇勿需怕，浓肥焦尖才可惜。
立秋兰需肥养根，施肥消毒更要勤。
淡肥清水定期灌，保湿透气不可停。
处暑仍是大热天，防热防燥最为先。
最怕闷热不通气，害死兰苗是白绢。
白露秋风阵阵凉，给兰浇水要适当。
盆内偏润莫干水，促成花芽多又壮。

秋分施肥好时辰，孕育剑花需钾磷。
多餐小吃牢牢记，反之大负有心人。
寒露到时秋雨淋，易生黑斑真怕人。
剪去黑斑勤杀菌，多见阳光草长成。
霜降早晚寒气迫，仔细施管有区别。
午时正好给润水，防冻夜盖白天揭。
立冬地冻大气寒，剑兰外养方朝南。
兰盆之内莫过湿，霜压壮苗能保全。
小雪冬季日不长，防护花芽切勿忘。
剑兰虽有耐寒力，弱草应往屋内藏。
大雪天气更加寒，剑兰适应随自然。
多见阳光赛营养，翌年叶茂花亦繁。
冬至一到数九天，防鼠防尘防油烟。
兰苗休眠不宜水，干透才宜浇盆边。
小寒兰盆不宜湿，全日光照才相宜。
有花兰株可微润，弱苗病株入兰室。
大寒过后望立春，没让生水进兰心。
兰盆过干宜润水，满园兰苗蓬勃生。